"十三五"国家重点出版物出版规划项目

现代机械工程系列精品教材

"十二五"普通高等教育本科国家级规划教材

普通高等教育机电类系列教材

机械制造自动化技术

第4版

主　编　周骥平　林　岗

副主编　朱兴龙

参　编　魏孝斌　孙　进　李吉中

主　审　易　红

机械工业出版社

本书围绕机械制造的全过程，系统地介绍了机械制造自动化的基本原理、技术、方法和实际应用。内容包括相关的基本概念、自动化控制方法与技术、加工设备自动化、物料供输自动化、刀具自动化、检测过程自动化、装配自动化和工业机器人等方面的技术、方法和应用。本书内容可使机械工程类学生系统地掌握有关机械制造自动化方面的基本原理，了解机械制造过程中各主要单元和系统的自动化方法以及各种自动化装置的结构原理和特点，并提高其应用管理能力。本书在内容取舍上注重实用性和应用性，在内容编排上循序渐进，努力做到深入浅出、详略得当，以利于读者了解和掌握基本概念和应用技术。全书各章内容相对独立，并配有复习思考题，书末附有实验指导及参考文献。考虑到各高校教学与学生自学的需要，本书配套有"机械制造自动化技术多媒体教学/自学软件"（见网站http://melab.yzu.edu.cn/atomm/）。

　　本书可作为高等工科院校机械设计制造及其自动化、机械工程及其自动化、机械电子工程等机械类专业的教材，或高等职业技术师范院校、职业技术学院等机械类专业的教学参考书，也可供从事机械制造、自动化技术研究的人员自学和参考。

图书在版编目（CIP）数据

机械制造自动化技术/周骥平，林岗主编. —4 版. —北京：机械工业出版社，2019.1（2024.8 重印）
"十三五"国家重点出版物出版规划项目　现代机械工程系列精品教材
"十二五"普通高等教育本科国家级规划教材
ISBN 978-7-111-61019-9

Ⅰ.①机… Ⅱ.①周… ②林… Ⅲ.①机械制造-自动化技术-高等学校-教材 Ⅳ.①TH164

中国版本图书馆 CIP 数据核字（2018）第 222230 号

机械工业出版社（北京市百万庄大街 22 号　邮政编码 100037）
策划编辑：刘小慧　责任编辑：刘小慧　徐鲁融　赵　帅　王小东
责任校对：刘雅娜　封面设计：张　静
责任印制：邓　博
北京盛通数码印刷有限公司印刷
2024 年 8 月第 4 版第 10 次印刷
184mm×260mm · 14.5 印张 · 336 千字
标准书号：ISBN 978-7-111-61019-9
定价：39.80 元

电话服务　　　　　　　　　　　　网络服务
客服电话：010-88361066　　　　机 工 官 网：www.cmpbook.com
　　　　　010-88379833　　　　机 工 官 博：weibo.com/cmp1952
　　　　　010-68326294　　　　金 书 网：www.golden-book.com
封底无防伪标均为盗版　　　　机工教育服务网：www.cmpedu.com

第 4 版前言

本书第 3 版自 2014 年 7 月出版以来，进一步扩大了使用范围，全国大约有五十余所院校用本书作为教材或参考书。本书于 2016 年 10 月获得中国机械工业科学技术三等奖，同时被列入"十三五"国家重点出版物出版规划项目——现代机械工程系列精品教材。随着我国制造业进入智能制造发展的新时代，对机械类专业人才的培养需求出现了新的变化，本书第 3 版中的部分知识、体例已不能适应以实践、应用能力培养为导向的卓越工程师素质人才培养的要求，加之经过这几年的教学实践以及使用本书的院校所反馈的意见和建议，有必要对本书第 3 版中存在的不足进行补充、完善，重新修订出版第 4 版。

本书的修订从一般地方应用型本科院校的实际出发，坚持面向工程实际，面向岗位实务，注重创新精神、创业意识和创造能力，强调实用、实践，加强技能培养，突出工程实践。考虑到这一层次本科学生的基本素质和对工程内容的理解能力，以及与其他专业课程内容之间的关系，本书在内容上做了进一步的调整与简化，把握科技前沿，合理反映时代要求，注重实用、易学。围绕机械制造自动化技术的教学要求，注重通过实例来阐述各种自动化技术、方法和应用，以利于学生了解和掌握其基本概念和应用技术，使本书的修订能更好地满足教与学的需求。同时，为便于本书的讲授和学习，此次修订也对配套的"机械制造自动化技术多媒体教学/自学软件"的内容和素材进行了调整和补充。

本书设有"思政拓展"模块，通过引入"精神的追寻""科普之窗""信物百年""大国工匠""我们的征途"等内容，将党的二十大精神融入其中，让学生在学习"机械制造自动化技术"课程知识之余，感受新时代北斗精神、探月精神，体会大国工匠的精神和品质，熟悉天鲲号、蛟龙号、无人驾驶汽车等中国创造成就，树立学生的科技自立自强意识，助力培养德才兼备的高素质人才。

本书对部分章节及内容进行了补充和完善。参加本书修订工作的有：第一章由扬州大学周骥平教授负责，第二章由扬州大学朱兴龙教授负责，第三章由扬州大学周骥平教授和孙进副教授共同负责，第四章和第八章由河海大学林岗副教授负责，第五章由扬州大学孙进副教授负责，第六章和第七章由扬州大学魏孝斌博士负责，附录由扬州大学李吉中实验师负责。全书由周骥平、林岗和朱兴龙统稿，周骥平、林岗任主编，朱兴龙任副主编。中南大学易红教授担任了本书的主审。

在本书的修订过程中，江苏省地方一般工科院校机制专业教改协作组给予了指导和帮助，全国部分使用本书的高校教师提出了许多宝贵意见，在此表示衷心感谢。此外，本书的修订参考并选用了近几年来国内出版的有关自动化方面的教材、论著和手册，博世力士乐传动与控制学院、胜赛思精密压铸（扬州）有限公司、扬州锻压机床股份有限公司和江苏金方圆数控机床有限公司等企业为我们提供了相关资料，在此我们向有关的著作者及企业表示诚挚的谢意并希望得到他们的指教。

限于编者水平，本书难免存在不足之处，恳请广大读者提出宝贵的意见和建议，以利于本书的改进与提高。

本书的修订得到了扬州大学出版基金以及机械工业出版社的资助，在此一并表示感谢。

编 者

第 3 版前言

本书第 2 版自 2007 年 3 月出版以来，进一步扩大到在全国十余省市、近四十余所院校中使用，并于 2012 年 11 月通过教育部评审，入选为"十二五"普通高等教育本科国家级规划教材。随着我国工业企业经过"十一五"到"十二五"的发展，制造自动化技术得到了进一步推广应用，对机械类专业人才的培养需求出现了新的变化。本书第 2 版中的部分知识、体例已不能适应以实践、应用能力培养为导向的卓越工程师素质人才培养的要求；加之经过这几年的教学实践，以及各使用该教材的院校所反馈的意见和建议，我们觉得有必要对第 2 版教材中存在的不足之处进行补充、完善，重新修订出版第 3 版。

本书是为了适应地方工科院校培养具有卓越工程师素质的应用型机械类专业人才的要求而编写的。这类人才的培养最根本的一条就是要坚持面向工程实际，面向应用技术，注重实践动手能力。作为制造业自动化主要组成部分的机械制造自动化，是企业实现自动化生产、参与市场竞争的基础。因此，本书的修订主要从一般地方工科应用型院校的实际出发，强调实际、实用、实践，加强技能培养，突出工程实践；同时考虑到这一层次本科学生的基本素质和对工程内容的理解能力，以及与其他专业课程内容之间的关系，教材内容做了进一步调整与简化，跟踪科技前沿，合理反映时代要求，注重实用、易学，以使本书的修订能更好地满足教与学两方面的需求。修订时注意与"机电传动控制""机械制造装备""机械制造技术""液压传动与气动""测试技术""工业机器人""控制工程基础"等课程内容的衔接和关系，围绕自动化技术的教学要求，注重从机构装置、控制方式、原理特点三个方面阐述各种自动化技术、方法及其实际应用，以利于学生了解和掌握基本概念和应用技术。为便于本书的学习和讲授，此次修订的同时还对配套光盘的内容和素材进行了调整和补充。

参加本书修订工作的有：第一章和第三章由扬州大学周骥平教授负责，第四章和第八章由河海大学林岗副教授负责，第二章由扬州大学朱兴龙教授负责，第五章由淮阴工学院汪通悦教授负责，第六章和第七章由扬州大学魏孝斌博士负责，附录由扬州大学张有才实验师负责。全书由周骥平、林岗统稿并任主编，东南大学的易红教授担任主审。

在本书修订过程中，江苏省地方一般工科院校机制专业教改协作组给予了指导和帮助，全国部分使用本书的高校老师提出了许多宝贵意见，在此表示衷心的感谢。此外，在修订过程中，参考了近几年来国内出版的有关自动化方面的教材、论著和手册，博世力士乐传动与控制学院、胜赛思精密压铸（扬州）有限公司、扬州锻压机床股份有限公司、江苏金方圆数控机床有限公司等企业为我们提供了相关资料，在此特向有关的著作者及企业表示诚挚的谢意并希望得到他们的指教。

限于编者水平教材中的不足之处在所难免，恳请广大读者提出宝贵意见和建议，以利于本书的改进与提高。

本书的修订得到了扬州大学出版基金以及教育部、财政部职业院校教师素质提高计划——职教师资本科专业培养资源开发项目（VTNE017）的资助。

编　者

第2版前言

本书第1版自2001年9月出版以来已在全国十余省份的二十余所院校中使用。随着高等教育的改革与发展，对机械类专业应用型人才的培养已成为适应现代工业企业发展需求、满足社会经济建设需要的一项迫切任务。由于我们在本书编写之初的认识所限，以及经过这几年的教学实践，不难发现本书还存在许多不足之处，因此有必要对其进行重新修订。

《机械制造自动化技术》是为了适应地方工科院校培养应用型机械类专业人才的要求而编写的。机械类专业应用型人才的培养最根本的一条就是要坚持面向工程实际，面向岗位实务，注重创新精神、创业意识和创造能力。作为制造业自动化主要组成部分的机械制造自动化是企业实现自动化生产、参与市场竞争的基础。因此，本书的修订从一般地方型工科本科应用型院校的实际出发，强调实际、实用、实践，加强技能培养，突出工程实践，内容适度简练，跟踪科技前沿，合理反映时代要求。为使本书能更好地满足教与学两方面的需求，修订时注意与"机械制造技术""机械制造装备""先进制造技术""液压传动与气动""测试技术""工业机器人"等课程内容的衔接和关系。同时，为便于本书的学习和讲授，此次修订将配套相应的光盘。该光盘主要汇集了各章节的图、设备机构的图像资料及建议实验内容，并有相应各章的学习指导。

本书修订后的基本章节没有改变，只在内容上作了调整。参加本书修订工作的有：第一章和第二章由扬州大学周骥平负责，第三章和第七章由河海大学林岗负责，第四章和第六章由淮阴工学院汪通悦负责，第五章和第八章由扬州大学魏孝斌负责，附录由扬州大学张有才编写。全书由周骥平、林岗任主编，东南大学易红教授担任了本书的主审。

在本书的修订过程中，江苏省地方一般工科院校机制专业教改协作组给予了指导和帮助，全国部分使用本书的高校老师提出了许多宝贵意见，在此特表示衷心的感谢。此外，在修订过程中，参考了近几年来国内出版的有关自动化方面的教材、论著和手册，在此特向有关的著作者表示诚挚的谢意并希望得到他们的指教。

限于编者水平，书中的缺点与错误在所难免，恳请广大读者提出宝贵意见，以利于本书的改进与提高。

本书的修订得到扬州大学出版基金的资助。

编　者

第1版前言

随着科学技术的不断进步，机械制造技术的水平在不断地提高，特别是随着机电一体化技术、计算机辅助技术和信息技术的发展，当今世界机械制造业已进入自动化的时代。采用自动化技术，可以大大降低劳动强度，提高产品质量，改善制造系统适应市场变化的能力，从而提高企业的市场竞争力。作为制造业自动化主要组成部分的机械制造自动化是企业实现自动化生产、参与市场竞争的基础。对机械制造过程各个环节自动化技术的了解，即在熟练掌握机械制造的基本理论和技术的基础上，了解掌握现代机械制造的新手段、新方法、新技术，即自动化的基本理念，是适应现代工业企业对机械类专业人才培养需求以及自身适应能力增强的必然需求。我们编写此书的目的就是为了适应工科院校机械类专业人才培养的发展趋势，满足学生系统地掌握有关机械制造自动化方面的基本原理，了解机械制造中各主要单元和系统的自动化方法，以及各种自动化装置的工作原理和特点，并提高其应用管理能力的需要。

本书的编写主要是围绕机械制造全过程，系统地介绍各种自动化技术、方法和实际应用，包括设备、装置、手段、方式、过程和系统等。在课程内容的取舍上注重实用性和应用性，在课程内容的编排上遵照循序渐进的原则，努力做到深入浅出、详略得当，以利于读者了解和掌握其基本概念和应用常识。课程的各章内容尽量做到相对独立，以利于读者根据需要查阅使用。编写时注意与"机械制造技术""机械制造装备"和"现代制造技术"等课程内容的衔接和关系。同时，为便于本书的学习和讲授，制作了与本书配套的CAI课件，该课件主要汇集相关过程的自动化技术图像资料。

本书第一章概述、第二章加工设备自动化由扬州大学工学院周骥平编写，第三章物料供输自动化、第七章工业机器人由河海大学机电学院林岗编写，第四章刀具自动化、第六章装配自动化由淮阴工学院汪通悦编写，第五章检测过程自动化、第八章集成制造系统由南京工程学院邱胜海编写。全书由周骥平、林岗任主编。东南大学易红教授担任了本书的主审。

在本书的编写中，江苏省地方一般工科院校机制专业教改协作组给予了指导和帮助，并提出了许多宝贵意见；编者所在学校的许多领导和老师在本书编写过程中也提供了不少帮助，在此一并表示衷心感谢。此外，我们在编写本书的过程中，参考了近几年来国内出版的有关自动化方面的教材、论著和手册，在此谨向有关的著作者表示诚挚的谢意并希望得到他们的指教。

限于编者水平，书中的缺点与错误在所难免，恳请广大读者批评指正。

编 者

目　　录

第一章
概论

制造自动化是人类在长期的社会生产实践中不断追求的目标。中国作为一个制造大国，正在向着制造强国的目标迈进。《中国制造 2025》从国家层面确定了我国建设制造强国的总体战略，明确提出了要以创新驱动发展为主题，以新一代信息技术与制造业深度融合为主线，以推进智能制造为主攻方向，实现制造业由大变强的历史跨越。实现制造强国的目标，离不开制造自动化水平的提升。因此，学习和掌握制造自动化技术知识与技能，是适应新时代社会经济技术发展变革的必然要求。

作为制造自动化的基础和重要组成部分的机械制造自动化，是主要控制机械运动（如刀具、工件和毛坯等的运动）及可能变化的制造工艺，使整个生产过程得到优化。采用自动化技术，不仅可以大大降低劳动强度，而且还可以提高产品质量，提高机械制造系统适应市场变化的能力，从而提高企业的市场竞争力。但是，以机械加工和装配为主要代表的机械制造业要实现自动化，比其他制造业要困难得多，主要表现在其自动化机构上。这是因为机械制造中所使用的材料、加工手段等较为复杂，对制造对象要求要有高精密、高精度的定向和定位、可靠的识别装置及握持装置等。因此，需要各种各样的装料、卸料、定向整理、夹紧握持、运送、识别和测量等自动化机构。机械制造自动化就是在机械制造过程的所有环节采用自动化技术，实现机械制造全过程的自动化。本书将侧重于机械制造过程的主要环节，包括加工、物料传输、检测与控制、刀具和装配等采用的自动化技术。

第一节 基本概念

一、机械制造系统的组成

一般的机械制造主要由毛坯制备、物料储运、机械加工、装配、辅助过程、质量控制、热处理和系统控制等过程组成。根据研究问题的角度不同，机械制造系统应具备以下特性：

（1）制造系统的结构特性 制造系统是由制造过程所涉及的硬件（包括人员、设备、物料流和各种辅助装置等）及相关软件（包括制造理论、制造技术和制造信息等）组成的一个统一整体。

（2）制造系统的功能特性 制造系统是一个将制造资源（原材料、能源和劳动力等）转变为成品或半成品的输入输出系统。

（3）制造系统的过程特性 制造系统是制造生产运行的全过程，包括市场分析、产品设计、工艺编制、制造实施、检验出厂和产品销售等多个环节。

由上述特性可知，机械制造系统由机床、夹具、刀具、被加工工件、操作人员和加工工艺等组成。机械制造系统输入的是制造资源（毛坯或半成品、能源和劳动力），经过机械加工过程制成产品或零件输出，这个过程就是制造资源向产品（成品）或零件转变的过程。一个正在制造产品的机床、生产线、车间和整个工厂可看成是不同层次的制造系统；加工中心、柔性制造系统、计算机集成制造系统均是典型的制造系统。另外，开发一个新产品、技术改造项目、与制造有关的工程项目、科研课题以及它们所涉及的硬件和软件，从某种角度上也可被看成制造系统。

对于一个机械制造工厂而言，如果从系统的角度来研究，把一个工厂视为生产系统，一个车间视为机械制造系统，而其中的一条机械加工生产线或生产单元视为机械加工系统。就其系统的含义和内容而言，它们之间是没有多少差别的，都是加工过程（物料流）、中间存储、运输、检验、加工和物质流要求等所确定的计划、调度、管理等信息（信息流）和能量的消耗及其流程（能量流）所组成的综合系统。

从概念包含的范围来看，生产系统是包括制造系统的更高一级系统，而制造系统是包括相同工艺方法的多个加工系统的更高一级系统。制造系统是生产系统中比较重要的部分，加工系统是制造系统子系统中比较重要的部分。图1-1所示为机械制造系统各组成部分之间的关系图。

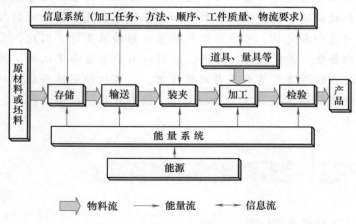

图1-1 机械制造系统的组成

图1-1中"三流"的概念如下：

（1）物料流 机械加工系统输入的是原材料或坯料（有时也包括半成品）以及相应

的刀具、量具、夹具、润滑油、切削液和其他辅助物料等，经过输送、装夹、加工、检验等过程，最后输出半成品或产品（一般还伴随着切屑的输出）。整个加工过程（包括加工准备阶段）是物料输入和输出的动态过程，这种物料在机械加工系统中的运动被称为物料流。

（2）信息流　在机械加工系统中，必须集成各个方面的信息，以保证机械加工过程的正常进行。这些信息主要包括加工任务、加工工序、加工方法、刀具状态、工件要求、质量指标和切削参数等。这些信息又可分为静态信息（如工件尺寸要求、公差大小等）和动态信息（如刀具磨损程度、机床故障状态等），所有这些信息构成了机械加工过程的信息系统。这个系统不断地和机械加工过程中的各种状态进行信息交换，从而有效地控制机械加工过程，以保证机械加工的效率和产品质量。这种信息在机械加工系统中的作用过程称为信息流。

（3）能量流　能量是一切物质运动的基础。机械加工系统是一个动态系统，其动态过程是机械加工过程中的各种运动过程。这个运动过程中的所有运动，特别是物料的运动，均需要能量来维持。来自机械加工系统外部的能量（一般是电能），多数转变为机械能。一部分机械能用以维持系统中的各种运动，另一部分通过传递、损耗而到达机械加工的切削区域，转变为分离金属的动能和势能。这种在机械加工过程中的能量运动称为能量流。

机械制造系统中的物料流、信息流和能量流之间的相互联系和相互影响，组成了一个不可分割的有机整体。

二、自动化的基本概念

自动化一词的含义十分广泛，它是指采用能自动开停、调节、检测、加工和控制的机器、设备进行各种作业，以代替人力来直接操作的措施。它是机械化的高级阶段。

在机械制造系统中，任何制造过程都是由若干个工艺过程组成的，在一个工艺过程中又包含若干个工序。而在一个工序中，又包含着若干种基本动作，如传动动作、上下料动作、换刀动作、切削动作以及检验动作等。此外，还有操纵和管理这些基本动作的操纵动作，如开动和关闭传动机构的动作等。这些动作可以手动来完成，也可以用机器来完成。

当执行制造过程的基本动作是由机器（机械）代替人力劳动来完成时称为机械化。若操纵这些机构的动作也是由机器来完成的，则可以认为这个制造过程是"自动化"了。自动化的原意就是设计一种控制设备来取代人力操作机械的动作，以达到各种机械自动、半自动运行的目的。

在一个工序中，如果所有的基本动作都机械化了，并且使若干个辅助动作也实现了自动化，而工人所要做的工作只是对这一工序进行总的操纵和监督，就称其为工序自动化。

一个工艺过程（如加工工艺过程）通常包括若干个工序，当每一个工序都实现了自动化并且把它们有机地联系起来，使得整个工艺过程（包括加工、工序间的检验和输送）

都自动进行，而工人仅是对整个工艺过程进行总的操纵和监督，这时就形成了某一种加工工艺的自动生产线，通常称其为工艺过程自动化。

一个零部件（或产品）的制造包括若干个工艺过程，当每个工艺过程都实现了自动化，并且它们之间是自动地有机联系在一起，也就是说从原材料到最终成品的全过程都不需要人工干预时，就形成了制造过程的自动化。机械制造自动化的高级阶段就是自动化车间甚至自动化工厂。

三、机械制造自动化的主要内容

本书所涉及的是狭义的机械制造过程，主要是机械加工以及与此关系紧密的物料储运、质量控制和装配等过程。因此机械制造过程中的自动化技术主要有：

1）机械加工自动化技术，包含上下料自动化技术、装夹自动化技术、换刀自动化技术、加工自动化技术和零件检验自动化技术等。

2）物料储运过程自动化技术，包含工件储运自动化技术、刀具储运自动化技术和其他物料储运自动化技术等。

3）装配自动化技术，包含零部件供应自动化技术和装配过程自动化技术等。

4）质量控制自动化技术，包含零件检测自动化技术、产品检测自动化技术和刀具检测自动化技术等。

四、机械制造自动化的作用

机械制造中采用自动化技术可以显著提高劳动生产率，有效缩短生产周期，大幅度提高产品的质量，有效改善劳动条件，并能显著降低制造成本。因此，机械制造自动化技术得到了快速发展，并在生产实践中得到越来越广泛的应用。概括而言，实现机械制造自动化具有如下的作用：

1. 提高生产率

生产率是指在一定的时间范围内生产总量的大小。采用自动化技术后，可以大幅度缩短制造过程中的辅助时间，从而使生产率得以提高。

2. 缩短生产周期

机械制造业按其产品特点可分为如下三类：大批量生产；多品种、中小批量生产；单件生产。在现代机械制造企业中，单件、小批量生产约占85%，而大批量生产仅约占15%。而在多品种、小批量生产中，被加工零件处于储运及等待加工等的时间约占95%，实际有效的加工时间仅占1.5%，采用自动化技术的主要好处在于可以有效缩短零件98.5%的无效时间，从而有效缩短生产周期。

3. 提高产品质量

由于自动化系统中广泛采用多种高精度的加工设备和自动检测设备，减少了人工因素的干扰，保证了零部件的加工、装配精度，从而可以有效提高产品的质量。

4. 提高经济效益

采用自动化技术可以减小生产面积，减少直接参与生产的工人数量，降低废品率，因而就减少了对生产的投入，提高了投入产出比，因此可以有效提高经济效益。

5. 降低劳动强度

采用自动化技术后，机器可以完成绝大部分笨重、艰苦、复杂甚至对人体有害的工作，从而降低了工人的劳动强度。

6. 有利于产品更新

现代柔性制造自动化技术使得变更制造对象更容易，适应的范围也较宽，十分有利于产品的更新。

7. 提高劳动者素质

采用自动化制造后，要求操作者必须具备较高的专业技术水平和严谨的工作态度，这无形中就提高了劳动者的素质。

8. 带动相关技术的发展

实现机械制造自动化可以带动自动检测技术、自动控制技术、产品设计技术和系统工程技术等相关技术的发展。

第二节 机械制造自动化的类型

一、机械制造自动化系统的构成

从系统的观点来看，一般的机械制造自动化系统主要由以下四个部分构成。

1. 加工系统

加工系统是指能完成工件的切削加工、排屑、清洗和测量的自动化设备与装置。

2. 工件支撑系统

工件支撑系统是指能完成工件输送、搬运以及存储功能的工件供给装置。

3. 刀具支撑系统

刀具支撑系统包括刀具的装配、输送、交换和存储装置以及刀具的预调和管理系统。

4. 控制与管理系统

控制与管理系统的作用是对制造过程进行监控、检测、协调与管理。

二、机械制造自动化的分类

机械制造自动化的分类目前还没有统一的方式。综合国内外各种文献资料，大致可按下面几种方式进行分类。

1. 按制造过程分类

可分为：毛坯制备过程自动化、热处理过程自动化、储运过程自动化、机械加工过程自动化、装配过程自动化、辅助过程自动化、质量检测过程自动化和系统控制过程自动化。

2. 按设备分类

可分为：刚性半自动化单机、刚性自动化单机、刚性自动线、刚性综合自动化系统、数控机床、加工中心、柔性制造单元和柔性制造系统。

3. 按控制方式分类

可分为：机械控制自动化、机电液控制自动化、数字控制自动化、计算机控制自动化和智能控制自动化。

三、机械制造自动化的特点和适用范围

不同类型的自动化有着不同的性能特点与应用范围，因此应根据需要选择不同的自动化系统。下面按设备分类作一个简单的介绍。

1. 刚性半自动化单机

刚性半自动化单机是一种除上下料外可以自动完成单个工艺过程加工循环的机床。这种机床采用的是机械或电液复合控制。如单台组合机床、通用多刀半自动车床和转塔车床等。从复杂程度讲，刚性半自动化单机实现的是加工自动化的最低层次，但是其投资少、见效快，适用于产品品种变化范围和生产批量都较大的制造系统。它的缺点是调整工作量大、加工质量较差、工人的劳动强度也大。

2. 刚性自动化单机

刚性自动化单机是在刚性半自动化单机的基础上增加自动上下料装置而形成的自动化机床。因此，这种机床实现的也是单个工艺过程的全部加工循环。这种机床往往需要定制或改装，常用于品种变化很小、但生产批量特别大的场合，如组合机床、专用机床等。其主要特点是投资少、见效快，但通用性差，是大量生产中最常见的加工设备。

3. 刚性自动线

刚性自动化生产线（简称刚性自动线）是用工件输送系统将各种刚性自动化加工设备和辅助设备按一定的顺序连接起来，在控制系统的作用下完成单个零件加工的复杂大系统。在刚性自动线上，被加工零件以一定的生产节拍，顺序通过各个工作位置，自动完成零件预定的全部加工过程和部分检测过程。因此，刚性自动线具有很高的自动化程度，具有统一的控制系统和严格的生产节奏。与自动化单机相比，它的结构复杂、完成的加工工序多，所以生产率也很高，是少品种、大批量生产中必不可少的加工装备。除此之外，刚性自动线还具有可以有效缩短生产周期、取消半成品的中间库存、缩短物料流程、减小生产面积、改善劳动条件及便于管理等优点。它的主要缺点是：投资大，系统调整周期长，更换产品不方便。为了消除这些缺点，人们发展了组合机床自动线，可以大幅度缩短建线周期，更换产品后只需更换机床的某些部件即可（如更换主轴箱），从而大大缩短了系统的调整时间，降低了生产成本，并能收到较好的使用效果和经济效果。组合机床自动线主要用于箱体类零件和其他类型非回转件的钻、扩、铰、镗、攻螺纹和铣削等工序的加工。

4. 刚性综合自动化系统

一般情况下，刚性自动线只能完成单个零件的所有相同工序（如切削加工工序），对于其他自动化制造内容，如热处理、锻压、焊接、装配、检验、喷漆甚至包装等，却不可能全部包括在内。包括上述内容的复杂大系统称为刚性综合自动化系统，它常用于产

品比较单一，但工序内容多，加工批量特别大的零部件的自动化制造。刚性综合自动化系统结构复杂，投资强度大，建线周期长，更换产品困难，但生产效率极高，加工质量稳定，工人的劳动强度低。

5. 数控机床

数控机床（Numerical Control Machine Tools）用来完成零件一个工序的自动化循环加工。它利用代码化的数字量来控制机床，按照事先编好的程序，自动控制机床各部分的运动，而且能控制选刀、换刀、测量、润滑和冷却等工作。数控机床是机床结构、液压、气动、电动、电子技术和计算机技术等各种技术综合发展的成果，也是单机自动化方面的一个重大进展。配备了适应控制装置的数控机床，可以通过各种检测元件将加工条件的各种变化测量出来，然后反馈到控制装置，与预先给定的有关数据进行比较，使机床及时进行相应的调整，这样，机床就能始终处于最佳工作状态。数控机床常用在零件复杂程度不高、精度较高、品种多变、批量中等的生产场合。

6. 加工中心

加工中心（Machining Center，MC）是在一般数控机床的基础上增加刀库和自动换刀装置而形成的一类更复杂，但用途更广、效率更高的数控机床。由于具有刀库和自动换刀装置，就可以在一台机床上完成车、铣、镗、钻、铰、攻螺纹和轮廓加工等多个工序的加工。因此，加工中心机床具有工序集中、可以有效缩短调整时间和搬运时间、减少在制品库存、加工质量高等优点。加工中心常用于零件比较复杂，需要多工序加工，且生产批量中等的生产场合。根据所处理对象的不同，加工中心又可分为铣削加工中心和车削加工中心。

7. 柔性制造单元

柔性制造单元（Flexible Manufacturing Cell，FMC）是一种由1~3台计算机数控机床或加工中心所组成的，单元中配备有某种形式的托盘交换装置或工业机器人，由单元计算机进行程序编制及分配、负荷平衡和作业计划控制的小型柔性制造系统。柔性制造单元的主要优点是：占地面积较小，系统结构不很复杂，成本较低，投资较小，可靠性较高，使用及维护均较简单。因此，柔性制造单元是柔性制造系统的主要发展方向之一，深受各类企业的欢迎。就其应用范围而言，柔性制造单元常用于品种变化不是很大、生产批量中等的生产场合。

8. 柔性制造系统

一个柔性制造系统（Flexible Manufacturing System，FMS）一般由四部分组成：两台以上的数控加工设备、一个自动化的物料及刀具储运系统、若干台辅助设备（如清洗机、测量机、排屑装置、冷却润滑装置等）和一个由多级计算机组成的控制和管理系统。到目前为止，柔性制造系统是最复杂、自动化程度最高的单一性质的制造系统。柔性制造系统内部一般包括两类不同性质的运动：一类是系统的信息流，另一类是系统的物料流，物料流受信息流的控制。

柔性制造系统的主要优点是：①可以减少机床操作人员；②由于配有质量检测和反馈控制装置，零件的加工质量很高；③工序集中，可以有效减小生产面积；④与立体仓库相配合，可以实现24h连续工作；⑤采用集中作业，可以减少加工时间；⑥易于和管理信息系统（MIS）、工艺信息系统（TIS）及质量信息系统（QIS）结合形成更高级的制造自动化系统。

柔性制造系统的主要缺点是：①系统投资大，投资回收期长；②系统结构复杂，对操作人员的要求很高；③结构复杂，也使得系统的可靠性较差。一般情况下，柔性制造系统适用于品种变化不大，批量在 200~2500 件的中等批量生产。

第三节　机械制造自动化的发展历程及趋势

一、机械制造自动化的发展历程

机械制造自动化的历史可以追溯到 2500 年前工具机（一种原始的转动器具）的出现，应用它，工匠们能用木材或其他硬性材料生产出较复杂的圆形产品。直到 14 世纪，人们才发明了第一个台原型的精密机器。德多迪·乔万尼（Giovanni DeDondi，1318~1389）提出了由机械重量驱动的时钟，推动了第一台真正的工具机（如螺钉加工机床）的发展。自 18 世纪中叶瓦特发明蒸汽机而引发工业革命以来，自动化技术就伴随着机械化得到了迅速发展。从其发展历程看，自动化技术大约经历了四个发展阶段。

第一个阶段：从 1870 年到 1950 年左右，纯机械控制因电液控制的刚性自动化加工单机和系统的出现而得到了长足发展。

第二阶段：从 1952 年到 1965 年，数控（Numerical Control，NC）技术，特别是单机数控技术得到了飞速发展。数控技术的出现是机械制造自动化技术发展史上的一个里程碑，它对多品种、小批量生产的自动化意义重大，几乎是目前经济实现小批量生产自动化的唯一实用技术。

第三个阶段：从 1967 年到 20 世纪 80 年代中期，是以数控机床和工业机器人组成的柔性制造自动化系统飞速发展的时期。

第四个阶段：从 20 世纪 80 年代至今，机械制造自动化系统的主要发展成果是计算机集成制造和计算机集成制造系统的出现，并开始探索新的机械制造自动化模式，包括智能制造、敏捷制造、虚拟制造、网络制造、全球制造和绿色制造等。

二、信息化带动机械制造自动化

信息化是现代制造技术的首要特征。面对新的知识/产业经济环境、竞争激烈的市场和迅速发展的信息技术，制造业日益信息化，形成了决策、研究开发、设计、制造、营销、管理技术与计算机、网络通信技术相融合的信息化制造技术。制造技术的信息化带动了自动化的发展，改变了传统制造自动化的概念，使得产品的生命周期明显缩短、产品品种日益增多、产品成本结构发生变化、产品交货期不断缩短。因此，现代制造企业实现产品上市快、质量好、成本低、服务好及环保（Time、Quality、Cost、Service、Environment，TQCSE）五大要素将成为其赢得市场竞争的关键。

1. 制造系统的信息化

制造系统的信息化就是建立对制造系统中的信息进行存储和管理的信息系统，将信息技术运用于制造系统产品生命周期的全过程和企业运行管理的各个环节，将制造系统的信息及信息传输方式规范化、数字化、集成化，提高信息的综合利用价值，从而全面提高企业的市场竞争能力的过程。

机械制造过程可看成是一个信息产生、处理和加工的过程，在这一过程中，产品所包含的信息不断丰富，生产计划与管理信息不断细化。制造系统中所形成的各种信息必须做到在正确的时间，以正确的方式，高效地传递给正确的对象，实现各应用分系统之间的集成。信息化的制造系统在信息系统辅助决策的支持下，可以大大提高系统的运行效率。所以制造系统信息化已成为现代企业快速响应市场、提高经济效益的重要手段。

从制造系统功能的角度来分析，制造系统中的信息流动可分为两大主线：一条主线是产品信息的处理和加工；另一条主线是生产计划和管理信息的制订和调整。并且这两条主线之间存在着密切的信息交换。图 1-2 所示为制造系统的信息流动过程。

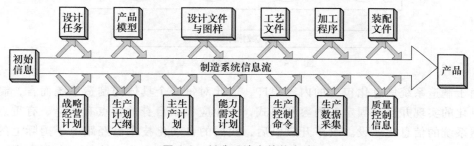

图 1-2　制造系统中的信息流

为了实现制造信息描述的规范化、数字化和集成化，常常需要对制造信息进行合理的分类。对于制造系统而言，合理地划分制造系统中的信息类别，是实现制造系统信息化的一个重要方面。

如图 1-3 所示，按照制造系统的功能活动，可将制造系统中的信息横向分为生产管理信息、技术信息、制造信息和质量信息；这四类信息又可以从纵向分为战略层信息、战术层信息和执行层信息，即每一类在战略层、战术层和执行层都有体现；第三个方向表示了制造信息从生成、完善到消亡的生命周期。

图 1-3　制造系统信息
的层次关系

按照信息的生成方式可将制造系统中的信息分为：人工输入信息，这类信息完全靠工作人员通过手工方式或系统提供的人机界面输入到系统中，以进行管理和交流；自动生成信息，这类信息通过计算机应用程序自动生成，不需要人工的干预；半自动生成信息，这类信息不完全由程序生成，需要进行人工干预，如编辑、修改和转换等。

按照信息的使用范围可将制造系统中的信息分为：全局信息，这类信息要在制造系统的各个分系统之间传送、交换和共享，体现了系统之间的相互关系和作用，如物料清单、工艺规程和生产计划等信息；局部信息，这类信息只在分系统内部传送、处理和使用，不直接与其他分系统发生关系，如设计规范、工艺经验等信息。

制造系统信息化的实现需要多种相关信息技术的支持，其主要技术包括：①支撑技术，包括计算机网络技术和数据库技术；②信息化设计技术，包括 CAD、CAE、CAPP、CAM、PDM 及其集成技术；③信息化管理技术，包括 ERP、SCM、CRM 技术等；④信息化制造技术，包括数控技术、柔性制造技术等。信息化的制造系统是通过各种应用分系统的协同运行来实现的。图 1-4 所示为制造系统的逻辑结构，即在计算机网络环境和分布式数据库系统的支持下，构成各应用系统的集成应用环境。

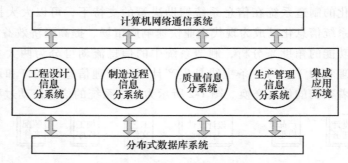

图 1-4　制造系统的逻辑结构

由于制造系统信息化包含的内容很广，因此对每一个具体的制造系统而言，制造系统信息化的实现并没有固定的内容和模式，企业应根据自身的特点有选择、有重点地进行制造系统的信息化建设。改革开放以后，我国的自动化技术已经跟上了国际上的发展步伐，但总体还是落后的。因此，要实现我国制造业的信息化应该认清发展方向，应用最新技术，迎头赶上，同时还要结合具体国情，有所创新。首先就是推动信息化，开发信息产品的制造，积极发展软件产业，加强信息基础设施的建设，并用信息化来推动自动化的发展。当然，一些先进的工业国家是在完成了工业化的基础上发展信息化的，开发信息产品具有雄厚的基础。目前，我国还是以农业为主的国家，工业自动化尚未完成，基础工业还比较落后，所以必须在信息化建设的同时，以信息化带动自动化，同时实现高新技术和基础工业的发展与建设，以自动化促进信息化。

2. 机械制造业方式的转变

一家企业如果仅仅靠提高制造过程的生产率是无法实现制造系统信息化的目标的，还必须从总体策略、组织结构、技术水平和管理模式等方面适应市场的需求。因而，20世纪 80 年代以来，随着制造业信息化进程的推进，计算机集成制造、精良生产、敏捷制造和智能制造等许多新概念、新思想和新模式不断出现，这些先进的制造模式促使了机械制造业方式的转变，其中有些已得到广泛的应用并取得了良好的经济效益。

（1）计算机集成制造　随着计算机技术的发展，美国学者 Joseph Harrington 在 1973年出版的《Computer Integrated Manufacturing》一书中提出了计算机集成制造（CIM）的概念。它是以计算机网络和数据库为基础，通过计算机软、硬件将企业的经营、管理、计划、产品设计、加工制造、销售及服务等全部生产活动与各种资源集成起来，实现整个企业的信息集成和功能集成。

由此可见，计算机集成制造的核心是集成。集成的概念与系统的概念相似。系统是由相互作用和相互依赖的若干组成部分结合而成的具有特定功能的有机整体。而集成是在系统的基础上将那些被称为系统的有机整体再次进行彼此之间的协调，形成一个更大的有机整体，即一个更大的系统。为了突出在系统之间也需要形成有机整体，人们就使用了"集成"的概念。因此，集成的出现来源于企业的实际需求，它是系统概念的延伸，是组成更大规模系统的手段，它强调组成系统的各部分之间能彼此有机地、协调地工作，以发挥整体效益，达到整体优化的目的。从集成的定义可以看出，集成绝不是将若干分离的部分简单地连接拼凑，而是要通过信息集成将原先没有联系或联系不紧密的各个组成部分有机地组合成为功能协调的、联系紧密的新系统。如将 CAD 与 CAM 集成，可以实现设计与制造工程数据的信息共享，组成 CAD/CAM 系统；如果再将企业的管理信息系统（MIS）与 CAD/CAM 系统进行集成，可以实现商用数据和工程数据的信息共享等。

制造企业实现集成的益处就是避免了自动化孤岛的出现，具体来说体现在如下几点：

1）减少数据冗余，实现信息共享。如果不实现系统集成，各个分系统将成为信息孤岛，在这些孤岛之间必然存在大量的数据冗余。数据的冗余会造成数据的不一致性。如在一个企业内部的 CAD 系统、CAPP 系统、库存管理系统以及成本核算系统未进行集成，那么它们之间都要使用的物料清单（Bill Of Material，BOM）信息，将在这四个系统中重新录入，一方面会使工作量大，而且在录入过程中还会出错，导致数据不一致，甚至还可能引起生产的混乱，另一方面各系统之间的信息传递速度低，系统反应迟缓。因此实现集成是十分必要的。

2）便于合理地规划和分布数据。在集成的环境下，企业数据的分散与集中存储应合理平衡，如主题数据库应集中存储，而各个子系统专用的专业数据库要分散存储，这会使计算机网络的数据传输速度快、负荷小并高效率运行。

3）便于进行规模优化。规模优化是指一个企业的计算机和信息资源与该企业的业务流程相匹配，便于充分利用现有资源，获得较高的系统性能价格比，并且随着企业需求的增长进行系统的扩充和升级。

4）便于实施并行工程，提高工作效率和效益。并行工程（Concurrent Engineering，CE）是利用并行的方法，在产品设计阶段，就把产品研制周期中各有关的工程技术人员集中起来，同步地解决或考虑整个产品生命周期所有涉及的问题，包括设计、分析、制造、装配、检验和售后服务等。只有在集成的环境下才能使各项设计工作协调和并行地进行。由于并行处理多项工作，大大提高了工作效率和经济效益。

（2）精良生产 精良生产（Lean Production，LP）是 20 世纪 50 年代日本工程师根据当时日本的实际情况——国内市场很小，所需的汽车种类繁多，又没有足够的资金和外汇购买西方最新的生产技术，而在丰田汽车公司创造的一种新的生产方式。这种生产方式既不同于单件生产方式，也不同于大批量生产方式，而是综合了单件生产与大批量生产的优点，使工厂的工人数量、设备投资、厂房面积以及开发新产品的时间等都大为减少，而生产出的产品却更多且质量也更好。这种生产方式到了 20 世纪 60 年代已经成熟，它不仅使丰田汽车公司，而且使日本的汽车工业以至日本经济达到了当今世界的领先水平。这种生产方式直到 20 世纪 90 年代才被第一次称为"精良生产"，它引起了欧美等发达国家以及许多发展中国家的极大兴趣。

精良生产的特点如下：

1) 强调人的作用和以"人"为中心。即企业把雇员看做是比机器更为重要的固定资产；工人是企业的主人；职工是多面手，其创造性得到充分发挥。

2) 在需求的驱动下，以简化为手段，追求实效的生产方式。即根据用户需求，确定生产任务和生产计划；根据并行工程需求，简化组织结构和产品开发过程；根据生产协作需求，简化与协作厂的关系；根据加工工序需求，简化生产过程，减少非生产费用；根据加工设备的需求，通过技术、技巧解决设备增加的问题；简化产品检验环节，强调一体化的质量保证。

3) 不断改进，以"尽善尽美"为最终目标。

从上述特点可以看出，精良生产不仅是一种生产方式，更主要的是一种使用于现代化制造企业的组织管理方法。

精良生产是一种将以最少的投入来获得成本低、质量高、产品投放市场快、用户满足的产品为目标的生产方式。与大批量生产方式相比较，其工厂中的人员、占用的场地、设备投资、新产品开发周期、工程设计所需工时及现场存货量等一切投入都大为减少，废品率也大为降低，而且能生产出更多更好的满足用户各种需求的变型产品。

(3) **敏捷制造** 敏捷制造（Agile Manufacturing, AM）作为一种新的制造模式是在1991年由美国众多学者、企业家和政府官员在总结和预测经济发展客观规律的基础上，在"21世纪制造企业的战略"的报告中提出来的。它适应于产品生命周期越来越短，品种越来越多，批量越来越少，而顾客对产品的交货期、价格、质量和服务的要求却越来越高的市场竞争环境。敏捷制造强调企业之间的合作，可以快速地利用知识和技术提供的可能性及时抓住市场对新产品需求的机遇，快速地开发新产品，快速重组资源，组织生产，提供令用户满意的顾客化产品（Customized Product）。顾客化产品是指用户可以按自己的爱好向制造厂订购自己满意的产品或用户很容易买到的重新组合的产品或更新换代的产品。

敏捷制造是基于CIMS、动态虚拟组织结构、并行工程、虚拟制造和高素质员工等而集成的更高层次的大系统，是在先进的柔性制造技术和计算机信息自动化技术的基础上，通过企业内、外部的多功能动态虚拟组织机构，把各种资源集成在一起，发挥整体优势，建立共同的基础结构对迅速改变和无法预见的市场需求和机遇做出快速响应，以持续实现产品开发、研究、设计和生产过程的改进。

敏捷制造作为一种先进的制造系统必须与其先进的管理模式有机地集成。从敏捷制造的原理来看不难发现，它的一个核心问题是企业内、外部的多功能动态虚拟组织机构。该组织机构是由职能不同的企业组成的，它以资源集成为原则，靠电子手段联系在一起的联合公司，称为动态联盟或虚拟企业（Agile Virtual Enterprise, AVE）。由于动态联盟是面向机遇产品的开发而临时组建的，所以它将随机遇产品的出现而出现，随机遇产品的消亡而消亡。动态联盟中企业之间的合作以它们之间的共同利益和相互信任为基础，它反映了一种组织上的创新和柔性，体现了企业的敏捷性。从广义上讲，它是面向产品经营过程的一种动态生产组织方式。

敏捷制造的一项关键技术，也是一个重要手段是虚拟制造。所谓虚拟制造就是利用计算机对产品从设计、制造到装配的全过程进行全面的仿真。它不仅可以仿真现有企业的全部生产活动，而且可以仿真未来企业的物流系统，因而可以对新产品的设计、制造乃至生产设备的引进以及车间布局等各个方面进行模拟和仿真。在虚拟企业正式运行之前，必须分析这种组合是否最优，这样的组织能否正常的协调运行，并且还要对这种组合投产后的效益及风险进行切实有效的评估。为了实现这种分析和评估，就必须把虚拟企业映射为一种虚拟制造系统。通过运行该系统，并对该系统进行仿真和实验，模拟产品设计、制造和装配的全过程。虚拟制造提供了交互的产品开发、生产计划调度、产品制造和后勤等过程的可视化工具，从范围来看覆盖了从车间到企业的各个方面。

（4）智能制造　智能制造（Intelligent Manufacturing，IM）的概念最早出现于20世纪80年代，它试图突破当时流行的 FA、CIM 等概念的局限性，强调"智能机器"和"自治控制"，是一种由智能机器和人类专家组成的人机一体化智能系统。其目的在于通过人与智能机器的合作共事，去扩大、延伸和部分地取代人类专家在制造过程中的脑力劳动。广义的智能制造是一个大概念，是先进制造技术与新一代信息技术的深度融合，贯穿于产品、制造、服务全生命周期的各个环节及相应系统的优化集成，实现制造的数字化、网络化、智能化，不断提升企业的产品质量、效益和服务水平，推动制造业创新、绿色、协调、开放、共享发展。它将成为21世纪新一代的制造系统模式。

智能制造的发展伴随着信息化的进步，其总体架构如图1-5所示。结合信息化与制造业在不同阶段的融合特征，可以总结、归纳和提升出三种智能制造的基本范式，也就是：数字化制造、数字化网络化制造、数字化网络化智能化制造——新一代智能制造。

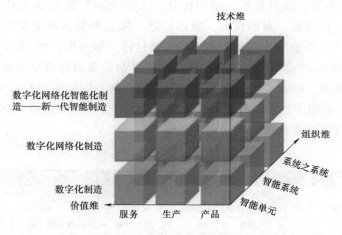

图 1-5　智能制造总体架构

1）数字化制造是智能制造的基础，它是在数字化技术和制造技术融合的背景下，通过对产品信息、工艺信息和资源信息进行数字化描述、分析、决策和控制，快速生产出满足用户要求的产品。其主要特征表现为：第一，数字技术在产品中得到普遍应用，形成"数字一代"创新产品；第二，广泛应用数字化设计、建模仿真、数字化装备和信息化管理；第三，实现生产过程的集成优化。

2）数字化网络化制造也可称为"互联网+制造"，或第二代智能制造。20世纪末互联网技术开始广泛应用，"互联网+"不断推进互联网和制造业融合发展，网络将人、流程、数据和事物连接起来，通过企业内、企业间的协同和各种社会资源的共享与集成，重塑制造业的价值链，推动制造业从数字化制造向数字化网络化制造转变。其主要特征为：第一，在产品方面，数字技术、网络技术得到普遍应用，产品实现网络连接，设计、研发实现协同与共享；第二，在制造方面，实现横向集成、纵向集成和端到端集成，打通整个制造系统的数据流、信息流；第三，在服务方面，企业与用户通过网络平台实现联接和交互，企业生产开始从以产品为中心向以用户为中心转型。

3）数字化网络化智能化制造也可称为新一代智能制造。近年来，人工智能加速发展，实现了战略性突破。先进制造技术与新一代人工智能技术深度融合，形成了新一代智能制造——数字化网络化智能化制造。其主要特征表现在制造系统具备了"学习"的能力。通过深度学习、增强学习和迁移学习等技术的应用，制造领域的知识产生、获取、应用和传承效率将发生革命性变化，显著提高创新与服务能力。从某种意义上来说，数字化网络化智能化制造是真正意义上的智能制造，将从根本上引领和推进新一轮工业革命。

加快发展智能制造，不但有助于企业全面提升研发、生产、管理和服务的数字化网络化智能化水平，持续改善产品质量，提高企业的生产效率，满足在新常态下企业迫切希望实现创新和转型升级的需求，而且还将带动众多新技术、新产品和新装备快速发展，催生出一大批新应用、新业态和新模式，驱动新兴制造业蓬勃发展、传统制造业优化升级，为中国经济的增长注入强有力的新动能，带动中国制造保持中高速增长、迈向中高端水平。为此，中国政府制定了《中国制造2025》制造强国发展战略，它提出了坚持"创新驱动、质量为先、绿色发展、结构优化、人才为本"的基本方针，坚持"市场主导、政府引导，立足当前、着眼长远，整体推进、重点突破，自主发展、开放合作"的基本原则，通过"三步走"实现制造强国的战略目标：第一步，到2025年迈入制造强国行列；第二步，到2035年中国制造业整体达到世界制造强国阵营中等水平；第三步，到新中国成立一百年时，综合实力进入世界制造强国前列。围绕实现制造强国的战略目标，《中国制造2025》明确了9项战略任务和重点，提出了8个方面的战略支撑和保障。具体在十大重点领域方面取得技术突破（表1-1）。

表 1-1　制造强国的十大重点领域

十大领域	关键词
新一代信息技术	4G/5G通信、IPv6、物联网、云计算、大数据、三网融合、平板显示、集成电路、传感器
高档数控机床和机器人	五轴联动机床、数控机床、机器人、智能制造
航空航天装备	大飞机、发动机、无人机、北斗导航、长征运载火箭、航空复合材料、空间探测器
海洋工程装备及高技术船舶	海洋作业工程船、水下机器人、钻井平台
先进轨道交通装备	高铁、铁道及电动机车
节能与新能源汽车	新能源汽车、锂电池、充电桩
电力装备	光伏、风能、核电、智能电网
新材料	新型功能材料、先进结构材料、高性能复合材料
生物医药及高性能医疗器械	基因工程药物、新型疫苗、抗体药物、化学新药、现代中药、CT、超导磁共振成像、X射线机、加速器、细胞分析仪、基因测序
农业机械装备	拖拉机、联合收割机、收获机、采棉机、喷灌设备、农业航空作业

三、机械制造自动化技术的发展趋势

随着科学技术的飞速发展和社会的不断进步，先进的生产模式对自动化系统及技术提出了多种不同的要求，这些要求也同时表明了机械制造自动化技术将向可编程、适度集成、信息化和智能化的方向发展。其具体发展趋势为：

1）高度智能集成性。

2）人机结合的适度自动化。

3）强调系统的柔性和敏捷性。

4）继续推广单元自动化技术。

5）发展和应用新的单元自动化技术。

6）运用可重构制造技术。

复习思考题

1-1 什么是机械化和自动化？它们有什么区别？

1-2 机械制造中的工序自动化、工艺过程自动化和制造过程自动化的区别与联系是什么？

1-3 机械制造自动化的主要内容有哪些？

1-4 机械制造自动化的作用是什么？

1-5 自动化系统由哪几部分组成？

1-6 机械制造自动化的类型与特点是什么？

1-7 机械制造系统应具备的特性和基本组成是什么？

1-8 什么是制造系统的信息化？制造系统中的信息有哪几类？

1-9 信息化如何带动自动化？

1-10 为什么说可把机械制造过程看成是一个信息产生、处理和加工的过程？

1-11 有哪些先进的制造模式能促使机械制造业方式的转变？简述其主要特点。

1-12 为什么说新一代智能制造是新一轮工业革命的核心驱动力？

1-13 试述机械制造自动化的主要发展趋势？

思政拓展：扫描下方二维码观看制造强国十大重点领域相关视频，感受新时代北斗精神和探月精神，了解天鲲号、蛟龙号自主创造的历程。

精神的追寻
新时代北斗精神

精神的追寻
探月精神

科普之窗
中国创造：天鲲号

科普之窗
中国创造：蛟龙号

第二章
自动化控制方法与技术

任何机械制造设备自动化的实质都是无需由人在其终端执行元件上来直接或间接操作的自动控制。为了实现机械制造设备的自动化，就需要对这些被控制的对象进行自动控制。

自动控制与机械控制技术、流体控制技术、自动调节技术、电子技术和电子计算机技术等密切相关，它是实现机械制造自动化的关键。它的完善程度是机械制造自动化水平的重要标志。

第一节　自动化控制的概念

一、自动化控制的基本组成

自动控制系统包括实现自动控制功能的装置及其控制对象，通常由指令存储装置、指令控制装置、执行机构、传递及转换装置等部分构成。

1. 指令存储装置

由于被控制对象是一种自动化机械，因此，其运动应该不依靠人而自动运行。这样就需要预先设置它的动作程序，并把有关指令信息存入相应的装置，在需要时重新发出。这种装置就称为指令存储装置（或程序存储器）。

指令存储装置大体上可以分为两大类：一类是全部指令信息一起存入一个存储装置，称为集中存储方式，如装有许多凸轮的分配轴、矩阵插角板、穿孔带、磁带、磁鼓和软盘等；另一类是将指令信息分别在多处存储，称为分散存储方式，如挡块、限位开关、电位计、时间继电器和速度继电器等。

2. 指令控制装置

指令控制装置的作用是将存储在指令存储装置中的指令信息在需要的时候发出。例如，执行机构移动到规定位置时挡块碰触限位开关；工件加工到规定尺寸时自动量仪中的电触点接通；液压控制系统中的压力达到规定压力时起动压力阀；主轴转速超过一定数值时速度继电器动作等。其中限位开关、电触点、压力阀和速度继电器等装置能够将指令存储装置中的有关信息转变为指令信号发送出去，命令相应的执行机构完成某种动作。

3. 执行机构

执行机构是最终完成控制动作的环节。例如，拨叉、电磁铁、电动机和工作液压缸等。

4. 传递及转换装置

传递及转换装置的作用是将指令控制装置发出的指令信息传送到执行机构。它在少数情况下是简单地传递信息，而在多数情况下，信息在传递过程中要改变信号的量和质，转换为符合执行机构所要求的种类、形式、能量等输入信息。信息的传递介质有电、光、气体、液体和机械等；信息的形式有模拟式和数字式；信息的量有电压量、电流量、压力量、位移量和脉冲量等。在这些类别中，又各有介质、形式、量的转换，因此，可组合成多种多样的形式。常见的传递和转换装置有各种机械传动装置、电或液压放大器、时间继电器、电磁铁和光电元件等。

二、自动化控制的基本要求

自动控制系统应能保证各执行机构的使用性能、加工质量、生产率及工作可靠性。为此，对自动控制系统提出如下基本要求：

1）应保证各执行机构的动作或整个加工过程能够自动进行。

2）为便于调试和维护，各单机应具有相对独立的自动控制装置，同时应便于和总控制系统相匹配。

3）柔性加工设备的自动控制系统要和加工品种的变化相适应。

4）自动控制系统应力求简单可靠。在元器件质量不稳定的情况下，对所用元器件一定要进行严格的筛选，特别是电气及液压元器件。

5）能够适应工作环境的变化，具有一定的抗干扰能力。

6）应设置反映各执行机构工作状态的信号及报警装置。

7）安装调试、维护修理方便。

8）控制装置及管线的布置要安全合理、整齐美观。

9）自动控制方式要与工厂的技术水平、管理水平、经济效益及工厂近期的生产发展趋势相适应。

对于一个具体的控制系统，第一项要求必须得到保证，其他要求则根据具体情况而定。

三、自动化控制的基本方式

这里所说的自动控制方式主要是指机械制造设备中常用的控制方式，如开环控制、闭环控制、分散控制、集中控制、程序控制、数字控制和计算机控制等，下面分别作简单说明。

1. 开环控制方式

所谓开环控制就是系统的输出量对系统的控制作用没有影响的控制方式。在开环控制中，指令的程序和特征是预先设计好的，不因被控制对象实际执行指令的情况而改变。为了满足实际应用的需要，开环控制系统必须精确地予以校准，并且在工作过程中保持这种校准值不发生变化。如果执行出现偏差，开环控制系统就不能保证既定的要求了。由于这种控制方式比较简单，因此在机械加工设备中广为应用。例如，常见的由凸轮控制的自动车床或沿时间坐标轴单向运行的任何系统，都是开环控制系统。

2. 闭环控制方式

系统的输出信号对系统的控制作用具有直接影响的控制方式称为闭环控制。闭环控制也就是常说的反馈控制。"闭环"的含义，就是利用反馈装置将输出与输入两端相连，并利用反馈作用来减小系统的误差，力图保持两者之间的既定关系。因此，闭环系统的控制精度较高，但这种系统比较复杂。机械制造中常见的自动调节系统、随动系统和适应控制系统等都是闭环控制系统。

3. 分散控制方式

分散控制又称行程控制或继动控制。在这种控制中，指令存储和控制装置按一定程序分散布置，各控制对象的工作顺序及相互配合按下述方式进行：当前一机构完成了预定的动作以后，发出完成信号，并利用这一信号引发下一个机构的动作，如此继续下去，直到完成预定的全部动作。每一执行部件在完成预定的动作后，可以采用不同的方式发出控制指令。如根据运动速度、行程量、终点位置和加工尺寸等进行控制。应用最多的发令装置是有触点式或无触点式限位开关和由挡块组成的指令存储和控制装置。

这种控制方式的主要优点是实现自动循环的方法简单，电气元件的通用性强，成本低。在自动循环过程中，当前一动作没有完成时，后一动作便得不到起动信号，因而分散控制系统本身具有一定的互锁性。然而，当顺序动作较多时，自动循环时间会增加，这对提高生产效率不利。此外，由于指令控制不集中，有些运动部件之间又没有直接的联锁关系，为了使这些部件得到起动信号，往往需要利用某一部件在到达行程终点后，同时引发若干平行的信号。这样，当执行机构较多时，会使电气控制线路变得复杂，电气元件增多，这对控制系统的调整和维修不利，特别是在使用有触点式装置的电器时，由于大量触点频繁换接，因此容易引起故障。目前，在常见的自动化单机和机械加工自动线的控制系统中，多数都采用这种分散控制方式。

4. 集中控制方式

具有一个中央指令存储和指令控制装置，并按时间顺序连续或间隔地发出各种控制指令的控制系统，都可以称为集中控制系统或时间控制系统。在图2-1中，控制系统中有一个连续回转的用来进行集中控制的转鼓。在转鼓上装有一些凸块（存储的指令），当转鼓回转时，凸块分别碰触1~5处的限位开关，并接通相应的执行部件。当凸块转过后，放松限位开关，相应的执行部件就停止运动。转鼓转一转，执行部件完成一个工作循环。如果改变凸块的长度或转鼓的转速，就可以调整执行部件的运动时间和工作循环周期，但是不能控制工作部件的运动速度。

集中控制方式的优点是：所有指令存储和控制装置都集中在一起，控制链短且简单，这样，控制系统就比较简单，调整也比较方便。另外，由于每个执行部件的起动指令是由集中控制装置发出的，而停止指令则由执行部件移动到一定位置时，压下限位开关而发出的。因此，可以避免某一部件发生故障而其他部件继续运动与之发生碰撞或干涉的问题，故工作精度和可靠性比较高。其实这是由集中控制和分散控制所组成的混合控制系统。

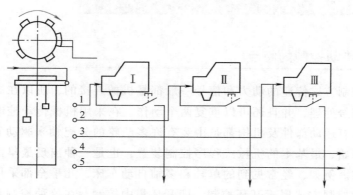

图 2-1　集中控制（时间控制）系统

利用分配轴上的凸轮来驱动和控制自动机床或自动线上的各个执行部件的顺序动作是机械式集中控制系统，它是按时间顺序进行控制的，可以看成是集中控制的方式。

5. 程序控制方式

按照预定的程序来控制各执行机构，使之自动进行工作循环的系统，都可以称为程序控制系统。它又可以分为固定程序控制系统和可变程序控制系统。

固定程序控制系统的程序是固定不变的，它所控制的对象总是周期性地重复同样的动作。这种控制系统的组成元件较少，线路比较简单，安装、调试及维护都比较方便。然而，如果要改变工作程序，这种控制系统基本就不能再用了。因此，这种控制方式只适用于大批量生产的专用设备。

可变程序控制系统的程序可以在一定范围内改变，以适应加工品种的变化。这种控制系统的组成元件较多，系统也比较复杂，投资也比较大。它适用于中小批量、多品种轮番生产。从目前的应用情况来看，较复杂的可变程序控制装置都采用电子计算机控制，规模较小的则常采用可编程序控制器控制；生产批量较大，加工品种变化不大时，经常采用凸轮机械式控制，品种改变时更换凸轮即可。

6. 数字控制方式

采用数控装置（或称专用电子计算机），以二进制码形式编制加工程序，控制各工作部件的动作顺序、速度、位移量及各种辅助功能的控制系统，称为数字控制系统，简称数控系统。它主要由控制介质（如穿孔带、穿孔卡、磁带等）、数控装置及伺服机构组成。这种控制方式适用于加工零件的表面形状复杂、品种经常改变的单件或小批量生产中所用的加工设备。

7. 计算机控制方式

将电子计算机作为控制装置，实现自动控制的系统，称为计算机控制系统。由于电子计算机具有快速运算与逻辑判断的功能，并能对大量数据信息进行加工、运算和实时处理，所以，计算机控制能达到一般电子装置所不能达到的控制效果，实现各种优化控制。计算机不仅能够控制一台设备、一条自动线，而且能够控制一个机械加工车间甚至整个工厂。

第二节 机械传动控制

一、机械传动控制的特点

机械传动控制方式传递的动力和信号一般都是机械连接的，所以在高速时可以实现准确的传递与信号处理，并且还可以重复两个动作。在采用机械传动控制方式的自动化装备中，几乎所有运动部件及机构都是由装有许多凸轮的分配轴来驱动和控制的。凸轮控制是一种最原始、最基本的机械式程序控制装置，也是一种出现最早而至今仍在使用的自动控制方式。例如，经常见到的单轴和多轴自动车床，几乎全部采用这种机械传动控制方式。这种控制方式属于开环控制，即开环集中控制。在这种控制系统中，程序指令的存储和控制均利用机械式元件来实现，如凸轮、挡块、连杆和拨叉等。这种控制系统的另外一个特点是控制元件同时又是驱动元件。

二、典型实例分析

图 2-2 所示是 C1318 型单轴转塔自动车床的机械集中控制系统的原理简图。此机床的工作过程是：上一个工件切断后，夹紧机构松开棒料——棒料自动送进——夹紧棒

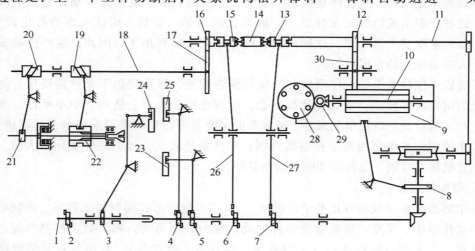

图 2-2　C1318 型单轴转塔自动车床控制原理简图

1—分配轴　2—主轴正反转定时轮　3、4、5—径向进给凸轮　6—送夹料定时轮　7—换刀定时轮
8—纵向进给凸轮　9—刀架滑板　10—长齿轮　11—辅助轴　12、16—空套齿轮　13、15—定转离合器
14—固定离合器　17、30—齿轮　18—凸轮轴　19—松、夹料凸轮　20—送料凸轮　21—送料机构
22—夹紧机构　23—前刀架　24—立刀架　25—后刀架　26、27—杠杆　28—回转刀架　29—马氏机构

料——回转刀架转位——刀架溜板快进、工进、快退——换刀——再进给（在回转刀架换刀和切削的同时，横向刀架也可以进行）……如此反复循环进行工件的加工。机床除工件的旋转外，其余动作均由分配轴集中驱动与控制。分配轴是整台机床的控制中心，分配轴上装有主轴正反转定时轮、横向进给凸轮、送夹料定时轮、换刀定时轮和锥齿轮等。机床的所有动作都是按照分配轴的指令执行的。分配轴转动一圈，机床完成一个零件的加工。

该机床的主要控制动作如下：

1）径向进给由分配轴上的径向进给凸轮 3、4、5 分别通过杠杆按照一定的时间顺序，控制立刀架、后刀架和前刀架沿着工件直径方向的快进、工进和快退动作。

2）纵向进给由分配轴通过齿轮传动副，控制纵向进给凸轮的转动速度，纵向进给凸轮 8 通过杠杆控制刀架滑板 9 的纵向运动，从而实现滑板上回转刀架的快进、工进和快退动作。

3）送夹料由分配轴上的送夹料定时轮 6 通过杠杆 26 控制辅助轴上定转离合器 15 的接通与断开。当定转离合器 15 接通后，空套齿轮 16 随辅助轴转动，通过齿轮 17 使凸轮轴 18 转动，凸轮 19、20 通过杠杆控制送夹料机构的动作。

4）换刀由分配轴上的换刀定时轮 7 通过杠杆 27 控制辅助轴上定转离合器 13 的接通与断开。当定转离合器 13 接通后，空套齿轮 12 随辅助轴转动，通过齿轮 30 使长齿轮 10 转动，从而接通换刀机构。当换刀机构接通后，通过马氏机构 29 使回转刀架顺时针转动，完成刀架的转位（回转刀架共有 6 个刀位）。

5）主轴正反转控制由定时轮 2 根据加工要求，按照设定的时间控制换向开关的位置，从而控制主轴的正反转。此外，装有空套齿轮 12 和 16、定转离合器（空套）13 和 15、固定离合器 14 的辅助轴，通过齿轮传动副、蜗杆传动副受分配轴的控制，与分配轴保持一定的传动关系（转速、转向）。

这种凸轮机械传动控制系统的主要特点为工作可靠、使用寿命长、节拍准确、结构紧凑，调整时容易发现问题，调整完毕后便能正常进行工作等。然而，其结构较复杂，凸轮的设计和制造工作量较大，凸轮曲线有偏差时易产生冲击和噪声。另外，由于凸轮又兼做驱动元件，因此一般不能承受重载荷切削。

随着计算机与数控机床的发展，设计和制造准确的凸轮比以往更容易实现了，可以精确地按设计要求加工凸轮曲线，所以凸轮的性能与可靠性都得到了提高，也使得机械传动控制方式的精度和可靠性得以提高。但是，由于机械传动控制的专用性比较强，所以它的应用范围有一定限制，仅适合加工品种基本不变的大批量生产的产品。

第三节　液压与气动传动控制

机械制造过程中广泛采用液压和气动对整个工作循环进行控制。采用高质量的液压或气动控制系统，就成为了保证自动化制造装置可靠运行的关键。例如，在液压和气动控制系统中，为了提高工作可靠性，减少故障，要重视系统的合理设计，选择最佳运动压力和高质量的元器件，甚至是最基本的液压管接头也要引起足够的重视。总之，液压和气动控制系统是保证制造过程自动化正常运动和可靠工作的关键组成部分，必须给予足够的重视。

一、液压传动控制

液压传动是利用液体工作介质的压力势能实现能量的传递及控制的。作为动力传递，因压力较高，所以使用小的执行机构就可以输出较大的力，并且使用压力控制阀可以很容易地改变它的输出（力）。从控制的角度来看，即使动作时负载发生变化，也可按一定的速度动作，并且在动作的行程内还可以调节速度。因此，液压控制具有功率重量比大、响应速度快等优点。它可以根据机械装备的要求，对位置、速度、力等任意被控制量按一定的精度进行控制，并且在有外扰的情况下，也能稳定而准确地工作。

液压控制有机械-液压组合控制和电气-液压组合控制两种方式。前者如图 2-3 所示，凸轮 1 推动活塞 2 移动，活塞 2 又迫使油管 3 中的油液流动，从而推动活塞 4 和执行机构 6 移动，返回时靠弹簧 5 的弹力使整个系统回到原位。执行机构 6 的运动规律由凸轮 1 控制，凸轮 1 既是指令存储装置，同时又是驱动元件。

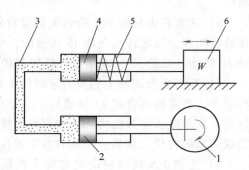

图 2-3　机械-液压组合控制系统
1—凸轮　2、4—活塞　3—油管
5—弹簧　6—执行机构

后者如图 2-4 所示，指令单元根据系统的动作要求发出工作信号（一般为电压信号），控制放大器将输入的电压信号转换成电流信号，电液控制阀将输入的电信号转换成液压量输出（压力及流量），执行元件实现系统所要求的动作，检测单元用于系统的测量和反馈等。

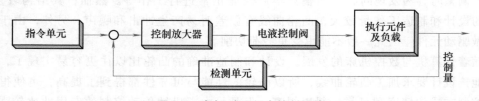

图 2-4　电气-液压组合控制系统

这种控制系统目前存在的主要问题是某些电气元器件的可靠性不高及液压元件经常漏油等，这样就使控制系统的稳定性受到了影响。因此，在设计和使用时，应给予重视并采取适当的补救措施。有关液压传动与控制的详细内容在专门课程中已作介绍，这里不再赘述。

二、气动传动控制

气动传动控制（简称气动控制）技术是以压缩空气为工作介质进行能量和信号传递

的工程技术，是实现各种生产和自动控制的重要手段之一。气动控制技术不仅具有经济、安全、可靠和便于操作等优点，而且对于改善劳动条件、提高劳动生产率和产品质量具有非常重要的作用。

1. 气动控制的特点

1）结构装置简单、轻便，易于安装和维护，且可靠性高、使用寿命长。

2）工作介质大多采用空气，来源方便，而且使用后直接排出气体，既不污染环境，又能适应"绿色生产"的需要。

3）工作环境适应性强，特别是在易燃、易爆、多尘埃、辐射和振动等恶劣的场合也可使用。

4）气动系统易于实现快速动作，输出力和运动速度的调节都很方便，且成本低，同时在过载时能实现自动保护。

5）压缩空气的工作压力一般为 0.4~0.8MPa，故输出力和力矩不太大，传动效率低，且气缸的动作速度易随负载的变化而产生波动。

2. 气动控制的形式与适用范围

气动控制系统的形式往往取决于自动化装置的具体情况和要求，但气源和调压部分基本上是相同的，主要由气压发生装置、气动执行元件、气动控制元件以及辅助元件等部分组成。气动控制主要有以下四种形式：

（1）全气控气阀系统 即整套系统中全部采用气压控制。该系统一般比较简单，特别适用于防爆场合。

（2）电-气控制电磁阀系统 此系统是应用时间较长、使用最普遍的形式。由于全部逻辑功能由电气系统实现，所以容易使操作和维修人员接受。电磁阀作为电气信号与气动信号的转换环节。

（3）气-电子综合控制系统 此系统是一种开始大量应用的新型气动系统。它是数控系统或 PLC 与气阀的有机结合，采用气/电或电/气接口完成电子信号与气动信号的转换。图 2-5 所示为该系统的基本构成。

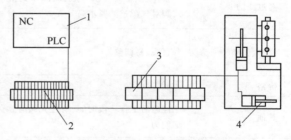

图 2-5 气-电子综合控制系统的构成

1—数控系统或 PLC 2—接口 3—气阀 4—气动执行元件

（4）气动逻辑控制系统 此系统是一种新型的控制形式。它以由各类气动逻辑元件组成的逻辑控制器为核心，通过逻辑运算得出逻辑控制信号输出。气动逻辑控制系统具有逻辑功能严密、制造成本低、寿命长、对气源净化和气压波动要求不高等优点。一般为全气控制系统，更适用于防爆场合。

各种形式的气动控制及其适用范围见表 2-1。

此外，气动控制为了适应自动化设备的需求，正逐步在气动机器人、气动测量机、气动试验机、气动分选机、气动综合生产线、装配线等方面得到广泛的应用。例如：采用气缸和控制系统作机床运动部件的平衡；采用气动离合器、制动器作机床制动、调速的控制；采用无杆气缸、磁性气缸作机床防护门窗的开关；使用微压（0.03～0.05MPa）气流作主轴部件的气封，防止尘埃和切削液侵入主轴部件，保持主轴精度；采用气动传感器，确认工件、刀具和运动部件的正确位置；采用气动传感技术，实现在线自动测控，使自动化加工设备具备监控功能等。

表 2-1　气动控制形式的选择

控制形式	全气控气阀控制	气动逻辑控制	气-电子综合控制	电-气控制电磁阀
使用压力/MPa	0.2～0.8	0.01～0.8	0～0.8	直动式 0～0.8 先导式 0.2～0.8
元件响应速度	较慢	较快	快	较慢
信号传输速度	较慢	较慢	最快	快
输出功率	大	较大	较小	大
流体通道尺寸	大	较大	较小	大
耐环境影响能力	防爆、耐灰尘、较耐振和潮湿		注意防爆	注意防爆、防漏电
抗干扰能力	不受辐射、磁场的影响		受磁、电场干扰	受磁、电场和辐射的干扰
配管或配线	较麻烦		容易	容易
寿命	10^6～10^8次		最长	10^3～10^7次，电气触点易烧坏
对过滤的要求	膜片、截止阀要求一般，间隙密封的滑柱式阀对气源过滤要求高		要求一般	要求一般，间隙密封滑柱阀要求高
维修、调整	直观、易调整		容易、需懂电子	需懂电子，注意电气故障
价格	低		高	较高
其他	停电后工作一段时间，滑柱式阀有永久记忆能力		有记忆能力，宜与电控系统连接	断电时单控阀返回原位，电气元件易得到
适用场合	动作较简单及大流量	动作较复杂及小流量，大流量时要放大	动作复杂，运算速度快，特别适用于电子控制的设备	电器控制有基础或远距离控制的场合，易与电子控制系统连接

第四节　电气传动控制

电气传动控制（简称电气控制）是为整个生产设备和工艺过程服务的，它决定了生产设备的实用性、先进性和自动化程度的高低。它通过执行预定的控制程序，使生产设备实现规定的动作和目标，以达到正确和安全地自动工作的目的。

电控系统除正确、可靠地控制机床动作外，还应保证电控系统本身处于正确的状态，一旦出现错误，电控系统应具有自诊断和保护功能，自动或提示操作者作相应的操作处理。

一、电气控制的特点和主要内容

按照规定的循环程序进行顺序动作是生产设备自动化的工作特点，电气控制系统的任务就是按照生产设备的生产工艺要求来安排工作循环程序，控制执行元件，驱动各动力部件进行自动化加工。因此，电气控制系统应满足如下基本要求：①最大限度地满足生产设备和工艺对电气控制线路的要求；②保证控制线路的工作安全和可靠；③在满足生产工艺要求的前提下，控制线路力求经济、简单；④应具有必要的保护环节，以确保设备的安全运行。电气控制系统的主要构成有主电路、控制电路、控制程序和相关配件等部分。

二、电气控制系统工作循环的表示方法

生产设备的工作循环是设计电气控制系统循环程序的主要依据，一般有以下三种表示方法。

1. 工作循环图表示的工作循环

工作循环图主要用于表示单台生产设备的工作循环。图 2-6 所示为一台双工位组合机床的工作循环图。

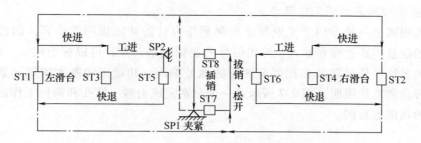

图 2-6　工作循环图的表示方法

→—动作顺序和循环的传递方向　ST1～ST8—行程开关等传感元件

SP1～SP2—压力继电器

2. 工作循环周期表示的工作循环

对于动作复杂的自动线，很难用工作循环图将其表示清楚，此时一般采用工作循环周期表来表示工作过程。表 2-2 是一条气缸盖加工自动线的工作循环周期表。表中各段自动线中的组合机床仅以一台机床为例。

表 2-2 气缸盖加工自动线的工作循环周期表

段	装置	动作	数值
一段	工件输送装置	向前	0.04 / 0.04
		向后	0.04 / 0.04
	夹具	定位夹紧	0.05 / 0.05
		拔销松开	0.04
	C2 左动力头	快速向前	0.056 / 0.056
		加工	0.045 / 0.045
		快速退回	0.058 / 0.058
	C1 铣床工作台	工作进给	0.57 / 0.57
		快速退回	0.06
二段	推料装置	向前	0.07 / 0.07
		向后	0.07 / 0.07
	工件输送装置	向前	0.07
		向后	0.07
	夹具	定位夹紧	0.05
		拔销松开	0.04
	J1 孔深检查装置	检查孔深	
	C4 左动力头	快速向前	0.045
		加工	0.89
		快速退回	0.05
三段	转位装置	正转	0.06
		反转	0.06
	工件输送装置	向前	0.07 / 0.07
		向后	0.07
	夹具	定位夹紧	0.08
		拔销松开	0.06
	J2 孔深检查装置	检查孔深	
	C15 左动力头	快速向前	0.05
		加工	1.25
		快速退回	

时间轴: 0.5　1.0　1.5　2.0　t/min

节拍 1.58min

3. 功能流程图表示的工作循环

功能流程图是一种专用于工业顺序控制程序设计的功能说明性语言，能清楚地表示控制系统的信息传递过程和输入、输出信号的逻辑关系，并且可以标明输入、输出信号，执行元件的名称、代号和其在控制装置中的地址编码。功能图的基本构成元素是步、有向线段、转移和动作说明。图 2-7 所示是一个分别完成上料、钻孔和卸件工作的 3 工位旋转工作台的功能流程图。

三、电气控制的操作方式

自动化生产设备具有多种工作方式，一般用手动多路转换开关选择操作方式，在不同的操作方式下，系统自动调用不同的工作程序。

（1）自动循环（或称连续循环）　在自动循环方式下，按下"循环开始"按钮，生产设备将按预定的循环动作一次又一次地连续运行，只有在按下"预停"按钮后，该次循环结束后才会停止运行。

（2）半自动循环（或称单次循环）　在半自动循环方式下，每次工作循环都必须按下

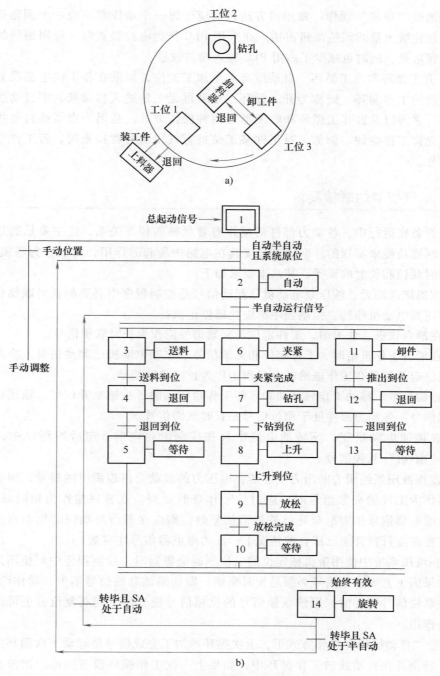

图 2-7　功能流程图的表示方法

a）工作台示意图　b）功能流程图

"循环开始"按钮才能开始运行。在手动上、下料和手动装夹工件时，这种方式是十分必要的。

（3）调整　在对生产设备进行调试或对设备的某个部分进行调整时，需要各动力部件能单独地做"单步"动作。常用的方法是对应于每一个动作都单设一个调整按钮,因而操纵台往往被大量的调整按钮占用。在采用 PLC 作为电控装置时,可用编码的方法减少调整按钮数量,同时也减少了占用 PLC 输入端的数量。

(4)开工循环和收工循环 自动线有多个加工工位,如果在各工位上都没有工件时开始自动线的工作循环,则称为开工循环;如果再无工件进入自动线,则自动线应开始收工循环。之所以设置开工循环和收工循环两种操作方式,是因为在某些自动线的加工工位上不允许工件空缺。例如,对工件某工位进行气压密封性检查时,若工件空缺将无法发出信号。

四、电气控制的联锁要求

生产设备在运行中,各动力部件的动作有着严格的相互关系,这主要是通过电气控制系统的联锁功能来实现的。联锁信号按其在电路中所起的作用,可以分为联锁、自锁、互锁、短时联锁和长时联锁等,其基本要求如下:

1)在机床起动后,液压泵电动机已起动信号是控制程序中必要的长时联锁信号,任何时候液压泵电动机停转,控制程序都应立即停止执行。

2)在滑台快进、快退时,工件定位、夹紧信号应作为长时联锁信号。

3)在滑台工作进给时,工件定位和夹紧信号、主轴电动机已起动信号、冷却泵和润滑电动机已起动信号在工作进给的全过程中作为长时联锁信号。

4)在输送带、移动工作台移动和回转工作台转动时,拔销松开信号、输送机构或工作台抬起信号、各动力部件处于原位信号是长时联锁信号。

5)在接通电动机正、反转的电路中及在控制滑台向前、向后的程序中,应加入"正-反""前-后"互锁信号。

6)监视液压系统压力的压力继电器,因压力的波动会出现瞬时的抖动,因而在用压力继电器作为工件的夹紧信号时,应对信号作延时处理,或者只能作为短时联锁信号。在用压力继电器信号作为滑台死挡铁停留信号时,则应在滑台终端同时加上终点行程开关,只有在终点行程开关已压合的情况下,压力继电器信号才有效。

7)在液压系统中使用带机械定位的二位三通电磁阀时,控制程序中可使用短时联锁信号。如果因工艺要求该信号必须是长时联锁,即如果该联锁信号消失,动作应该停止,则可以在联锁信号消失时,用该联锁信号的反相信号使二位三通阀复位,也可以起到长时联锁的作用。

8)在"自动循环"操作方式下,上次循环的加工完成信号是起动下次循环的短时联锁信号。特别是在自动线的工作循环中,如果上一次工作循环没有完成,即没有加工完成信号,是不允许开始下次循环的。

9)在多面组合机床中,对于刀具有可能相撞的危险区,应加互锁信号,各滑台应依次单独进入加工区,以避免相撞。

10)在具有主轴定位的镗削机床中,主轴已定位信号是滑台快进和快退的联锁信号,而在滑台工进时,要起动主轴旋转,则必须有主轴定位已撤销的联锁信号。

以上是加工设备自动化程序设计中应考虑的一般联锁原则。必须说明的是，因为加工设备的配置形式是多种多样的，所以电气控制程序的设计必须在充分了解机床工艺要求的基础上，按实际需要考虑联锁关系，不可一概而论，联锁信号也不是越多越好，重复的和不必要的联锁会增加故障概率，降低可靠性。

在多段结构的自动线控制程序中，还需特别注意段与段之间连接部件动作的联锁，以避免碰撞事故发生。

五、常用的电气控制系统

从控制的方式来看，电气控制系统可以分为程序控制和数字控制两大类。常见的电气控制系统主要有以下四种。

1. 固定接线控制系统

各种电器元件和电子器件采用导线和印制电路板连接，实现规定的某种逻辑关系并完成逻辑判断和控制的电控装置，称为固定接线控制系统。在这种系统中，任何逻辑关系和程序的修改都要用重新接线或对印制电路板重新布线的方法解决，因而修改程序较为困难，主要用于小型、简单的控制系统。这类系统按所用元器件分为以下两种类型：

（1）继电器-接触器控制系统　此系统是由各种中间继电器、接触器、时间继电器和计数器等组成的控制装置。由于其价格低廉并易于掌握，因此在具有十几个继电器以下的系统中仍普遍采用。

此外，在已被广泛使用的 PLC 和各种计算机控制系统中，由继电器、接触器组成的控制电路也是不可缺少的。一个可靠的电控系统必须保证当 PLC 和计算机失灵时仍能保护机床设备和人身的安全。因此，在总停、故障处理和防护系统中，仍然采用继电器-接触器电路。

（2）固体电子电路系统　它是指由各类电子芯片或半导体逻辑元件组成的电控装置。由于此系统无接触触点和机械动作部件，故其寿命和可靠性均高于继电器-接触器系统，而价格同样低廉，所以在小型的程序无需改变的系统中仍有应用，或者在系统的部件控制环节上有所应用。

2. 可编程序控制系统

可编程序控制器（PLC）是以微处理器为核心，利用计算机技术组成的通用电控装置，一般具有开关量和模拟量输入/输出、逻辑运算、四则算术运算、计时、计数、比较和通信等功能。因为它是通用装置，而且是在具有完善质量保证体系的工厂中批量生产的，因而具有可靠性高、功能配置灵活、调试周期短和性能价格比高等优点。PLC 与计算机和固体电子电路控制系统的最大区别还在于 PLC 备有编程器，通过编程器可以利用人们熟悉的传统方法（如梯形图）编制程序，简单易学。另外，通过编程器可以在现场很方便地更改程序，从而大大缩短了调试时间。因此，在组合机床和自动线上大都已采用 PLC 系统。

3. 带有数控功能的 PLC

将数控模块插入 PLC 母线底板或以电缆外接于 PLC 总线，与 PLC 的 CPU 进行通信，这些数字模块自备微处理器，并在模块的内存中存储工件程序，可以在 PLC 系统中独立工作，自动完成程序指定的操作。这种数控模块一般可以控制 1~3 根轴，有的还具有 2 轴或 3 轴的插补功能。

4. 分布式数控系统（DNC）

对于复杂的数控组合机床自动线，分布式数控系统是最合适的系统。分布式数控系统是将单轴数控系统（有时也有少量的 2 轴、3 轴数控系统）作为控制基层设备级的基本单元，与主控系统和中央控制系统进行总线连接或点对点连接，以通信的方式进行分时控制的一种系统。

第五节 计算机控制技术

计算机在机械制造中的应用已成为机械制造自动化发展中的一个主要方向，而且其在生产设备的控制自动化方面起着越来越重要的作用。

一、普通数控机床的控制

普通数控（NC）机床，包括具有单一用途的车床、钻床、铣床、镗床和磨床等。它们是采用专用的计算机或称"数控装置"，以数码的形式编制加工程序，控制机床各运动部件的动作顺序、速度、位移量及各种辅助功能，以实现机床加工过程的自动化。

二、加工中心的控制

加工中心（MC）是一种结构复杂的数控机床，它能自动地进行多种加工，如铣削、钻孔、镗孔、锪平面、铰孔和攻螺纹等。工件在一次装夹中，能完成除工件基面以外的其余各面的加工。它的刀库中可装几种到上百种刀具，以供选择，并由自动换刀装置实现自动换刀。可以说，加工中心的实质就是能够自动进行换刀的数控机床。加工中心目前多数都采用微型计算机进行控制。加工中心能够实现对同族零件的自动加工，变换品种方便。然而，由于加工中心的投资较大，所以要求机床必须具有很高的利用率。

三、计算机数控

计算机数控（CNC）与普通数控的区别是在数控装置部分引入了一台微型通用计算机。它具有功能适应性强，工艺过程控制系统和管理信息系统能密切配合，操作方便等优点。然而，这种控制系统只是在出现了价格便宜的微型计算机以后，才得到了较快的发展。

四、计算机群控

计算机群控系统由一台计算机和一组数控机床组成，以满足各台机床共享数据的需要。它和计算机数控系统的区别是用一台较大型的计算机来代替专用的小型计算机，并按分时方式控制多台机床。图 2-8 所示为一个计算机群控系统，它包括一台中心计算机、给各台数控机床传送零件加工程序的缓冲存储器以及数控机床等部分。

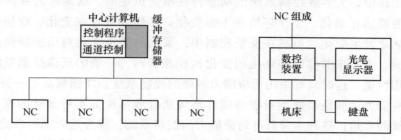

图 2-8 计算机群控系统

中心计算机要完成三项有关群控功能：①从缓冲存储器中取出数控指令；②将信息按照机床进行分类，然后去控制计算机和机床之间的双向信息流，使机床一旦需要数控指令便能立即予以满足，否则，在工件被加工表面上会留下明显的停刀痕迹，这种控制信息流的功能称为通道控制；③中心计算机还处理机床反馈信息，供管理信息系统使用。

1. 间接式群控系统

间接式群控系统又称纸带输入机旁路式系统，它是用数字通信传输线路将数控系统和群控计算机直接连接起来，并将纸带输入机取代掉（旁路）。图 2-9 所示为间接式群控系统示意图，图中只绘出了一台机床。

可以看出，这种系统只是取代了普通数控系统中纸带输入机这部分功能，数控装置硬件线路的功能仍然没有被计算机软件所取代，所有分析、逻辑和插补功能，还是由数控装置硬件线路来完成的。

2. 直接式群控系统

直接式群控（DNC）系统比间接式群控系统向前发展了一步，由计算机代替硬件数控装置的部分或全部功能。根据控制方式，又可分为单机控制式、串联式和柔性式三种基本类型。

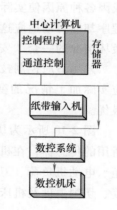

图 2-9 间接式群控系统

在直接式群控系统中，几台乃至几十台数控机床或其他数控设备，接收从远程中心计算机（或计算机系统）的磁盘或磁带上检索出来的遥控指令，这些指令通过传输线以联机、实时、分时的方式送到机床控制器（MCU），实现对机床的控制。

直接群控系统的优点有：①加工系统可以扩大；②零件编程容易；③所有必需的数据信息可存储在外存储器内，可根据需要随时调用；④容易收集与生产量、生产时间、生产进度、成本和刀具使用寿命等有关的数据；⑤对操作人员技术水平的要求不高；⑥生产效率高，可按计划进行工作。

这种系统投资较大，在经济效益方面应加以考虑。另外，中心计算机一旦发生故障，会使直接群控系统全部停机，这会造成重大损失。

五、适应控制

在实际工作中，大多数控制系统的动态特性不是恒定的。这是因为各种控制元件随着使用时间的增加在老化，工作环境在不断变化，元件参数也在变化，致使控制系统的动态特性也随之发生变化。虽然在反馈控制中，系统的微小变化对动态特性的影响可以被减弱，然而，当系统的参数和环境的变化比较显著时，一般的反馈控制系统将不能保持最佳的使用性能。这时只有采用适应能力较强的控制系统，才能满足这一要求。

所谓适应能力，就是系统本身能够随着环境条件或结构的不可预计的变化，自行调整或修改系统的参量。这种本身具有适应能力的控制系统，称为适应控制系统。

在适应控制系统中，必须能随时识别动态特性，以便调整控制器参数，从而获得最佳性能。这点具有很大的吸引力，因为适应控制系统除了能适应环境变化以外，还能适应通常工程设计误差或参数的变化，并且对系统中较次要元件的破坏也能进行补偿，因而增加了整个系统的可靠性。

例如，在数控机床上，刀具轨迹、切削条件、加工顺序等都由穿孔带或计算机命令进行恒定控制，这些命令是一套固定的指令，虽然刀具不断磨损、切削力和功率已增加，或因各种原因使实际加工情况发生了变化，而这些变化是人不知道的，但机器所使用的程序却能自动适应这些情况的变化。因此，在制备程序时，编程人员必须计算出能适应最坏情况的一套"安全"加工指令。

采用适应控制技术，能迅速地调节和修正切削加工中的控制参数（切削条件），以适应实际加工情况的变化，这样才能使某一效果指标，如生产率、生产成本等始终保持最优。

图 2-10 所示为切削加工适应控制系统的原理图。适应控制的效果主要取决于机床上所用的传感器，在机床工作期间，传感器要经常检测动态工作情况，如切削力、主轴转矩、电动机负荷、刀具变形、机床和刀具的振动、工件加工精度、加工表面的表面粗糙度、切削温度及机床的热变形等。由于刀具磨损和刀具使用寿命在实际加工中很难测量，

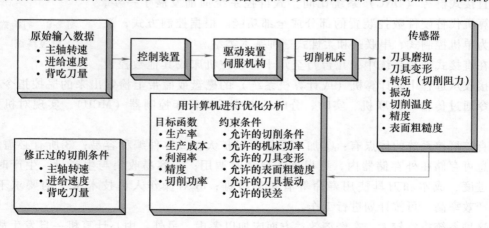

图 2-10 切削加工适应控制系统原理图

因此可通过上述测量间接地加以估算。这些可以作为对适应控制系统的输入，再经过实时处理，便可确定下一瞬间的最优切削条件，并通过控制装置仔细地调整主轴转速、进给速度或拖板移动速度，便可实现切削加工的实时优化。

利用适应控制系统，能够保护刀具，防止刀具受力过大，从而提高刀具的使用寿命，进而保证加工质量。另外，还能简化编程中确定主轴转速和进给速度的工作，这样就能提高生产率。

第六节 典型控制技术应用

一、步进电动机的控制

步进电动机是一种将电脉冲转化为角位移的执行机构。当步进驱动器接收到一个脉冲信号时，它就驱动步进电动机按设定的方向转动一个固定的角度（即步进角）。可以通过控制脉冲个数来控制角位移量，从而达到准确定位的目的；同时还可以通过控制脉冲频率来控制电动机转动的速度和加速度，从而达到调速的目的。

1. 步进电动机的特点

1）电动机旋转的角度与脉冲数成正比。

2）电动机停转的时候具有最大的转矩（当绕组励磁时）。

3）由于每步的精度在 2%~5% 之间，而且不会将前一步的误差累积到下一步，因而有较好的位置精度和运动的重复性。

4）可以实现快速的起停和反转响应。

5）由于没有电刷，可靠性较高，因此电动机的寿命仅仅取决于轴承的寿命。

6）电动机的响应仅由数字输入脉冲确定，因而可以采用开环控制，这使得电动机的结构比较简单，容易控制成本。

7）仅仅将负载直接连接到电动机的转轴上，也可以得到极低速的同步旋转。

8）由于速度与脉冲频率成正比，因而有比较宽的转速范围。

9）可以达到步进电动机外表允许的最高温度。

但是步进电动机也存在一些不足：如果控制不当容易产生共振；难以运转到较高的转速；难以获得较大的转矩；在体积和重量方面没有优势，能源利用率低；超过负载时会破坏同步，高速工作时会发出振动和噪声；步进电动机的力矩会随转速的升高而下降；步进电动机低速时可以正常运转，但若高于一定的速度就无法起动，并伴有啸叫声。

步进电动机有一个技术参数：空载起动频率，即步进电动机在空载的情况下能够正常起动的脉冲频率，如果脉冲频率高于该值，电动机将不能正常起动，可能发生丢步或堵转。在有负载的情况下，起动频率应更低。如果要使电动机达到高速转动，脉冲频率应该有加速过程，即起动频率较低，然后按一定的加速度升到所希望的高频（电动机转速从低速升到高速）。

步进电动机作为执行元件，是机电一体化的关键产品之一，广泛应用在各种自动化控制系统中。随着微电子和计算机技术的发展，步进电动机的需求量与日俱增，在国民经济的各个领域都有应用。目前打印机、绘图仪和机器人等设备都以步进电动机为动力核心。随着不同的数字化技术的发展以及步进电动机本身技术的提高，步进电动机将会在更多的领域得到应用。

虽然步进电动机已被广泛地应用，但步进电动机并不能像普通的直流电动机和交流电动机那样在常规条件下使用。它必须由双环形脉冲信号、功率驱动电路等组成控制系统才能使用。因此用好步进电动机并非易事，它涉及机械、电动机、电子及计算机等许多专业知识。

步进电动机必须加驱动才可以运转，驱动信号必须为脉冲信号，没有脉冲信号的时候，步进电动机静止，如果加入适当的脉冲信号，它就会以一定的步进角转动，改变脉冲信号的顺序，可以方便地改变转动的方向。

2. 步进电动机的控制原理

步进电动机的转动需要由驱动器驱动，驱动器由控制器控制，控制器由控制指令控制，如图 2-11 所示。如果步进电动机带动执行元件运动，一般需要设置左、右极限位置开关，以防止执行元件超过行程。

步进电动机的类型分为三种：永磁式（PM）、反应式（VR）和混合式（HB）。永磁式步进电动机一般为两相，其转矩和体积较小，步进角一般为 7.5°或15°；反应式步进电动机一般为三相，可实现大

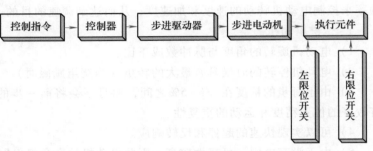

图 2-11　步进电动机控制框图

转矩输出，步进角一般为 1.5°，但噪声和振动都很大，在欧美等发达国家已被淘汰；混合式步进电动机综合了永磁式和反应式的优点。它又分为两相和五相：两相的步进角一般为 1.8°，五相的步进角一般为 0.72°，这种步进电动机的应用最为广泛。表 2-3 列出的是常用步进电动机的性能参数。

表 2-3　常用步进电动机的性能参数

参　数 ＼ 型　号	57HS76DS83	42HS40DF01
相数	2	2
步进角/步	1.8°×（1±5%）	1.8°×（1±5%）
静电压/V	3.0	2.55
电流/（A/相）	1.5	1.7
电阻/（Ω/相）	4.2±10%	1.5±10%
电感/（mH/相）	9.2±20%	2.7±20%
静转矩/（N·cm）	150	40

3. 步进驱动器简介

步进电动机要通过步进驱动器驱动，才能实现转动。图 2-12 所示为一种步进电动机驱动器的外部接线示意图。

在图 2-12 中，CW+、CW-为步进电动机的方向控制端，若规定 CW+为高电平时，步进电动机的转动为正转，则 CW+为低电平时，步进电动机的转动为反转；CP+、CP-为脉冲信号端，接收来自控制器的脉冲信号；A+、A-为 A 相端口，与步进电动机的 A 相绕组连接；B+、B-为 B 相端口，与步进电动机的 B 相绕组连接；VCC、GND 为直流电源端口，电压一般在 24~40V 之间。

该型号的步进电动机驱动器还设有拨盘开关，拨盘开关 1 和 2 的置位负责步进角的细分，拨盘开关 3 用来选择是否半流，拨盘开关 4 用来进行电流选择，设置示例见表 2-4。具体可参见有关说明书。

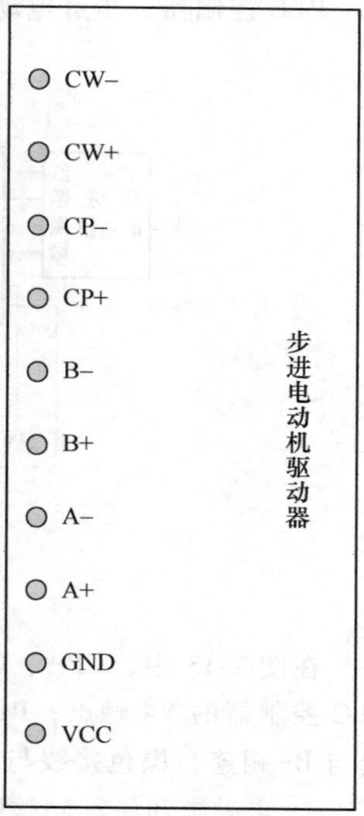

4. FX3U128MT-PLC 控制器简介

FX3U128MT-ES-A 是三菱电机推出的功能强大的普及型 PLC。具有扩展输入输出、模拟量控制和通信及链接等功能。控制器的主要参数有 64 点输入、64 点输出、AC220V 电源和晶体管输出。表 2-5 为 PLC 控制器元件地址分配表，表中给出了各项地址的含义。

图 2-12 步进电动机驱动器的外部接线示意图

表 2-4 步进电动机驱动器拨盘设置示例

开关设定 ON=0,OFF=1					
位 1,2(细分)		位 3(半流选择)		位 4(电流选择)	
位 1,2	细分	ON	OFF	ON	OFF
00	2	半流	不半流	0.5A	1A
01	4				
10	8				
11	试机				

表 2-5 PLC 控制器元件地址分配表

地 址	含 义
X0	步进电动机正转
X1	步进电动机正转点动
X2	步进电动机反转
X3	步进电动机反转点动
X4	步进电动机停止
X5	步进电动机正反间歇循环
Y0	步进电动机脉冲控制端口
Y4	步进电动机方向控制端口

5. PLC 控制器、步进电动机驱动器和步进电动机接线图

PLC 控制器、步进电动机驱动器和步进电动机电路的接线如图 2-13 所示。

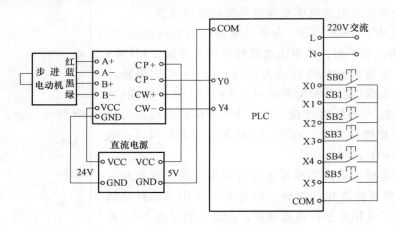

图 2-13　步进电动机控制电路接线图

在图 2-13 中，CP+、CW+接 5V 直流电源；CP-接 PLC 控制器的 Y0 触点；CW-接 PLC 控制器的 Y4 触点；PLC 控制器输入端的 COM 与电源 GND 相连；步进电动机绿色接线与 B-相连，黑色接线与 B+相连，蓝色接线与 A-相连，红色接线与 A+相连。

6. 步进电动机控制软件设计

控制界面的主要作用是对步进电动机进行常规的操作。上面的例子中，要求对步进电动机实现正转、反转、正转点动、反转点动、停止和正反间歇循环运动等功能；要求步进电动机转速可调，正反间歇循环运动的时间可调等。步进电动机正反间歇循环的规律如图 2-14 所示，图中 $O \sim t_1$、$t_1 \sim t_2$、$t_2 \sim t_3$ 和 $t_3 \sim t_4$ 时间段分别表示步进电动机正转状态、正向停歇状态、反转状态和反向停歇状态。

本节选用三菱 GT1275-VNBA 触摸屏，采用 GT Simulator 3 仿真软件，设计了如图 2-15 所示的步进电动机运动控制界面。

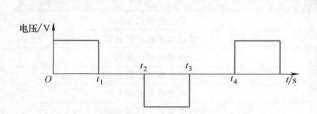

图 2-14　步进电动机正反间歇循环规律图

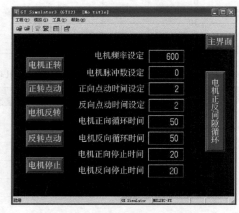

图 2-15　步进电动机运动控制界面

在图 2-15 所示的控制界面上，可利用"电机频率设定"设置电动机转速；"电机脉冲数设定"设置电动机运行在指定脉冲数后停止，如果设置为 0，电动机则可以无限连续运转；"正向点动时间设定"设置正转点动的长短；"反向点动时间设定"设置反转点动的长短；"电机正向循环时间"设置步进电动机正向运行的时间；"电机反向循环时间"设置步进电动机反向运行的时间；"电机正向停止时间"设置步进电动机正向停止的时间；"电机反向停止时间"设置步进电动机反向停止的时间。"电机正转""正转点动""电机反转""反转点动""电机停止"按钮分别实现电动机的手动控制功能，"电机正反间歇循环"按钮实现步进电动机正反间歇自动循环工作。图 2-15 所示的控制界面上软元件的地址与功能见表 2-6。

表 2-6　软元件的地址与功能

软元件	功　　能	软元件	功　　能
X000	电动机正转	D402	电动机脉冲数设定
X001	正转点动	D404	正向点动时间设定
X002	电动机反转	D406	反向点动时间设定
X003	反转点动	D408	电动机正向循环时间
X004	电动机停止	D410	电动机反向循环时间
X005	电动机正反间歇循环	D412	电动机正向停止时间
D400	电动机频率设定	D414	电动机反向停止时间

利用 PLC 控制器对步进电动机进行控制程序编写，通过控制界面上的控制按钮，执行程序可以实现步进电动机的正转、反转、点动、停止和间歇循环运动控制。

图 2-16 所示是步进电动机正转的梯形图，图中 M100 是用于正转的辅助继电器，M102 是用于反转的辅助继电器，Y004 输出触点控制步进电动机的运行方向，Y004 为高电平，步进电动机正转，Y004 为低电平，步进电动机反转，脉冲输出端口采用 Y000（实际上是一个高速开关），X000、D400、D402 的含义见表 2-6。在电动机正转之前，首先对步进电动机进行反转状态复位，所以采用 RST M102 语句，然后采用 SET M100 语句实现对 Y004 置高电平，且与 PLSY D400 D402 Y000 语句一起实现对步进电动机的正转功能。关于 PLSY D400 D402 Y000 语句的说明可参考 PLC 手册。

图 2-17 所示是步进电动机反转的梯形图，M102 是用于反转的辅助继电器，X002 的含义见表 2-6。在反转之前，首先对步进电动机进行正转状态复位，所以采用 RST M100 语句，然后采用 SET M102 语句实现对 Y004 置低电平，且与 PLSY D400 D402 Y000 语句一起实现对步进电动机的反转功能。

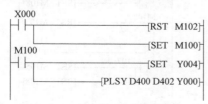

图 2-16　步进电动机正转梯形图

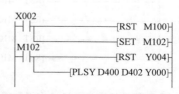

图 2-17　步进电动机反转梯形图

图 2-18 所示是步进电动机正向点动的梯形图，图中 M101 是用于正向点动的辅助继电器，X001、D404 的含义见表 2-6。在电动机正向点动之前，首先对步进电动机进行正转状态复位，所以采用 RST M100 语句，然后对 Y004 置高电平，且与 PLSY D400 D402 Y000 语句一起实现对步进电动机的正向点动功能。正向点动时间由数据寄存器 D404 设定的数据赋给定时器 T101，当定时时间到时，步进电动机停止。

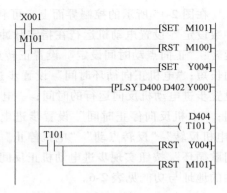

图 2-18　步进电动机正转点动梯形图

图 2-19 所示是步进电动机反向点动的梯形图，图中 M103 是用于反向点动的辅助继电器，X003、D406 的含义见表 2-6。在电动机反向点动之前，首先对步进电动机进行反转状态复位，所以采用 RST M102 语句，然后对 Y004 置低电平，且与 PLSY D400 D402 Y000 语句一起实现对步进电动机的反向点动功能。反向点动时间由数据寄存器 D406 设定的数据赋给定时器 T103，当定时时间到时，步进电动机停止。

图 2-20 所示是步进电动机停止的梯形图，图中 X004 的含义见表 2-6，M105~M108 是用于电动机间歇循环运动的辅助继电器。

图 2-21 所示是步进电动机间歇循环运动的梯形图，图中 X005、D408、D410、D412 和 D414 的含义见表 2-6，D408、D410、D412 和 D414 设定的数据分别赋给定时器 T104、T105、T106 和 T107。

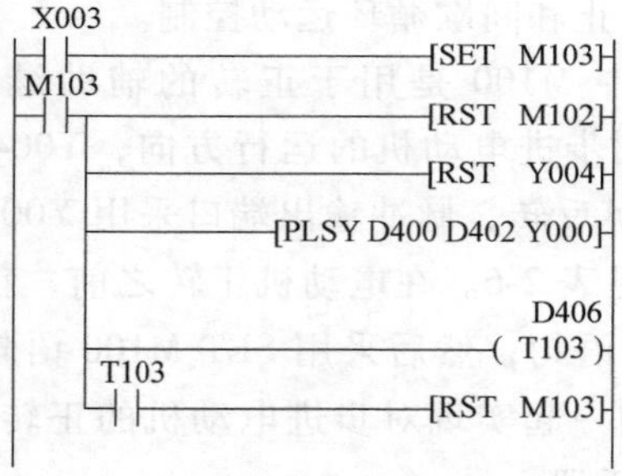

图 2-19　步进电动机反转点动梯形图

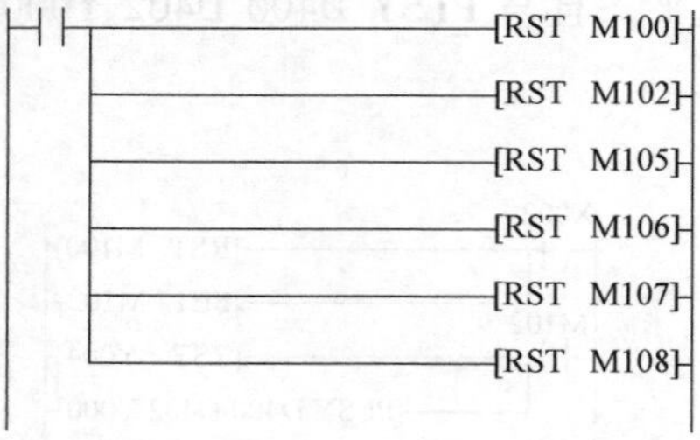

图 2-20　步进电动机停止梯形图

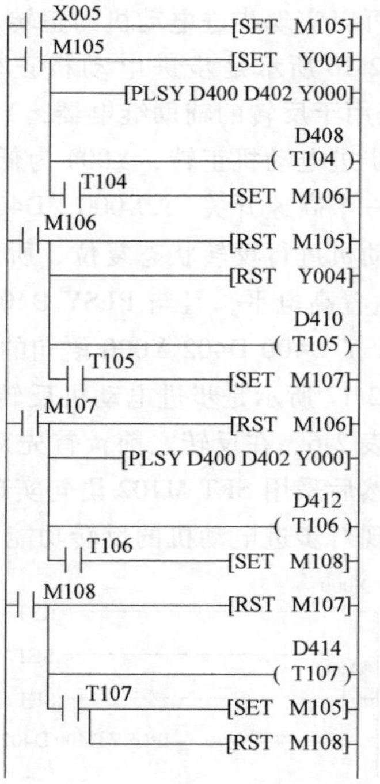

图 2-21　步进电动机间歇循环运动梯形图

根据图 2-16~图 2-21 所示的 PLC 梯形图，其程序清单见表 2-7。

表 2-7 程序清单

序号	语句表	序号	语句表	序号	语句表
0	LD X000	23	RST Y004	46	AND T104
1	RST M102	24	RST M101	47	SET M106
2	SET M100	25	LD X002	48	LD M106
3	LD M100	26	RST Y004	49	RST M105
4	SET Y004	27	RST M100	50	RST Y004
5	PLSY D400 D402 Y000	28	SET M102	51	OUT T105 D412
6	LD X004	29	LD M102	52	AND T105
7	RST M100	30	PLSY D400 D402 Y000	53	SET M107
8	RST M102	31	LD X003	54	RST M106
9	RST Y004	32	SET M103	55	LD M107
10	RST M105	33	LD M103	56	PLSY K400 K0 Y000
11	RST M106	34	RST M102	57	OUT T106 D410
12	RST M107	35	PLSY D400 D402 Y000	58	AND T106
13	RST M108	36	OUT T103 D406	59	SET M108
14	LD X001	37	LD T103	60	LD M108
15	SET M101	38	RST M103	61	RST M107
16	LD M101	39	RST Y004	62	OUT T107 D414
17	RST M100	40	LD X005	63	AND T107
18	RST Y004	41	SET M105	64	SET M105
19	SET Y004	42	LD M105	65	RST M108
20	PLSY D400 D402 Y000	43	SET Y004	66	END
21	OUT T101 D404	44	PLSY K400 K0 Y000		
22	LD T101	45	OUT T104 D408		

二、交流伺服电动机的控制

伺服电动机的主要特点是，当信号电压为零时无自转现象，转速随着转矩的增加而匀速下降。伺服电动机又称执行电动机，在自动控制系统中，用作执行元件，把所收到的电信号转换成电动机轴上的角位移或角速度输出。

交流伺服电动机是交流电动机的一种，通过伺服驱动器的矢量控制理论控制电动机的转矩、速度和位置等，交流伺服电动机转子的电阻一般很大，当控制电压消失后，由于有励磁电压，此时的交流伺服电动机中会有脉振磁动势，这样可以防止自转。交流伺服电动机是一种带编码器的同步电动机，其效果比直流伺服电动机稍差，但维护方便；缺点是价格高且调速精度没有直流调速系统的高。

1. 交流伺服电动机的特点

（1）精度　实现了位置、速度和力矩的闭环控制；克服了步进电动机失步的问题。

（2）转速　高速性能好，一般额定转速能达到 2000~3000r/min。

（3）适应性　抗过载能力强，能承受 3 倍于额定转矩的负载，对有瞬间负载波动和要求快速起动的场合特别适用。

（4）稳定　低速运行平稳，低速运行时不会产生类似于步进电动机的步进运行现象，且适用于有高速响应要求的场合。

（5）及时性　电动机加减速的动态响应时间短，一般在几十毫秒之内。

（6）舒适性　发热和噪声明显降低。

与普通电动机相比，伺服电动机和步进电动机反应灵敏。

交流伺服电动机应用广泛，只要是需要动力源的，而且对精度有要求的设备一般都会用到交流伺服电动机。如机床、印刷设备、包装设备、纺织设备、激光加工设备、机器人和自动化生产线等对工艺精度、加工效率和工作可靠性等要求相对较高的设备。

2. 交流伺服电动机的控制原理

交流伺服电动机的转动需要由交流伺服驱动器驱动，交流伺服驱动器通过控制器与工控机相连，通过软件控制相应的接口，实现对交流伺服电动机的控制，其控制原理如图 2-22 所示。如果交流伺服电动机带动执行元件运动，一般需要设置左、右极限位置开关，以防止执行元件超过行程。

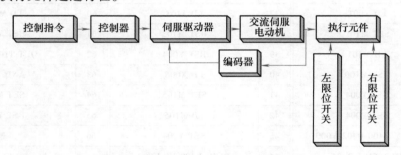

图 2-22　交流伺服电动机控制原理框图

本节以单相交流伺服电动机为例，其型号为 R88M-G40030T-Z，对应的驱动器型号为 R88D-GT04L，控制器选用 PCL-839 控制卡。考虑到对左、右极限位置的保护，采用两个微动开关限位。

在 R88M-G40030T-Z 交流伺服电动机中，编码器电缆用于连接驱动器与伺服电动机编码器，其接线图如图 2-23 所示。在图 2-23 中，驱动器侧 CN2 各引脚号对应的符号和名称见表 2-8。

3. 交流伺服驱动器

R88D-GT04L 交流伺服驱动器如图 2-24 所示，各引脚的含义见表 2-9。

R88D-GT04L 交流伺服驱动器的基本操作如下：

1）按模式键 "MODE/SET" 选择具体功能。

2）按 "▲" "▼" 键选择组数，按 "DATA/?" 键 1s 以上进入。

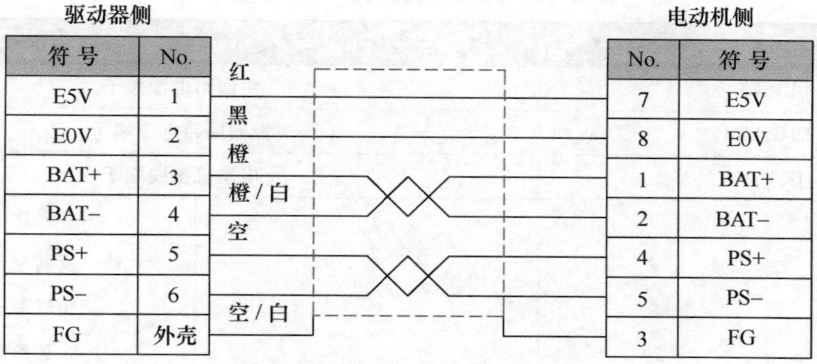

驱动器侧

符 号	No.
E5V	1
E0V	2
BAT+	3
BAT−	4
PS+	5
PS−	6
FG	外壳

红
黑
橙
橙/白
空
空/白

电动机侧

No.	符 号
7	E5V
8	E0V
1	BAT+
2	BAT−
4	PS+
5	PS−
3	FG

图 2-23　编码器电缆接线图

表 2-8　驱动器侧 CN2 各引脚号对应的符号和名称

引脚 NO.	符 号	名 称
1	E5V	编码器电源+5V
2	E0V	编码器电源 GND
3	BAT+	电池+
4	BAT−	电池−
5	PS+	编码器+S 相输入
6	PS−	编码器−S 相输入
外壳	PG	屏蔽接地

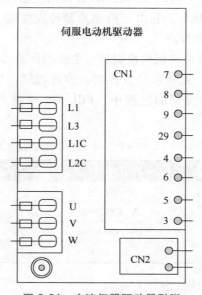

图 2-24　交流伺服驱动器引脚

表 2-9　交流伺服驱动器引脚的含义

引　脚		含　义	
L1,L3		主回路电源端子	
L1C,L2C		控制回路电源端子	
U,V,W		电动机接线端子	
CN1	7	控制输入,与控制器连接	外接电源
	8		反转驱动禁止
	9		正转驱动禁止
	29		运转指令
	4		方向控制信号
	6		接地
	5		脉冲控制信号
	3		脉冲控制信号
CN2		编码器连接器	

3）按"DATA/?"键选择位数（右起 0~3，有些无位数），按"▲""▼"键调整数据。

4）每一组参数设置好后，按"DATA/?"键 3s 保存设置。

5）上述参数仅作调试设置，实际使用时应根据工作要求设定。

6）Fn002 和 Fn005 时，需结合"DATA/SHIFT"键和"MODE/SET"键进行操作，只有在 S-ON 无效时才能正常进入。

7）报警代码。A.04：使用者参数异常；A.05：组合错误（伺服器与电动机）；A.10：过电流或散热器过热；A.72：过载；A.bF：系统报警；A.F1：电源欠相。

控制器选用 PCL-839 控制卡，它由三路单片脉冲发生器、功能控制与译码芯片、16路 I/O 模块和光电隔离电路等组成。

PCL-839 控制卡作为伺服电动机的控制器，主要提供驱动器运行脉冲和驱动器正反方向控制，以实现电动机的正、反转和位置控制。位置控制由运行脉冲数（根据所走行程折算）控制。在伺服电动机控制的过程中，PCL-839 控制卡使用的引脚及其功能见表2-10。

表 2-10　PCL-839 控制卡使用的引脚及其功能

电动机	通　道	引　脚	功　能
M1	1	1—DIR/-dir	方向控制信号
		2—EXT. VCC	外部电源+12V
		20—PULSE/+dir	脉冲控制信号
		21—COM	接地

4. 交流伺服电动机驱动接线图

交流伺服电动机控制电路接线图如图 2-25 所示。SQ10、SQ11 为限位开关，PCL-839

输出脉冲 20 脚接驱动器 CN1 的 5 脚，21 脚与驱动器 CN1 的 4 脚和 6 脚共地，1 脚为方向控制端，与驱动器 CN1 的 3 脚相连，2 脚外接电源+12V。

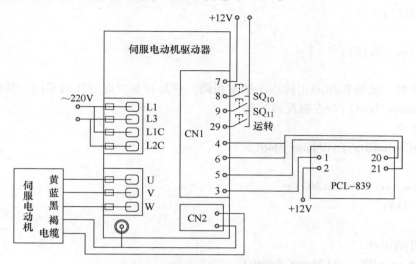

图 2-25　交流伺服电动机控制电路接线图

5. 交流伺服电动机的驱动软件

本节基于 Windows 系统，利用 VC++6.0 设计了如图 2-26 所示的交流伺服电动机运动控制界面。在该控制界面上，可利用"正转""反转""停止"按钮实现交流伺服电动机的正、反转和停止功能；"自动循环"按钮的作用是使交流伺服电动机实现正转、反转自动循环的工作。

利用 PCL-839 控制卡对交流伺服电动机进行控制，可调用其自带的相应函数来实现控制程序的编写。再通过控制界面上的控制按钮，执行程序就可以对电动机的点动、停止、正转和反转进行控制。

根据要实现的控制功能，给出如下程序：（设 PCL-839 控制卡的基地址为 0x200）。

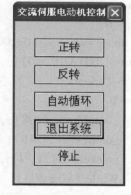

图 2-26　交流伺服电动机运动控制界面

（1）正转

```
void CMotorControlDlg∷ACMotor_Z( )
{
    int token1;
    int state;
    int ubase = set_base(0x200);
    _outp(base,0x08);
    _outp(base,0x4b);  //控制正转方向
    pmove(CH1,1,1, ,1,1,5000,1,1,0);
    state = status(CH1);
```

```
        token1 = state&0x40;
        if( token1 = 0 ) {
        stop( CH1 );
            }
        _outp( base,0x15 );
}
```

（2）反转　反转程序同正转程序基本相同，只是控制方向的代码不同，其代码如下：
_outp(base,0x44);//控制反转方向
（3）停止

```
void CMotorControlDlg::ACMotor_Stop( )
{
        int ubase = set_base( 0x200 );
        stop( CH1 );
}
```

（4）自动循环

```
void CMotorControlDlg::ACMotor_Auto( )
{
token = 0;
Flag = 0;
int ubase = set_base( 0x200 );
While ( TOTAL! = 0 ){
Swith ( token ){
Case 0:
        _outp( base,0x08 );
        _outp( base,0x4b );
        pmove( CH1,1, 1, ,1,1,5000,1,1,0 );
        While ( Flag = 0 ){
                State = status( CH1 );
                Token1 = state&&0x40;
                If( token1 = 0 {
                        Flag = 1;
                        token = 1;
                        Token1 = 1;
                }
        }
        Break;
Case 1:
        _outp( base,0x08 );
        _outp( base,0x44 );
        pmove( CH1,1, 1, ,1,1,5000,1,1,0 );
```

```
While（Flag = 1）{
    State = status（CH1）;
    Token1 = state&&0x40;
    If（token1 = 0｛
        Flag = 0;
        token = 0;
        Token1 = 1;
    ｝
}
Break;
}
}
```

复习思考题

2-1　机械制造设备的自动控制系统由哪几部分构成？

2-2　对机械制造设备自动控制的基本要求是什么？

2-3　自动控制的主要方式有哪些？

2-4　机械传动控制的特点是什么？

2-5　试比较分散控制与集中控制的优缺点。

2-6　液压控制有哪两种方式？各有什么特点？

2-7　气动控制的形式与特点是什么？

2-8　电气控制的特点与基本要求是什么？

2-9　电气控制系统设计的主要依据及表示方法是什么？

2-10　电气控制的联锁作用及基本要求是什么？

2-11　什么叫适应控制？适应控制需具备什么条件？

2-12　步进电动机在什么情况下会出现丢步？二相与五相的步进电动机所获得的步进角有什么区别？

2-13　当控制电压消失后，交流伺服电动机是如何防止自转的？

思政拓展：自动化控制都是基于数字信号进行信息传递和控制的，扫描下方二维码了解数字技术的世界。

科普之窗
数字技术的世界1

科普之窗
数字技术的世界2

科普之窗
数字技术的世界3

第三章
加工设备自动化

加工设备自动化是指在加工过程中，所用的加工设备能够高效、精密、可靠地自动进行加工，并能进一步集中工序且具有一定的柔性。所谓高效就是生产率要达到一定高的水平；精密就是加工精度要求成品公差带的分散度小，成品的实际公差带要压缩到图样中规定的一半或更小，期望成品不必分组选配，从而达到完全互装配，便于实现"准时方式"的生产；可靠就是设备已能达到极少故障的要求，利用班间休息时间按计划换刀，能长年三班制不停地生产。此外，设备能进一步集中工序，即在一台设备或一个自动化加工系统中完成一个工件从坯料到总装前的全部工序，提高加工经济性。设备还可能有一定的柔性，以适应少品种的生产，甚至有较大的柔性，以适应多品种的生产。

第一节　加工设备自动化概述

一、加工设备自动化的意义

机械加工设备是机械制造的基本生产手段和主要组成单元，加工设备生产率得到有效提高的主要途径之一是采取措施缩短其辅助时间。加工设备工作过程的自动化可以缩短辅助时间，改善工人的劳动条件并减轻工人的劳动强度。因此，世界各国都十分注重发展加工设备的自动化。不仅如此，单台加工设备的自动化能较好地满足零件加工过程中某个或几个工序的加工半自动化和自动化的需要，为多机床管理创造了条件，是建立生产自动线和过渡到全盘自动化的基本前提，是机械制造业进一步向前发展的基础。因此，加工设备的自动化是零件整个机械加工工艺过程自动化的基本问题之一，是机械制造过程中实现零件加工自动化的基础。

二、加工设备自动化的途径

加工设备自动化主要是指实现了机床的加工循环自动化和辅助工作自动化。加工设备自动化的主要内容见表 3-1。

在一般情况下,只实现了加工过程自动化的设备称为半自动加工设备,只有实现了加工过程自动化,并具有自动装卸能力的设备,才能称为自动化加工设备。机床加工过程自动化的主要内容是加工循环自动化,至于其他内容则根据机床加工要求的不同而有所差异,自动化水平高的机床,包含的内容就多些。

表 3-1 加工设备自动化的主要内容

实现加工设备自动化的途径主要有以下几种:

1) 对半自动加工设备,通过配置自动上、下料装置来实现加工设备的完全自动化。
2) 对通用加工设备,运用电气控制技术、数控技术等进行自动化改造。
3) 根据加工工件的特点和工艺要求设计制造专用的自动化加工设备,如组合机床等。
4) 采用数控加工设备,包括数控机床、加工中心等。

目前,机械制造厂拥有大量的各类通用机床,对这类机床进行自动化改装来实现单机自动化是提高劳动生产率的途径之一。由于通用机床在设计时并未考虑进行自动化改装的需要,所以在改装时常常受到若干具体条件的限制,给改装带来困难。因此在进行机床自动化改装时,必须重视以下要求:①被改装的机床必须具有足够的精度和刚度;②改装和添置的自动化机构和控制系统必须可靠、稳定;③尽可能减少改装工作量,保留机床的原有结构,充分发挥机床原有的性能,这样可以减少投资。

设计和制造专用自动化机床的前提条件是被加工的产品结构稳定,生产批量大,能充分发挥机床的效率,这样才能取得较好的经济效果。

三、自动化加工设备的生产率分析与分类

1. 生产率分析

当自动化加工设备连续生产时,加工一个工件的工作循环时间 t_g 是由切削时间和空程辅助时间组成的,即

$$t_g = t_q + t_f \tag{3-1}$$

式中　t_q——刀具对工件进行切削的时间,包括切入和切出时间;

　　t_f——空程辅助时间,包括机床执行机构的快速空行程时间,以及装料、卸料、定

位、夹紧和测量等辅助时间。

因此，由工作循环所决定的生产率 Q（件/min）为

$$Q = 1/t_g = 1/(t_q + t_f) \tag{3-2}$$

显然，为了提高生产率，必须同时减少 t_q 和 t_f。

为进一步分析减少 t_q 和 t_f 之间的相互关系，将式（3-2）变换为以下形式

$$Q = 1/(t_q + t_f) = \frac{1/t_q}{1 + t_f/t_q}$$

$$Q = \frac{K}{1 + Kt_f} \tag{3-3}$$

式中　K——理想的工艺生产率，$K = 1/t_q$。

以 K 为横坐标、Q 为纵坐标，根据不同的 t_f 值，可由式（3-3）作曲线组，如图 3-1 所示。从图中可以看出：

1）当 t_f 为某一定值时（如 t_{f1}），虽然减少切削时间（即增加 K），开始时生产率 Q 有较显著的增长，但之后由于 t_f 的比重相对增大，生产率 Q 的提高就越来越不显著了。

2）如果进一步减少 t_f，则 t_f 越小，增加 K 时生产率 Q 的提高就越显著。

3）当切削时间 t_q 越少时，减少 t_f 对提高生产率 Q 的收效就越大。

由此可见，t_q 和 t_f 对机床生产率的影响是相互制约且相互促进的。当生产工艺发展到一定水平，即理想工艺生产率 K 提高到一定程度时，必须提高机床自动化程度，进一步减少空程辅助时间，促使生产率不断提高。另一方面，在相对落后的工艺基础上实现机床自动化，带来的生产率的提高是有限的，为了取得良好的效果，应当在先进工艺的基础上实现机床自动化。

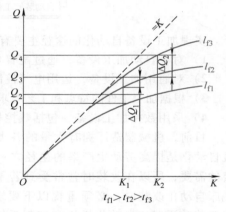

图 3-1　机床生产率曲线

2. 分类

随着科学技术的发展，加工过程自动化的水平不断提高，使得生产率得到了很大的提高，先后开发了适应不同生产率水平要求的自动化加工设备，主要有以下几类：

（1）全（半）自动单机　它又分为单轴和多轴全（半）自动单机两类。它利用多种形式的全（半）自动单机所固有的和特有的性能来完成各种零件和各种工序的加工，是实现加工过程自动化普遍采用的方法。机床的类型和规格根据需要完成的工艺、工序及坯料情况进行选择；此外，还要根据加工品种数、每批产品数量和品种变换的频度等选用控制方式。在半自动机床上有时还可以考虑增设自动上下料装置、刀库和换刀机构，以便实现加工过程的全自动。

（2）一般数控机床　数控（NC）机床是用数字代码形式的程序控制机床，按指定的工作程序、运动速度和轨迹进行自动加工的机床。现代数控机床常采用计算机进行控制（称为 CNC），加工工件的源程序可直接输入到具有编程功能的计算机内，由计算机自动编程，并控制机床运行。

（3）加工中心（MC）加工中心是更高级形式的数控机床，它除了具有一般数控机床

的特点外，还具有一些特有的特点。加工中心具有刀具库及自动换刀机构、回转工作台和交换工作台等，有的加工中心还具有可交换式主轴头或卧-立式主轴。

（4）组合机床　组合机床是以通用部件为基础，配以少量按加工工件的特定形状和加工工艺设计的专用部件和夹具而组成的机床。组合机床主要用于箱体、壳体和杂件类零件的平面、各种孔和孔系的加工，并能在一台机床上对工件进行多刀、多轴、多面和多工位的自动加工。

（5）自动线（Transfer Line，TL）　由工件传输系统和控制系统将一组自动机床和辅助设备按工艺顺序连接起来，可自动完成产品的全部或部分加工过程的生产系统，简称自动线。例如：由自动车床组成的自动线可用于加工轴类和环类工件；由组合机床组成的自动线可用于加工发动机缸体和缸盖类工件。

（6）柔性制造单元（FMC）　它一般由 1~3 台数控机床和物料传输装置组成。单元内设有刀具库、工件储存站和单元控制系统。机床可自动装卸工件、更换刀具并检测工件的加工精度和刀具的磨损情况；可进行有限工序的连续加工，适于中小批量生产应用。

第二节　切削加工自动化

切削加工是使用切削工具（包括刀具、磨具和磨料等），在工具和工件的相对运动中，把工件上多余的材料层切除成为切屑，使工件获得规定的几何形状、精度和表面质量的加工方法。切除材料所需的能量主要是机械能或机械能与声、光、电、磁等其他形式能量的复合能量。切削加工历史悠久，应用范围广，是机械制造中最主要的加工方法，也是实现机械加工过程自动化的基础。

切削加工有许多种分类方法，最常用的是按切削方法分类：车削、钻削、镗削、铣削、刨削、插削、锯削、拉削、磨削、精整和光整加工等。相对应的就有各种切削加工设备。本书受篇幅所限，只简要介绍几种常见的切削加工自动化方法。

切削加工生产率的提高除与工具材料的发展关系较大（切削效率与工具材料的高温硬度和韧性有关）外，与切削加工设备的自动化程度的提高有更大的关系（减少切削加工辅助时间）。切削加工技术随着微电子技术和计算机技术的迅速发展而发展。切削加工设备越来越多地使用数控技术，使得其自动化水平不断提高，正朝着数控技术、柔性制造技术方向发展。切削加工自动化的根本目的是提高零件的切削加工精度、切削加工效率、节材、节能并降低零件的加工成本，因为这些都是切削加工领域的永恒主题。

一、车削加工自动化

车削加工是通过车刀与随主轴一起旋转的工件的相对运动来完成金属切削工作的一种加工形式。车削加工设备称为车床，是所有机械加工设备中使用最早、应用最广和数量最多的设备。车削加工自动化包括多个单元动作的自动化和工作循环的自动化，其发展方向主要是数控车床、车削中心和车削柔性单元等。

1. 单轴机械式自动车床

单轴机械式自动车床能按一定程序自动完成工作循环，主要用于棒料、盘料的加工。

它一般采用凸轮和挡块自动控制刀架、主轴箱的运动和其他辅助运动。其主要类型有单轴纵切自动车床、主轴箱固定型单轴自动车床、单轴转塔自动车床和单轴横切自动车床等。图 3-2 所示为 NG-1014B 型单轴自动车床传动系统原理图，其分配轴传动由主轴上带轮 T、G 传至传动轴 I 的空套带轮 H，经 I、K、M，再经 N 至 S。在带轮 S 的轴上，装有机动、手动结合子 R。当机动结合子接通时，通过 R 传至 Q（小齿轮），经 Q 将运动传至分配轴左端的大齿轮而带动分配轴转动。当需要手动操作时，只需将结合子 R 推至手动位置，用手转动手把 O 即可。分配轴可以拆下（分配轴上凸轮不拆）而换上加工另一种零件所需的分配轴（包括凸轮），可节省再次加工零件的调整时间。

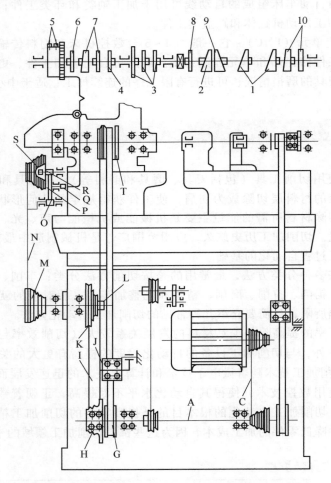

图 3-2　NG-1014B 型单轴自动车床传动系统原理图

1—1 号纵向进给凸轮　2—接料臂进给凸轮　3—1、2 号进给凸轮　4—1、4 号进给凸轮
5—夹紧松开凸轮　6—3 号进给凸轮　7—铣槽用凸轮　8—挡料臂摆动凸轮
9—螺纹附件进给凸轮　10—螺纹附件变速凸轮

2. 数控车床

数控车床是 20 世纪 50 年代出现的，它集中了卧式车床、转塔车床、多刀车床、仿形

车床及自动和半自动车床的主要功能，主要用于回转体零件的加工，它是数控机床中产量最大，用途最广的一个品种。与其他车床相比，数控车床具有精度高、效率高、柔性大、可靠性好和工艺能力强等优点，并且能按模块化原则设计制造。

数控车床的主要特点如下：

1）主轴转速和进给速度高。

2）加工精度高。当数控系统具有前馈控制时，可使伺服驱动系统的跟踪滞后误差减小，拐角加工和弧面切削时加工精度得到改善和提高。由于具有各种补偿控制，并采用了高分辨率的位置编码器，故位置精度得到了提高。采用直线滚动导轨副，摩擦阻力小，可避免低速爬行，保证了高速定位精度。

3）能实现多种工序复合的全部加工。当机床具有第 2 主轴（辅助主轴或尾座主轴均属于第 2 主轴）时，能完成工件背端加工，在一台机床上实现全部工序的加工。

4）具有高柔性。第 2 主轴能自动传递工件；具有刀尖位置快速检测（Quick Setter）、快换卡爪（QJC）、转塔刀架刀具快换（QCT）以及刀具和工件监控等装置。

数控车床的类型主要有通用型、卡盘型、排刀型、双主轴型、棒料型以及一些专门化车床等。现对其主要组成部分的自动化作一简单介绍。

（1）传动系统　传动系统的作用是把来自数控装置的指令信息，经功率放大、整形处理后，转换成机床执行部件的直线位移或角位移。传动系统包括驱动装置和执行机构两大部分。驱动装置由主轴驱动单元、进给驱动单元和主轴伺服电动机、进给伺服电动机组成。步进电动机、直流伺服电动机和交流伺服电动机是常用的驱动装置。图 3-3 所示为数控单轴纵切自动车床传动系统原理图，其电动机双速变换由微机控制（也可采用变频电动机无级调速），主轴箱及刀架由微机控制的步进电动机，通过蜗杆副、滚珠丝杠螺母副传动；其余辅助动作均由微机控制的液压系统来实现。进给运

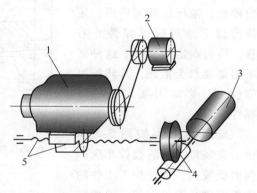

图 3-3　数控单轴纵切自动车床传动系统原理图
1—刀架座　2—双速电动机　3—步进电动机
4—蜗杆副　5—滚珠丝杆螺母副

动的脉冲当量（即一个脉冲所产生的进给轴移动量）为

$$Z\ 轴（主轴箱进给）\quad (1/PLS) \times \frac{0.75°}{360°} \times \frac{4}{20} \times 3mm = 0.00125mm/PLS$$

$$X\ 轴（刀架进给）\quad (1/PLS) \times \frac{1.5°}{360°} \times \frac{3}{30} \times 3mm = 0.00125mm/PLS$$

（2）刀架系统　数控车床常用转塔刀架和排刀架，各种刀架均可按需要配备动力刀座，有的还可采用带刀库的自动换刀装置。2 轴控制的数控车床，在一个滑板上通常只有一个转塔刀架，可实现 X、Z 轴联动控制，也有的在同一滑板上安装两个刀架，把钻孔和外圆的加工分开，但不能同时切削。4 轴控制的两个转塔刀架分别装在两个滑板上，独立控制各刀架的 2 轴运动，可同时切削工件的不同部位。

为保证重复定位精度，转塔刀架常采用端齿盘定位，其齿形有弧形和直形两种。转塔刀盘常用液压缸夹紧，刀盘分度常用液压马达或伺服电动机，经过齿轮直接传动，以缩短转位时间。

液压马达驱动转位的转塔刀架如图 3-4 所示。当液压缸 1 进油时，中心轴 5 左移，压缩碟形弹簧 6，定位齿盘 7 与固定齿盘 8 脱离，液压马达 2 转动通过齿轮 3、4 带动中心轴 5，使刀盘逻辑选位（正转或反转）达到规定工位。由于中心齿轮 4 同时经 1:1 编码器齿轮 9 将转位信号传给编码器 10，分度到位后，编码器发出信号给数控装置，使转位停止，液压缸活塞后退，定位齿盘 7 通过碟形弹簧 6 右移，使齿盘定位夹紧。这种转塔刀架动盘会抬起，其防护可靠性差，影响刀架工作的可靠性。

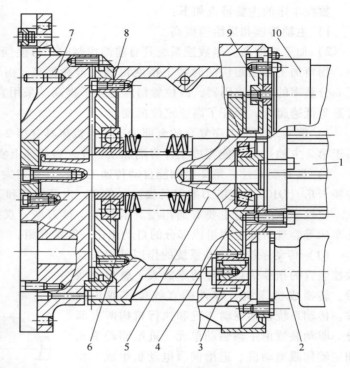

图 3-4 液压马达驱动转位的转塔刀架
1—液压缸 2—液压马达 3—小齿轮 4—中心齿轮 5—中心轴
6—弹簧 7、8—齿盘 9—编码器齿轮 10—编码器

排刀架结构如图 3-5 所示。安装排刀架的数控车床的横滑板较大，可按加工工件的需要安排几组单刀架。刀架结构简单，无分度装置，有利于提高加工精度，也可安装动力刀座。图 3-5 中所示为在前、后和端面安装刀具的夹头，适合加工不太复杂的小尺寸棒料和盘件。

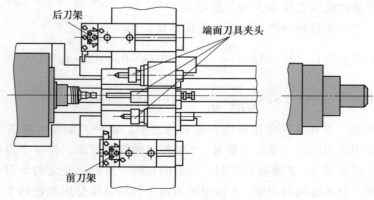

图 3-5 排刀架结构

此外，随着数控车床技术的发展，数控车床刀架开始向快速换刀、电液组合驱动和伺服驱动的方向发展。

（3）测量装置　测量装置将数控车床各坐标轴的实际位移值检测出来并经反馈系统输入到机床的数控装置中，数控装置对反馈回来的实际位移值与指令值进行比较，并向传动系统输出达到设定值所需的位移量指令。如图 3-6a 所示是触发式测头在数控车床上的应用。触发式测头具有三维测量功能，其工作原理相当一个重复定位精度很高的触头开关。当测头接触被测量目标时，发出触发信号，数控系统接到信号后就中断测量运动。其用途是加工后在机内工作循环中对工件进行在线测量，补偿刀具磨损和机床温度变化引起的误差。加工前测量工件参考点（面），确定零位坐标值；换刀时进行对刀检查，并按实际刀尖位置的偏差补偿，对刀具状态进行监控，实现及时报警、更换。数控测量的典型过程如图 3-6b 所示。

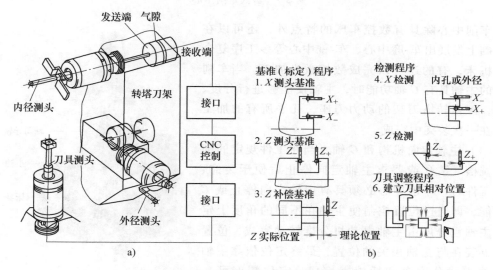

图 3-6　触发式测头在数控车床上的应用
a）测量系统　b）测量典型过程

3. 车削中心

车削中心是一种以车削加工为主，添加铣削动力刀座、动力刀盘或机械手，可进行铣削加工的车-铣合一的切削加工机床。车削中心与数控卧式车床的区别在于：车削中心的转塔刀架上带有能使刀具旋转的动力刀座，主轴具有按轮廓成形要求做连续回转（不等速回转）运动和进行连续精确分度的 C 轴功能，并能与 X 轴或 Z 轴联动。控制轴除 X、Z、C 轴之外，还可包括 Y 轴。X、Y、Z 轴交叉构成三维空间，使各方位的孔和面均能加工。

车削中心的常用类型有卧式车削中心（图 3-7）和立式车削中心（图 3-8）。卧式车削中心包括线性轴 X、Y、Z 及旋转轴 C，C 轴绕主轴旋转。此类机床除具备一般的车削功能外，还具备在零件的端面和外圆面上进行钻、铣加工的功能。立式车削中心可以对卧式车削中心不便于加工的异形巨大零部件进行高效率的加工。

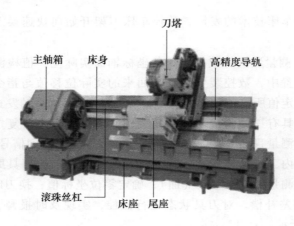

图 3-7　卧式车削中心

车削中心除具有数控车床的特点外，还可以在此基础上发展出车-磨中心、车-铣中心等多工序复合加工机床，有的还可以完成数控激光加工。当车削中心的主轴具有 C 轴功能时，主轴便能够进行分度、定向，配合转塔刀架的动力刀座，几乎所有的加工都可在一次装夹中完成。

（1）主轴定向机构和 C 轴　当在工件规定的部位上铣槽、钻孔或要求主轴定向停止后便于装卸、检测工件时，车削中心必须具有主轴定向停止或 C 轴功能，即通过位置控制使主轴在不同的角度上定位。主轴粗分度由主轴电动机分度转动完成，位置编码器装在与主轴相关的位置，最终定位依靠主轴后端的齿式分度盘和插销来完成，定位精度可达 $\pm 0.1°$，分度增量角一般为 $12°$、$15°$ 等。若需要专门

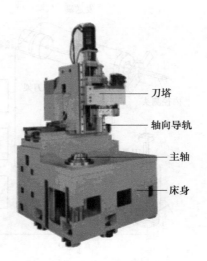

图 3-8　立式车削中心

的角度，可以更换齿盘装置（主轴分度盘）。C 轴分度定位后，还要有夹紧机构，以防止主轴转位。

C 轴能控制主轴连续分度，同时可与刀架的 X 轴或 Z 轴联动来铣削各种曲线槽、车削螺纹、车削多边形等，也可定向停车。

主轴位置检测系统中包含具有较高分辨率的编码器，主轴此时作为进给轴的分辨率为 $0.001°$，在 $0.01\sim 20r/min$ 的低速条件下工作，一般 C 轴精度可达 $\pm 0.01°$。当用 AC 主轴电动机或内装式主轴电动机直接驱动主轴时，无需 C 轴降速装置及附加机械定位机构，因为主轴电动机本身具有 C 轴控制功能，只需设置位置编码器或电磁传感器即可，C 轴运动由数控系统和主轴电动机完成。

当机床主轴箱装有变速齿轮机构时，在 C 轴动作前，主轴运动须与主电动机传动链脱开，变速齿轮位于空档，利用专用伺服电动机使主轴分度或定向。图 3-9 所示是 C 轴的机械传动示意图，在需要 C 轴功能时，液压油经左进油口推动定位柱销右移，使 C 轴箱

体绕支轴沿逆时针方向回转，蜗杆与主轴上的蜗轮啮合，C轴伺服电动机运转，经同步带带动蜗杆副运动，主轴具有C轴功能。当C轴工作完毕时，C轴伺服电动机停转，进、出口油液反向，柱销向左退回，C轴箱体因偏重而绕支轴沿顺时针方向回转，使蜗杆、蜗轮脱离啮合，主轴恢复原主传动关系。

（2）多主轴、双主轴和辅助主轴　为了实现在一台机床上完成对车削工件的"全部加工"，可采用带辅助主轴（第2主轴）的车削中心以及双主轴、双辅助主轴的车削中心。多主轴的车削中心能在一台机床上完成更多的加工工序，既缩短了加工周期，又提高了工件精度。多主轴车削中心的各主要主轴的驱动功率和尺寸均相同，可分别称第1主轴、第2主轴、第3主轴……。多主轴可分别加工一种工件的全部工序或分别加工多个工件。图3-10所示为在具有2主轴的车削中心上2主轴交替夹持工件，完成对夹持部位的加工。

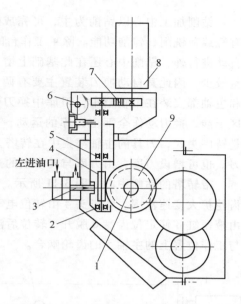

图3-9　C轴的机械传动示意图
1—主轴　2、5—轴承　3—柱销　4—蜗杆
6—C轴箱体支轴　7—同步带
8—电动机　9—蜗轮

a)

b)

图3-10　双主轴双刀塔车削中心的结构及加工示意图
a）结构　b）加工示意图

二、钻、铣削加工自动化

1. 钻削自动化

钻削自动化大部分都是在各类普通钻床的基础上，配备点位数控系统来实现的。其定位精度为±(0.02~0.1)mm。数控钻床通常有立式、卧式、专门化以及钻削加工中心几种。

钻削加工中心以钻削为主，可完成钻孔、扩孔、铰孔、锪孔和攻螺纹等加工，还兼有轻载荷铣削、镗削功能。除了工作台的 X、Y 向运动和主轴的 Z 向运动通过步进电动机自动进行外，钻削中心还在此基础上增加了自动换刀装置。由于钻削中心所需刀具的数量较少，因此其自动换刀装置主要有两种类型：一是刀库与主轴之间直接换刀，即刀库和主轴都安装在主轴箱中，刀库中换刀位置的刀具轴线与主轴轴线重合，为避免与加工区干涉，换刀动作全部由刀库的运动，即退离工件、拔刀、选刀和插刀过程来完成；二是转塔头式，刀具的主轴都集中在转塔上，转塔通常有 6~10 根主轴，由转塔转位实现换刀。也可增设刀库，由刀库与转塔上的主轴之间进行换刀。

带转塔的钻削中心如图 3-11 所示。此设备由交流调速电动机 1 驱动，通过两组滑移齿轮扩大变速范围。转塔头 4 由转位电动机驱动蜗杆副 2、槽轮机构 3 实现转位，转位前由液压缸 8 使定位齿盘 6 脱开，转位后液压缸 8 使定位齿盘 6 定位夹紧，这时滑移齿轮 7 与工作位置上的主轴 5 的齿轮啮合。

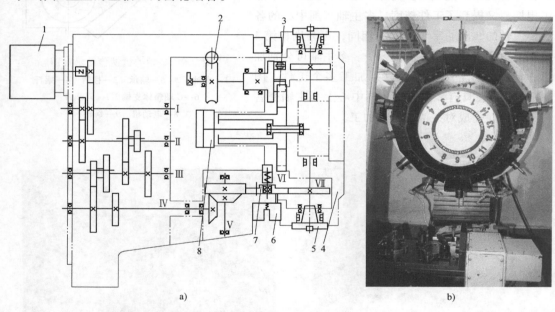

a)　　　　　　　　　　　　　　　　　　b)

图 3-11　带转塔的钻削中心

a）主传动系统　b）转塔头

1—电动机　2—蜗杆副　3—槽轮机构　4—转塔头　5—主轴　6—定位齿盘　7—滑移齿轮　8—液压缸

2. 铣削自动化

铣削是通过回转多刃刀具对工件进行切削加工的一种手段，其对应的加工设备称为铣床。铣床几乎应用于所有的机械制造及修理部门，一般用于粗加工及半精加工，有时也用于精加工。除能加工平面、沟槽、轮齿、螺纹和花键轴等外，还可加工比较复杂的型面。数控铣床、仿形铣床的出现，提高了铣床的加工精度和自动化程度，使复杂型面的加工自动化成为可能。特别是数控技术的应用扩大了铣床的加工范围，提高了铣床的自动化程度。数控铣床配备自动换刀装置，则发展成以铣削为主，兼有钻、镗、铰、攻螺纹等多种功能的、多工序集中于一台机床上，自动完成加工过程的加工中心。

三、加工中心

加工中心是备有刀库并能自动更换刀具对工件进行多工序集中加工的数控机床。工件经一次装夹后，数控系统能控制机床按不同工序（或工步）自动选择和更换刀具，自动改变机床主轴转速、进给量和刀具相对工件的运动轨迹并实现其他辅助功能，依次完成工件多种工序的加工。通常，加工中心仅指主要完成镗、铣加工的加工中心。这种自动完成多工序集中加工的方法，已扩展到了各种类型的数控机床，如车削中心、滚齿中心和磨削中心等。由于加工工艺复合化和工序集中化，为适应多品种小批量生产的需要，还出现了能实现切削、磨削以及特种加工的复合加工中心。加工中心具有刀具库及自动换刀机构、回转工作台和交换工作台等，有的加工中心还具有可交换式主轴头或卧-立式主轴。加工中心目前已成为一类应用广泛的自动化加工设备。图 3-12 所示为卧式铣镗加工中心。

图 3-12　卧式铣镗加工中心

1. 加工中心的特点

（1）适用范围广　加工中心主要适用于多品种、中小批量生产中对较复杂、精密零件的多工序集中加工，或完成在通用机床上难以加工的特殊零件（如带有复杂多维曲面的零件）的加工。工件一次装夹后即可完成钻孔、扩孔、铰孔、攻螺纹、铣削和镗削等加工。

（2）加工精度高　加工中心的加工精度一般介于卧式铣镗床与坐标镗床之间，精密加工中心也可达到生产型坐标镗床的加工精度。加工中心的加工精度主要与其位置精度有关，加工孔的位置精度（如孔距误差）大约是相关运动坐标定位精度的 1.5 倍。铣圆精度是综合评价加工中心相关数控轴的伺服跟随运动特性和数控系统插补功能的指标，其公差普通级为 0.03～0.04mm，精密级为 0.02mm。加工中心可粗、精加工兼容，为适应这一要求，其精度往往有较多的储备量，并有良好的精度保持性。加工中心实现了自动化加工，可避免如非数控机床加工时因人工操作出现的失误，保证了加工质量稳定可靠，这对于复杂、昂贵工件的加工尤为重要。加工中心自动完成多工序集中加工，可减少工件安装次数，也有利于保证加工质量。

（3）生产率高　加工中心因有自动换刀功能，可实现多工序集中加工，停机时间短；同时，因可减少工序周转时间，工件的生产周期显著缩短。在正常生产条件下，加工中心的开动率可达 90% 以上，而切削时间与开动时间的比值可达 70%～85%（普通机床仅为 15%～30%），有利于实现多机床看管，提高劳动生产率。

加工中心的类型及适用范围见表 3-2。

表 3-2 加工中心的类型及适用范围

类　　型	布局形式	特　　点	适用范围
立式加工中心	固定立柱型、移动立柱型	主轴支承跨距较小。占地面积较小，刚性低于卧式加工中心，刀库容量多为 16~40	中型零件，高度尺寸较小的零件加工，尤其是盖板类零件的加工
卧式加工中心	固定立柱型、移动立柱型	主轴及整机刚性强，镗铣加工能力较强，加工精度较高，刀库容量多为 40~80	中、大型零件及工序复杂且精度较高的零件加工，通常用于箱体类零件的加工
五面加工中心	交换主轴头、回转主轴头、转换圆工作台	主轴或工作台可立、卧式兼容，并可多方向加工而无需多次装夹工件，但编程较复杂，主轴或工作台刚性受到一定影响	具有多面、多方向或多坐标复杂型面的零件加工
龙门加工中心	工作台移动型、龙门架移动型	由数控龙门铣镗床配备自动换刀装置、附件头库等组成。立柱、横梁构成龙门结构，纵向行程大。多数具有五面加工性能，成为龙门式五面加工中心	大型、长型、复杂零件的加工

2. 加工中心的典型自动化机构

加工中心除了具有一般数控机床的特点外，还具有其自身的特点。加工中心必须具有刀具库及刀具自动交换机构，其结构形式和布局是多种多样的。刀具库通常位于机床的侧面或顶部。刀具库远离工作主轴的优点是少受切屑液的污染，使操作者在加工时调换库中的刀具时免受伤害。FMC 和 FMS 中的加工中心通常需要大量刀具，除了包括满足不同零件加工的刀具外，还需要后备刀具，以实现在加工过程中实时更换破损刀具和磨损刀具的目的，因而要求刀库的容量较大。换刀机械手有单臂机械手和双臂机械手，其中 180°布置的双臂机械手应用最普遍。

（1）自动换刀与刀库　加工中心的刀具存取方式有随机方式和顺序方式两种，刀具随机存取是最主要的方式。随机存取就是在任何时候可以取用刀库中任意一把刀，选刀次序是任意的，可以多次选取同一把刀，从主轴卸下的刀允许放在不同于先前所在的刀座上，CNC 可以记录刀具所在的位置。采用顺序存取方式时，刀具严格按数控程序调用刀具的次序排列。程序开始时，刀具按照排列次序一个接着一个取用，用过的刀具仍放回原刀座上，以保持确定的顺序不变。正确地安放刀具是成功地执行数控程序的基本条件。详述请见第五章第二节。

（2）触发式测头测量系统　它主要用于加工循环中的测量。工序前，通过检测控制工件及夹具的正确位置，以保证精确的工件坐标原点和均匀的加工余量；工序后主要测量加工工件的尺寸，根据其误差做出相应的坐标位置调整，以便进行必要的补充加工，避免出现废品。触发式测头测量系统的原理如图 3-13 所示。触发式测头具有三维测量功能。测量时，机械手将触发式测头从刀库中取出装于主轴锥孔中。工作台以一定的速度趋近测头。当测杆端球 1 触及工件被测表面时，发出编码红外线信号 3，通过装在主轴箱上方的接收器 4 传入数控装置，使测量运动中断，并采集和存储在接触瞬间的 X、Y、Z 坐标值，与原存储的公称坐标值进行比较，即得出误差值。当检测某一孔的中心坐标时，可将该孔圆周上测得的 3~4 点坐标值，调用相应程序运算处理，即可得所测孔的中心坐标。该测量系统一般只用于相对比较测量，重复精度 0.5μm。在经测量值修正后，测量值误差可在 5μm 以内，可做全方位精密测量。触发式测头测量系统信号的传输和接收除上述红外辐射式外，常用的还有电磁耦合式。

（3）刀具长度测量系统　它用以检查刀具长度的正确性以及刀具折断、破损现象，检测精确为 ±1mm。当发现不合格刀具时，测量系统会发出停车信号。刀具长度测量系统示意图如图 3-14 所示。在机床正面两侧的地面上，装有光源 1 和接收器 2，如需检测主轴上的刀长，可令立柱 3 向前移动，接收器 2 向数控系统发出信号，在经数据处理后即可得出刀具长度的实测值。再与规定的刀具设定长度比较，如超过公差要求，可发出令机床停车的信号。此外，也可用触发式测头检测刀具长度的变化。

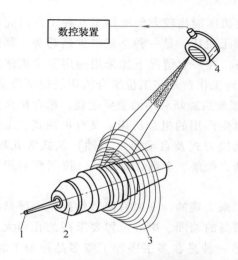

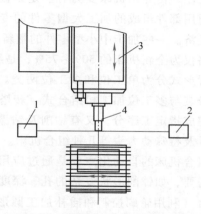

图 3-13　触发式测头测量系统原理图　　　　图 3-14　刀具长度测量系统示意图
1—测杆端球　2—触发式测头　　　　　　　1—光源　2—接收器　3—立柱　4—主轴上的刀具
3—红外线信号　4—接收器

（4）回转工作台　回转工作台是卧式加工中心实现 B 轴运动的部件（图 3-15），B 轴的运动可作为分度运动或进给运动。回转工作台有两种结构形式。仅用于分度的回转工作台用鼠齿盘定位，分度前工作台抬起，使上、下鼠齿盘分离，分度后落下定位，上、下鼠齿盘啮合，实现机械刚性连接。用于进给运动的回转工作台用伺服电动机驱动，用回转式感应同步器检测及定位，并控制回转速度，也称为数控工作台。数控工作台和 X、Y、Z 轴及其他附加运动构成 4~5 轴轮廓控制，可加工复杂的轮廓表面。此外，加工中心的交

图 3-15　回转工作台

换工作台和托盘交换装置配合使用，实现了工件的自动更换，从而缩短了消耗在更换工件上的辅助时间。

四、组合机床

1. 组合机床概述

组合机床是一种按工件加工要求和加工过程设计和制造的专用机床。其组成部件分为两大类：一类是按一定的特定功能，根据标准化、系列化和通用化原则设计而成的通用部件，如动力头、滑台、侧底座、立柱和回转工作台等；另一类是针对工件和加工工艺专门设计的专用部件，主要有夹具、多轴箱、部分刀具及其他专用部件。专用部件约占机床组成部件总数的1/4，但其制造成本却占机床制造成本的1/2。组合机床具有工序集中、生产率高、自动化程度较高且造价相对较低等优点；但也有专用性强、改装不十分方便等缺点。

在组合机床上采用数控部件或数字控制，使机床能比较方便地加工几种工件或完成多种工序，由专用机床变为有一定柔性的高效加工机床，是一种必然的发展趋势。利用数控通用部件组成的加工大型零件的专门化设备，在一定情况下比采用通用重型机床加工更经济。一些加工中小型零件的翻新重制的回转工作台式多工位组合机床能保证质量，而价格仅为全新机床的50%~75%，是组合机床报废后重新利用的重要途径。组合机床按其配置形式分为单工位和多工位两类。对于成批生产用的组合机床，又有可调式、工件多次安装与多工位加工相结合式、转塔式和自动换刀式及自动换（主轴）箱式等几种。若按完成指定工序分，又有钻削及钻深孔、镗削、铣削、车削、攻螺纹、拉削和采用特殊刀具及特殊动力头等几种组合机床。

组合机床的自动化主要是通过应用数控技术来实现的，一般有两种情况：一种是工艺的需要，如镗削形状复杂的孔、深度公差要求高的端面、中心位置要求高的孔和大直径凸台（利用轮廓控制和插补加工圆形）等；另一种是在多工序加工或多品种加工时，为了加速转换和调整而采用数控技术，如对行程长度、进给速度、工作循环甚至主轴转速等利用数控技术编制程序或代码实现快速转换，通常用于转塔动力头、换箱模块或多品种加工可调式组合机床。数控组合机床通常由数控单坐标、双坐标或三坐标滑台或模块，数控回转工作台等数控部件和普通通用部件相结合所组成，具有高生产率，在某些工序上又有柔性，应用也较多。

2. 组合机床应用实例

图3-16所示为一种用于轴类零件加工的八工位伺服垂直旋转组合机床。可以实现零件经一次安装便能完成全部工序的加工。同时，由于机床的加工工位都处于机体内，并有机械手代替人工取放需要加工的零件，既能够提高工作效率，又可避免操作者受伤。

（1）机床结构 八工位伺服垂直旋转组合机床，包括底座1和机体2，机体2的安装在底座1上，机体2为多边形箱体，机体2的中心位置装有转轴3，转轴3由电动机控制转动，转轴3上装有转盘6，转盘6为八边形，每个边都装有夹具5，机体2中一个侧边开有操作窗7，机体2除了底部和操作窗7一侧外，其他每个面都装有动力头4，动力头4的加工刀头位于机体2内，与夹具5上的零件相对应。动力头4可以根据实际加工的需要选用液压钻扩动力头、伺服扩孔攻螺纹动力头、螺套式攻螺纹动力头或伺服两坐标车削动力头。

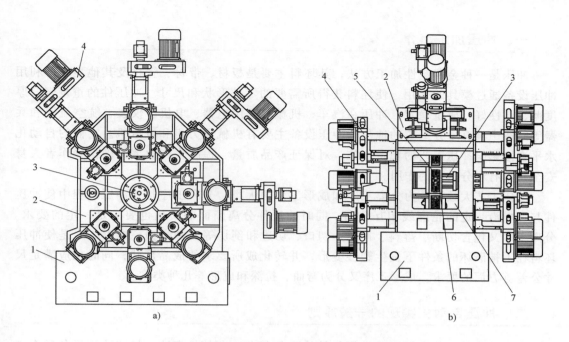

图 3-16　八工位伺服垂直旋转组合机床
a）主视结构示意图　b）左视结构示意图
1—底座　2—机体　3—转轴　4—动力头　5—夹具　6—转盘　7—操作窗

（2）具体应用　使用八工位伺服垂直旋转组合机床加工零件前，先根据所需加工的零件，安装好对应的夹具头。开启机器，机械手把零件送到夹具头夹紧，电动机带动转轴转动，转轴上的转盘同时转动，转盘转动一个工作位，零件到达第一动力头对应位置，第一动力头工作完成加工。同时操作窗对应位置夹具上再放入零件，转盘再转动一个工作位，完成第一动力头加工的零件到达第二动力头对应位置，第二动力头工作完成加工。如此依次完成加工，待零件完成加工后回到操作窗，机械手把零件取出，同时放入新的零件，如此循环。

第三节　金属板材成形加工自动化

塑性成形是材料加工的主要方法之一。金属塑性加工是利用金属材料具有延展性，即塑性变形的能力，使其在由设备给出的外力作用下于模具里制造出成形产品的一种材料加工方法。塑性成形技术具有高产、优质和低耗等显著特点，塑性成形在工业生产中得到了广泛的应用，已成为当今先进制造技术的重要发展方向。金属板材成形加工主要是利用塑性成形技术来获得所需的零件。金属板材成形技术正向数字化、自动化、专业化、规模化和信息化的方向发展。在机械制造中，金属板材加工的主要方法有冲压和锻压两大类。本节将着重介绍冲压加工自动化技术。

一、冲压加工简介

冲压是一种金属塑性加工方法，其坯料主要是板材、带材、管材及其他型材，利用冲压设备通过模具的作用，使坯料获得所需要的零件形状和尺寸。冲压件的重量轻、厚度薄、刚性好、质量稳定。冲压在汽车、机械、家用电器、电机、仪表、航空航天和兵器等制造中具有十分重要的地位。冲压设备主要有机械压力机和液压机。它们的自动化水平直接影响冲压工艺的稳定实施，对保证产品质量、提高生产效率并确保操作者人身安全，具有十分重要的作用。

冲压工艺大致可分为分离工序和成形工序两大类。分离工序是在冲压过程中使冲压件与坯料沿一定的轮廓线相互分离，同时冲压件分离断面的质量也要满足一定的要求。分离工序又包含切断、落料、冲孔、切口、切边和剖切等几种类型。成形工序是使冲压坯料在不被破坏的条件下发生塑性变形，并转化成所要求的成品形状，同时也应满足尺寸公差等方面的要求。成形工序又分为弯曲、拉深和成形等几种类型。

二、冲压自动化实现的一般原则

由于冲压技术的发展以及冲压件结构日趋复杂，尤其是高速、精密冲压设备和多工位冲压设备的较多应用，对冲压自动化提出了更高的要求。随着电子技术、计算机技术以及控制技术的发展，近代出现的计算机数字控制的冲压机械手、机器人、各种自动冲压设备、冲压自动线以及柔性生产线，反映了冲压自动化的发展水平。

实现冲压自动化可以根据产品结构、生产条件和加工方式等情况采取不同的方式，一般有在通用压力机上使用自动冲模、通用自动冲压压力机、专用自动冲压压力机以及冲压自动线等几种，选择时应考虑下列因素。

（1）安全生产　必须确保操作者的人身安全。对于冲压加工操作来说，送料是危及人身安全的最大隐患，因此自动送料是冲压加工自动化的最基本方式。

（2）冲压件批量　批量较小时应重点考虑通用性，使之适应多品种生产；批量较大时，应考虑选择自动化程度高的方式。

（3）冲压件结构　一般情况下，冲压件的结构形式决定了冲压自动化的方式。例如：较小而不太复杂的成形或冲裁件多采用连续模自动冲压；较大的多道拉深件，则要考虑多工位自动冲压。为便于自动化，有时在不影响冲压件使用性能的前提下，需要对工件设计作适当修改。

（4）冲压工艺方案　对于中小型冲压件，即使批量很大，一般也不采用生产线方式，而尽可能在一台自动压力机上用一套冲模或连续模完成全部工序。如果还有后道工序（表面处理、装配等），也应考虑与之结合成线。为此，有时连续模并不把工件从卷料上切下来，而是在后道非冲压工序完成后，再与卷料分离，以实现自动化。

（5）材料规格　卷料、条料和板料以及厚料和薄料的自动化装置大多互不相同。

（6）压力机形式　在普通压力机上可安装通用自动送料装置来实现自动化，也可用自动冲模。如果压力机滑块和台面的尺寸较大，也可改装成多工位自动压力机。多工位自动压力机一般用卷料作为坯料，也可用冲出的平坯或成形工序件自动送进进行生产。另外，大型压力机可采用活动工作台，中型压力机可设置快换模具台板，并采用模具快速夹紧装置，使换模时间明显缩短，有利于批量较小的冲压件实现自动化生产。

冲压件品种单一时，用自动冲模实现冲压自动化较为适宜；品种较多时，在通用自动压力机上用普通冲模进行自动化生产比较合理；批量很大时，要考虑以专用自动压力机代替通用压力机；大型冲压件的自动化生产，往往是自动线的形式。

三、冲压设备的自动化装置

冲压加工自动化包括供料（件）、送料、出料（件）和废料（工件）处理等自动化环节，实现各自动化环节的装置见表3-3。需要说明的是，表中所列装置可以配备在冲模、压力机或生产线上，构成自动或半自动冲模、自动或半自动压力机及自动或半自动生产线。

表 3-3　冲压加工设备的自动化装置

装置名称	原材料			工序件或工件	
	卷料	板料	条料	平件	成形件
供料（件）	卷料架	储料、顶料、吸料、释料和移料、分离装置		储件槽	储件斗
	校平装置、润滑装置				
送料	辊式、夹持式、钩式、其他形式			传件装置、定向和翻转装置、分配装置	
出料（件）	收料架	取料装置		接件装置	
废料（工件）处理	切料装置			理件装置	
其他	自动保护装置				

1. 供料装置

供料装置的主要作用是为送料装置做准备工作。不同的原材料（板料、条料、卷料）采用的供料装置不尽相同。例如：板料（条料）的供料装置通常具有储料、顶料、吸料、提料、移料和释料等功能；卷料通过卷料架来实现供料，带动力的卷料架具有开卷功能。

2. 送料装置

送料装置的主要作用是为冲压作原材料的自动送进。常用的送料装置有辊式和夹持式两种。辊式送料装置又有单边辊式和双边辊式两种形式，应用较广泛；夹持式送料装置易实现进给的微调，材料厚度变化及材料表面状况对送料的影响小，材料送进时的张力较大。

3. 废料处理装置

废料处理装置的主要作用是对卷料经冲压后的废料进行处理，主要有两种处理方法，即将废料切断或是将卷料重新卷绕。废料切断多数利用设在模具上的切刀进行，压力机每一行程将废料切断一次，即被切断的废料的长度等于一个进给步距。

4. 接件装置

接件装置的主要作用是使由冲压模具打出、顶出或推出的工件或工序件处于一定的位置，以便整理或输送，保证操作安全。接件通过接件器在连杆、摇板、滑道和回转等机构与压力机滑块的联动作用下实现。

5. 自动保护装置

自动保护装置的主要作用是对冲压加工过程中的原材料、进给和出件等状况进行监视，在原材料使用不符合要求、冲压进给状态异常、出件不正常排出等情况下发出信号，使压力机迅速停机。自动保护装置一般通过有触点式和无触点式两种传感方式进行工作，前者主要通过机械方式使电触头动作，后者通过电磁感应、光电或β射线等取得信号。

上述装置的相关功能机构请参阅第四章的相关内容。

四、自动冲模

具有自动进给、自动出件等功能的冲模称为自动冲模，一般在普通压力机上使用。按照进给对象的不同，自动冲模可分为原材料自动进给和工序件（包括落料平片）自动进给两类。前者按进给机构的形式又可分为辊式、夹持式和其他形式，其模具的自动进给部分与冲压部分基本上是分开的；后者大都采用推板或回转盘形式，其自动进给部分与冲压部分难以分开。

图 3-17 所示为夹持式自动送料冲模，可进行卡板冲孔、切断、弯曲和冲压加工。其

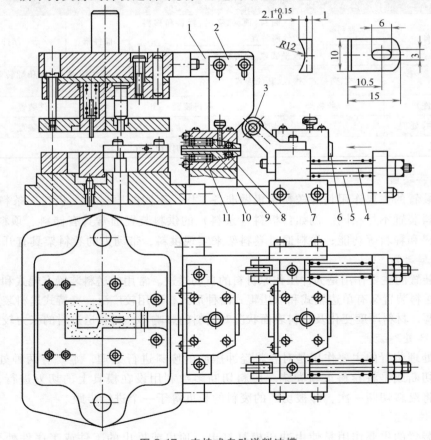

图 3-17　夹持式自动送料冲模

1—支架　2—斜楔　3—滚轮　4—螺杆　5、11—弹簧　6—送料夹持器
7—导板　8—滚柱　9—定料夹持器　10—下座板

夹持式自动送料装置在一定范围内可以通用。工作行程时，固定在支架 1 上的斜楔 2 随之下降，斜面使带有滚轮 3 的送料夹持器 6 在由导板 7 和下座板 10 组成的槽内向右滑动。在此过程中，坯料被定料夹持器 9 卡住停止，直至行程结束。回程时，送料夹持器 6 在弹簧 5 的作用下夹持坯料向左移动。此时，固定在下座板 10 上的定料夹持器 9 内的滚柱 8，逆弹簧 11 的力松开，让坯料通过。可通过调节螺杆 4 和变换斜楔 2 改变送料步距。

图 3-18 所示为带有自动弹出装置的通用校平模。工序件沿滑板 7 滑到校平模上，在工作行程时被校平。回程时，钩 6 使拨杆 5 绕轴转动，推动小滑块 4 向右移动，将校平过的工件推入斜槽 10 内滑入容器。小滑块由弹簧 3 复位。为减小小滑块 4 对支架 1 的冲击，其尾部装有弹簧 2 起缓冲作用。

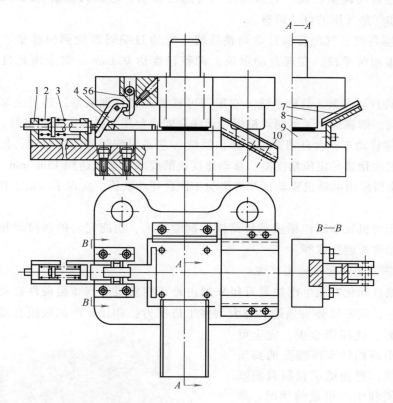

图 3-18　带有自动弹出装置的通用校平模

1—支架　2、3—弹簧　4—小滑块　5—拨杆　6—钩　7—滑板　8—校平上模　9—校平下模　10—斜槽

五、先进冲压自动化技术

为适应汽车工业、航空航天工业的发展需求，大型冲压设备的应用越来越普遍，主要有两大发展趋势：一是侧重于柔性生产的高性能压力机生产线配以自动化上、

下料机械手；二是采用大型多工位压力机。其中，前者具有使用资金少、通用性好、适用于多车型小批量生产的特点，满足了生产中高档轿车需要的高质量冲压件的要求。

1. 机电一体化全自动压力机技术

自动化冲压技术是近年来在国内外兴起的一种新技术，满足产品迅速换型及一机多用的需要。自动化冲压技术是机械与电子技术的完美结合，其关键技术体现在压力机的全自动换模系统，即在触摸屏上设置好模具号，则模具更换的全过程由压力机自动完成，整个换模过程所需时间在5min以内。

全自动换模系统包括以下部分：

（1）气压自动调整系统　它采用压力传感器检测、电磁阀控制、PLC编程控制等，实现平衡器和气垫气压的自动调整。

（2）装模高度、气垫行程自动调整系统　它通过编码器检测位移量、触摸屏设定参数、PLC编程等手段，实现自动定位，调整精度达0.1mm，完全满足自动换模工艺要求。

（3）模具自动夹紧、放松系统　它采用可移动式模具夹紧器，通过夹紧器个数和安装位置的不同，彻底解决了不同规格模具无法在同一台压力机上工作的难题。

（4）高速移动工作台自动开进、开出系统　它采用变频调速器驱动，使移动工作台运行曲线的柔性化满足定位精度高、移动速度快的要求，速度达到15m/min，定位精度达0.1mm。安全栅采用电动机驱动，并与移动工作台开动联锁，实现了移动工作台的自动开进和开出。

自动化压力机技术还包括重载负荷液压润滑技术、功能完善的触摸屏技术以及高行程次数、高精度控制技术等。

2. 单机联线自动化冲压生产线

单机联线自动化冲压生产线是近年来国内外竞相发展的汽车覆盖件自动化冲压生产工艺技术之一，其发展势头强劲。与大型多工位压力机相比，单机联线自动化冲压生产线的通用性好、使用资金少，完全可以满足生产中高档轿车所需要的高质量零件的要求，更加适应我国目前汽车工业的规模和生产批量的状况。单机联线自动化冲压生产线（图3-19）一般配置5~6台压力机，配有拆垛、上下料机械手、穿梭翻转装置和码垛装置等，全线总长约60m，安全性好，生产的冲压件质量高。由于工件传送距离长，故工件的上下料、换向和双

图3-19　单机联线自动化冲压生产线

动拉深必须使用工件翻转装置完成。这种单机联线自动化冲压技术的生产节拍最高为6~9次/min，而且设备维修的工作量大。

3. 大型多工位压力机

一台多工位压力机相当于一条自动化冲压生产线，能实现高速自动化生产，代表了当今压力机技术的最高水平，是目前世界大型覆盖件冲压技术的最高发展阶段。多工位压力机一般由拆垛机、大型压力机、三坐标工件传送系统和码垛工位等组成，其主要特点是生产效率高、制件质量高，满足了汽车工业的大批量生产对冲压设备的需求。其生产节拍可达 16~25 次/min，是手工送料流水线的 4~5 倍，是单机联线自动化生产线的 2~3 倍。多工位压力机为全自动化、智能化，整个系统只需 2~3 人监控，实现了全自动化换模，整个换模时间小于 5min。多工位压力机不仅能冲压大型覆盖件，还能冲压小型零件，即柔性很强。多工位压力机多采用电子伺服三坐标送料，生产率高，工件处理达到最优化，工件转换迅速，维修率低，诊断性能好，成本低，与现有压力机的适应性强，售后服务远程通信好。以一台多工位压力机系统代替一条由 5~6 台压力机组成的冲压线，按同规模冲压生产量比较，设备投资可减少 20%~40%，能量消耗减少 50%~70%，冲压件综合成本可节约 40%~50%。图 3-20 所示为美国 MINSTER 公司的大型多工位压力机。

图 3-20　大型多工位压力机

信物百年
新中国最早的万吨水压机

　　🖊 思政拓展：2006 年 12 月 30 日，由中国一重自主研制的我国首台、世界最大、最先进的 1.5 万吨自由锻造水压机一次热负荷试车成功，标志着中国已具备自主生产高端大型铸锻机械的能力，同时揭开了中国一重创新重大装备打造世界一流铸锻钢生产基地的序幕，扫描右侧二维码观看相关视频。

第四节　机械加工自动线

机械加工自动线（简称自动线）是一组用运输机构联系起来的由多台自动机床（或工位）、工件存放装置以及统一自动控制装置等组成的自动加工机器系统。在自动线的工作过程中，工件以一定的生产节拍，按照工艺顺序自动经过各个工位，不需要工人直接参与操作，自动完成预定的加工内容。

自动线能减轻工人的劳动强度，并大大提高劳动生产率，减小设备占地面积，缩短生产周期，缩减辅助运输工具，减少非生产性的工作量，建立严格的工作节奏，保证产品质量，加速流动资金的周转并降低产品成本。自动线的加工对象通常是固定不变的，或在较小的范围内变化，在改变加工品种时需要花费许多时间进行人工调整，而且初始投资较多。因此只适用于大批量的生产场合。

进入 20 世纪 90 年代，加工自动线已达到大规模、短节拍、高生产率和高可靠性及综合化的水平。例如：一条加工中等尺寸复杂箱体的自动线可以包括几十台机床和设备，分工段与工区连续运转，节拍时间为 15~30s；一条加工气缸盖的自动线可期望年产量达 100 万件；一条加工轴承环的自动线年产量可达 500 万件。采用班间计划换刀，可使组合机床自动线长年三班制进行生产。除工件自动输送和自动变换姿势外，还可以实现线间的自动转装。除切削加工外，还可以进行滚压等无屑加工及其他精加工工序，以及中间装配、尺寸测量、高频淬硬、激光淬硬、铆接、质量及性能检测等工序，从而完成一个零件从毛坯上线到总装前的全部综合加工。并可实现将几种同类零件混合在一条自动线上进行加工。

除了线上的机床和其他主要设备及刀具外，控制系统、监测系统和诊断系统及辅助设备对保障自动线可靠和稳定地运转也十分重要。有的辅助设备比较复杂、体积庞大，在自动线的投资中占到相当的比例，在规划和设计自动线时应给予必要的重视。由于监视、识别及快速响应能力的提高，对易于监视和识别磨损的不回转刀具，如车刀，已可根据监视和识别结果达到非更换不可时才发出信号进行换刀，而不必采用按计划换刀，避免了尚可使用刀具的浪费。对于回转刀具，特别是像组合机床及其自动线那样有多种、大量回转刀具时，除丝锥的声发射监视用得比较成功外，其他刀具主要还是采用按计划换刀，这样比较经济实用。

切削加工自动线通常由工艺设备、工件输送系统、控制和监视系统、检测系统和辅助系统等组成，各个系统中又包括各类设备和装置，切削加工自动线的组成见表 3-4。由于工件类型、工艺过程和生产率等的不同，自动线的结构和布局差异很大，但其基本组成部分都是大致相同的。切削加工自动线可以按多种方法分类，分类方法见表 3-5。本章主要是按工艺设备类型进行分类。

表 3-4 切削加工自动线的组成

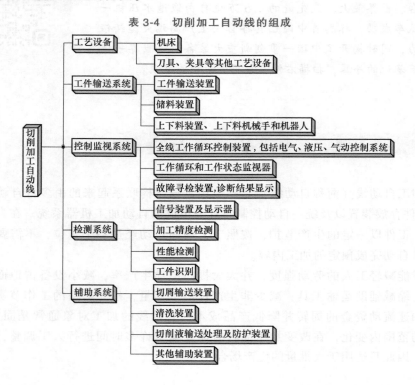

表 3-5 切削加工自动线的类型、特点和应用

分类方法	类型	特点	应用
按工艺设备类型分类	通用机床自动线	由自动化通用机床或经改装的通用机床连成的自动线。建线周期短,收效快	通常用于加工比较简单的零件,特别是盘、轴、套、齿轮类零件的大量或批量生产
	组合机床自动线	由组合机床组成的自动线,生产率高、造价相对较低、专用性强,只能适应单一或几种同类型工件的生产	主要适用于箱体类零件、畸形零件的大量生产,有时用于批量生产
	专用机床自动线	由专门设计制造的自动化机床组成或连接而成的自动线。生产率高、制造成本高、周期长	如专用拉床组成的拉削自动线、加工特殊材料和对加工有特殊要求(如加工石墨块)的自动线
	转子自动线	用转子机床,通过输送转子连成的自动线。生产率高、占地面积小	适用于加工工序简单的小零件,在切削加工中应用很少,可用于小零件的车、钻、铣和攻螺纹等工序。多用于冲压、挤压、压延等加工,如军工中的子弹及轻工中的小五金等行业(如自来水笔挂钩的卷边、压弯)
按工件外形和切削加工过程中工件的运动状态分类	回转体工件加工自动线	主要由自动化通用机床或经自动化改装的普通机床(如车床、内外圆磨床、铣端面钻中心孔机床、花键加工机床、齿轮加工机床)及专用机床连成或专门规划设计制造组成	主要用于在切削加工过程中工件回转面的加工,如轴、盘、套、齿轮和环类零件的加工
	箱体、杂件加工自动线	主要由组合机床和专用机床组成	主要用于加工时工件不转的工件和工序,如箱体及畸形件的钻孔、镗孔、铣削和攻螺纹等
综合加工自动线		线内装有多种机床和设备,能完成一个工件从坯料到装配前的全部加工工序,可减少工件来回输送的次数及制品数量	适用于包括多种形式的加工,如气缸盖综合加工自动线(包括压装阀座及热处理)、轴类件综合加工自动线(包括热处理)、制动蹄片加工自动线(包括加工和铆接非金属摩擦材料层)

一、通用机床自动线

在通用机床自动线上完成的典型工艺主要是各种车削、车螺纹、磨外圆、磨内孔、磨端面、铣端面、钻中心孔、铣花键、拉花键孔、切削齿轮和钻分布孔等。

1. 对纳入自动线机床的要求

纳入自动线的通用机床比单台独立使用的机床要更为稳定可靠,包括能较好地断屑和排除切屑,具有较长的刀具寿命,能稳定、可靠地自动进行工作循环,最好有较大流量的切削液系统,以便冲除切屑。对容易引起动作失灵的微动限位开关应采取有效的防

护。有些机床在设计时就在布局和结构上考虑了连入自动线的可能性和方便性；有些机床尚需作某些改装，包括增设联锁保护装置及自动上、下料装置。对这些问题在连线前须仔细考虑，必要时应做一些试验工作。

2. 通用机床自动线的连线方法

连线时涉及工件的输送方式、机床间的连接和机床的排列形式、自动线的布局及输送系统的布置等多个相互有联系的问题，需加以全面衡量，选定较好的方案。

工件的输送方式有强制输送和自由输送两种。所谓强制输送就是用外力使工件按一定节拍和速度进行输送。例如，轴类以其外圆为支承面，以一个端头沿料道靠另一个件的端头以"料顶料"的方式滑动输送，或用步进式输送带输送。所谓自由输送就是利用工件自重在槽形料道中滚动或滑动实现输送，或放在靠摩擦力带动的连续运动的链板上进行输送，输送至中间料库或排队等待加工。此外，还可利用机械手进行工件的输送，这种方法既可用于强制输送，也可用于自由输送，在输送过程中还可以比较方便地实现工件姿势的变换（利用手腕的回转）。

通用机床自动线大多数都用于加工回转体工件，工件的输送比较方便，机床和其他辅助设备布置灵活。小型工件的生产率一般要求较高，各工序的节拍时间也不平衡，故多采用柔性连接。机床的料道、料仓都具有储存工件的作用，能比较方便地实现柔性连接。在限制性工序机床的前后或自动线分段处可设置中间储料库，以减少自动线因停车而占用的加工时间，提高自动线的利用率，对各工序的节拍时间可以做到大致相同。而工序较少的短自动线（如加工长轴类工件的自动线）可采用刚性连接。刚性连接时控制系统及工件输送系统比较简单、占地面积小，但要求机床有高的工作可靠性。

一般情况下，当单机（或单道工序）的工序时间等于或稍小于线的节拍时间时，线上的机床可采用串联方式；当单机（或单道工序）的工序时间大于线的节拍时间时，线上的机床就需要采用并联方式来平衡节拍时间。但采用并联方式连线会使工件传送系统复杂化，因此最好避免采用。条件允许时应设法缩短限制性工序的时间或使工序分散，使单机工序时间稍小于线的节拍时间。对一些生产率极高的自动线，在少数工序上采用机床并联也是必要而可行的。齿轮加工自动线由于切齿工序的时间很长而必须采用多台机床并联。

机床的排列可采用纵列（一列或几列）和横排（一排或几排）的方式。单机串联时机床可纵列或横排（图3-21），单机的输入料道与输出料道一般为直接连通，上一台机床的输出料道即是下一台机床的输入料道，由线的始端至末端。单机并联时机床也可纵列和横排（传送步距加大），还可排列成多列或多排的形式，传送时应有分流和合流装置。排列形式应根据线内机床的数量、线的布局和对机床作调整的方便性而定。

分料方式有顺序分料和按需分料两种，在有机床并联时应考虑工件的分配方式。顺序分料是将工件依次填满并联各单机和各分段料道或料仓。各单机依次序先后进入工作，这种方式也称为"溢流式"，如图3-22所示。按需分料是由一个分配装置或料仓同时向并联各单机分配工件，如图3-23所示。加工轴类工件的并联自动线，由于工件输送系统结构复杂，因此多采用顺序分料法供料；加工盘、环类工件的并联自动线，由于工件输送系统结构简单，故多采用按需分料法供料。

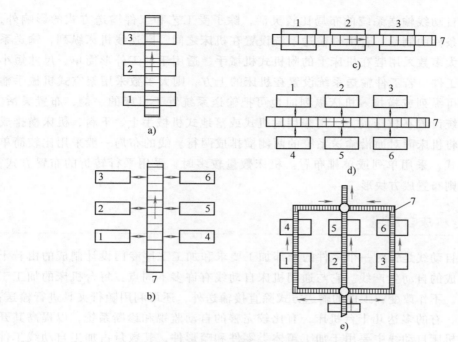

图 3-21　通用机床自动线的排列形式

a）串联单纵列　b）串联双纵列　c）串联单横排　d）串联双横排　e）并联纵列
1~6—机床　7—工件输送系统

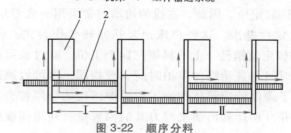

图 3-22　顺序分料

1—机床　2—工件输送系统　Ⅰ、Ⅱ—并联机床段

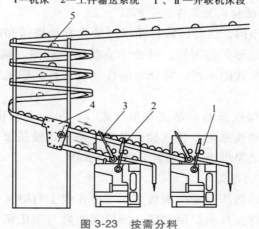

图 3-23　按需分料

1—机床　2—下料机械手　3—上料机械手　4—分路机构　5—料道

通用机床自动线输送系统的布局比较灵活，除了受工艺和工件输送方式的影响外，还受车间自然条件的制约。若工件输送系统设置在机床之间，则连线机床纵列，输送系统跨过机床，大多数采用装在机床上的附机式机械手，适用于加工外形简单、尺寸短小的工件及环类工件。若工件输送系统设置在机床的上方，则大多数采用架空式机械手输送工件，机床可纵列或横排。机床纵列时也可把输送系统置于机床的一侧，布置灵活。若工件输送系统设置在机床前方，则采用附机式或落地式机械手上、下料，机床横排成一行。有时也将机床面对面沿输送系统的两侧横排成两行。线的布局一般采用比较简单方便的直线形式，采用单列或单排布置。机床数量较多时，采用平行转折的布置方式，多平行支线时则布置成方块形。

二、组合机床自动线

组合机床自动线是针对一个零件的全部加工要求和加工工序专门设计制成的由若干台组合机床组成的自动生产线。它与通用机床自动线有许多不同点：每台机床的加工工艺都是指定的，不作改变；工件的输送方式除直接输送外，还可利用随行夹具进行输送；线的规模较大，有的多达几十台机床；有比较完善的自动监视和诊断系统，以提高其开动率等。组合机床自动线主要用于加工箱体类零件和畸形件，其数量占加工自动线工件总加工数的70%左右。

在使用组合机床自动线加工工件时，对大多数工序复杂的工件常常先加工好定位基准后再上线，以便输送和定位。因此，在线的始端前常采用一台专用的创基准组合机床，用毛坯定位来加工出定位基准。这种机床通常是回转工作台式，设有加工定位基准面（或定位凸台）、钻和铰定位销孔、上下料等三四个工位。有时也可通过增加工位同时完成其他工序。其节拍时间与自动线的节拍时间大致相同，也可以通过输送装置直接送到自动线上。例如，为了确保铸造箱体件加工后关键部位的壁厚符合要求，可以采用探测铸件表面所处位置，并自动计算出加工时刀具的偏置量，利用伺服驱动使刀具作偏置来加工定位基准。

1. 组合机床自动线的分类及工件输送形式

按工件输送方式的不同，组合机床自动线可分为直接输送和间接输送（用随行夹具输送）两类。按输送轨道形式的不同，可分为直线输送和圆（椭圆）形轨道输送两种。按输送带相对机床配置形式的不同，可分为通过（机床）式输送带式和外移式（在机床前方）输送带式。

工件（随行夹具）输送运动的形式有步伐式（同步）和自由流动式（非同步）之分。大多数组合机床自动线采用步伐式输送装置，步伐式输送带可分为棘爪步伐式、摆杆步伐式、抬起步伐式、吊起步伐式和回转分度输送式等。

2. 组合机床自动线的布局

组合机床自动线中的机床数量一般较多，工件在线上有时又需要变换姿势。随行夹具自动线还必须考虑随行夹具的返回问题。所以其布局与通用机床自动线相比有一定的区别和特点。组合机床自动线常用的布局形式见表3-6。当带并行支线或并行加工机床时，支线或机床可采用并联的形式，利用分路和合路装置来分配工件（图 3-24）；采用并行机床或并行工位时，也可采用串联形式，一次用大步距同时将几个工件送到各个工位上，常用于小型工件（图 3-25）。

表 3-6 组合机床自动线常用的布局形式

布局形式	特 点	应 用
直线形	机床大多横向纵列，工件输送装置从机床中穿过。机床可排列在输送带的两侧或一侧。自动线按加工工艺分段，段间设有转位装置、翻转装置，可使工件转 90°或翻转 180°。输送装置可每段用一个，或全线用一个（转位时工件抬离输送带）。机床通常为卧式双面、单面、立式、立-卧复合式等。排屑系统比较简单。自动线长时看管不方便	各种大中小零件，应用较多，较普遍
	采用外移式工件输送带时，可采用三面机床（卧式三面、立-卧复合式三面），但在输送带与机床之间需要设往复输送装置或移动工作台，输送装置比较复杂。还可以将回转工作台或鼓轮式多工位机床用外移式输送带连成自动线，缩短自动线的长度	产量较小的场合。将现有三面机床改装为自动线时，用于精加工必须采用三面机床的情况。由多工位机床组成的自动线，用于加工特别复杂的小零件
折线形	自动线较长或受厂房面积及形状限制时，可采用直角形、匚形及弓形等布局。输送带通常从机床中间穿过，机床可排列在输送带的一侧或两侧。转折处可作为转位工位，省去转位装置。但每一线段需用一个工件输送装置。转折线段可用作中间储料库	工序复杂，机床数较多时，布置位置受限制时，以及带并行支线时常采用这种布局
框形	机床沿框形的内、外两侧，或只沿其中的几个线段布置，如果用随行夹具，则随行夹具可以沿框形边返回，而不需配备独立的返回输送带。随行夹具也可以从输送带上方返回，或沿机床一侧的上方返回，成为立面或倾斜平面的框形布局。由上方返回时，还可以利用随行夹具的自重滑移返回。这种上方返回方式可节省占地面积	一般用于多工段线及一些特殊场合，如加工部位为十字形；常用于随行夹具自动线，其中随行夹具由上方靠自重返回，主要用于工件或随行夹具的质量和外形尺寸不是很大的场合
圆形、环形或椭圆形	与框形相似，但工件输送带比较简单，一般用环形链条驱动，机床通常只布置于环的内侧，使自动线的敞开性好	非同步输送自动线常采用这种布局形式。用于加工中小型零件，生产率较高，可达每小时几百件

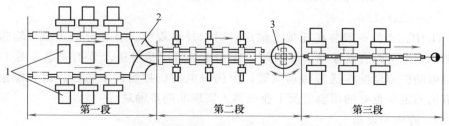

图 3-24　带并行支线的自动线布局
1—机床　2—合路机构　3—回转台

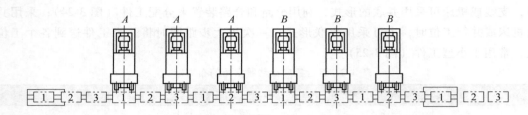

图 3-25　带三个并行工位的串联组合机床自动线布局
A、B—并行加工工位

　　组合机床自动线由于以下两种原因被划分成工段：第一种是工件在线上的姿势不同，被转位装置分隔而分为工段；第二种是由于机床台数及刀具数量多，为减少由于故障引起的停车损失，而划分为可以独立工作的工段。机床台数在 10～15 台、刀具数量在 200～250 把时，可考虑成立一个工段，工段之间设有中间储料库，保证各工段可独立地工作。按第一种原因分成的工段，由于机床数量较少，通常只在相隔几个工段后才设立中间储料库。储料库的容量与自动线的生产率有关，也与因换刀而引起的停车时间和因故障而引起的停车时间有关，需要根据统计和积累的数据以及故障发生的概率来进行分析和计算。若无相关资料和数据，则一般可按能供应自动线工作 0.5～1h 来选择储料库容量。

三、柔性自动线

　　为了适应多品种生产，可将原来由专用机床组成的自动线改成数控机床或由数控操作的组合机床组成柔性自动线（Flexible Transfer Line，FTL）。FTL 的工艺基础是成组技术。按照成组加工对象确定工艺过程，选择适宜的数控加工设备和物料储运系统组成FTL。因此，一般的柔性自动线由以下三部分构成：数控机床、专用机床及组合机床，托板（工件）输送系统，控制系统。

　　1. FTL 的加工设备

　　FTL 的加工对象基本是箱体类工件。加工设备主要选用数控组合机床、数控 2 坐标或 3 坐标加工机床、转塔机床、换箱机床及专用机床。换箱机床的形式较多，FTL 中常用换箱机床的箱库容量不大。图 3-26 所示是回转支架式换箱机床模块，配置回转型箱库。数控 3 坐标加工机床一般选用 3 坐标加工模块配置自动换刀装置，刀库的容量一般只有 6～12 个刀座。图 3-27 所示是 2 坐标和 3 坐标加工模块。

　　2. FTL 的工件输送设备

　　在 FTL 中，工件一般装在托板上输送。对于外形规整，有良好的定位、输送和夹紧条件的工件，也可以直接输送。多采用步伐式输送带同步输送，节拍固定。图 3-28 所示是由伺服电动机驱动的输送带传动装置，由伺服电动机控制同步输送，由大螺距滚珠丝杠实现节拍固定。也有的用辊道及工业机器人实现非同步输送。

　　3. FTL 的控制设备

　　柔性自动线的效率在很大程度上取决于系统的控制。FTL 的系统控制包括加工、输送设备的控制，中间层次的控制和系统的中央控制。FTL 的中央控制装置一般选用带微处理

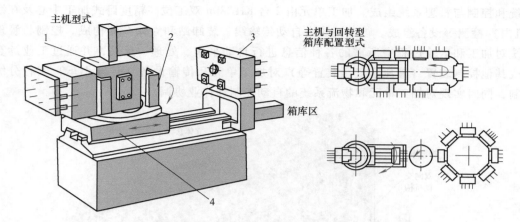

图 3-26 回转支架式换箱机床模块

1—动力箱 2—回转支架 3—待换主轴箱 4—滑台

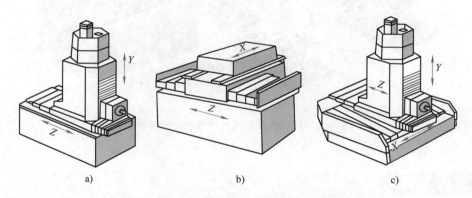

图 3-27 数控 2 坐标和 3 坐标加工模块

a)、b) 2 坐标加工模块 c) 3 坐标加工模块

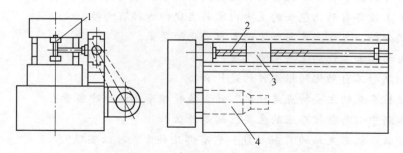

图 3-28 由伺服电动机驱动的输送带传动装置

1—输送带 2—大螺距滚珠丝杆 3—输送滑枕 4—直流无刷伺服电动机

器的顺序控制器或微型计算机。控制系统的选用及控制方法见第二章。

4. 应用实例

图 3-29 所示为 FMS800 柔性生产线的布局示意图。该柔性生产线由加工单元、物流

系统和控制与管理系统组成。加工单元由 2 台 KHC80u 双工位高精度卧式加工中心及在线（机内）检测等设备组成。物流系统由自动传输线、装卸站和立体仓储构成。控制与管理系统对加工和运输过程中所需的各种信息进行自动采集、处理、反馈，并通过工业计算机或其他控制装置（液压、气压装置等）对加工单元和传输设备（传输小车）实行分级控制，同时实现对加工单元和物流系统的自动控制和作业协调。

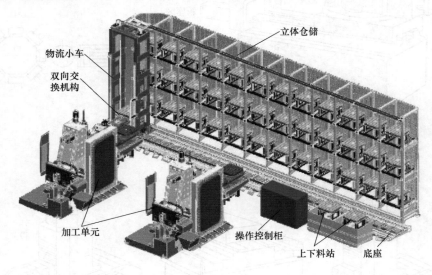

图 3-29　FMS800 柔性生产线的布局示意图

复习思考题

3-1　实现加工设备自动化的意义是什么？

3-2　为什么说单台加工设备的自动化是实现零件自动化加工的基础？

3-3　加工设备自动化包含的主要内容与实现的途径有哪些？

3-4　试分析一下生产率与加工设备自动化的关系。

3-5　自动化加工设备主要有哪几类？

3-6　切削加工自动化的根本目的是什么？

3-7　数控车床的主要特点是什么？什么是数控车床的脉冲当量？

3-8　车削中心与数控车床的主要区别是什么？

3-9　什么是机床主轴的 C 轴功能？它有哪几种方式可以实现？

3-10　钻削加工中心是如何自动换刀的？

3-11　组合机床的自动化主要是通过何种手段来实现的？

3-12　加工中心与数控机床的主要区别是什么？

3-13　加工中心的特点与适用范围是什么？什么是加工中心的 B 轴？

3-14　加工中心的刀具存取方式及特点是什么？刀库中的刀座能全部装刀具吗？

3-15 实现冲压自动化的原则与考虑的因素是什么？

3-16 冲压加工设备有哪些自动化装置？

3-17 加工自动线的连线过程中应考虑哪几方面的问题？

3-18 切削加工自动线的组成、类型是什么？

3-19 组合机床自动线与通用机床自动线的主要区别有哪些？为什么要被分段？

3-20 柔性自动线的工艺基础及其基本组成是什么？

第四章
物料供输自动化

物流系统是机械制造系统的重要组成部分之一，它的作用是将制造系统中的物料（如毛坯、半成品、成品、工夹具等）及时地输送到有关设备或仓储设施处。在物流系统中，物料首先输入制造系统，然后由物料输送系统送至指定位置。物流系统的自动化是当前制造企业追求的目标，现代物流系统是在全面信息集成和高度自动化的环境下，以制造工艺过程的相关知识为依据，高效、合理及智能地利用全部储运装置将物料准时、准确和保质的运送到位。

第一节　物料供输自动化概述

在制造业中，从原材料入厂，经过冷热加工、装配、检验、调试、涂漆及包装等各个生产环节，到产品出厂，机床作业时间仅占5%，工件处于等待和传输状态的时间占95%。其中，物料传输与存储费用占整个产品加工费用的30%~40%，因此，对物流系统的优化有助于降低生产成本、压缩库存、加快资金周转并提高综合经济效益。

一、实例分析

半柔性制造系统如图4-1所示，该系统的任务主要有三个：一是完成一个轴类零件的机械加工；二是把零件按照机械加工工艺过程的要求，定时、定点输送到相关的制造装备上；三是完成轴与轴承的装配。半柔性制造系统的组成如图4-2所示。

1. 半柔性制造系统的组成

（1）加工装配子系统　按照零件的精度要求利用两台车铣复合机床和数控车床完成轴类零件各几何形状的粗加工、半精加工及精加工，最后一道工序是利用机器人完成轴类组件的装配。

（2）输送子系统　按照制造过程的要求，实现工件在不同工位的准确传输。它由胶

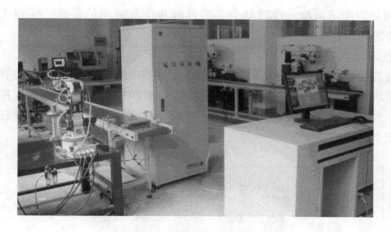

图 4-1 半柔性制造系统

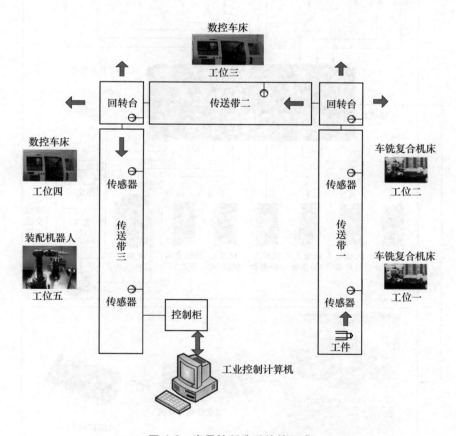

图 4-2 半柔性制造系统的组成

带输送机、回转台和光电传感器组成，胶带的运行速度可在 2~5m/min 之间进行调整。回转台还可以完成传输方向的转换。

（3）控制及调度子系统　按照制造工艺过程和作业时间的要求，实现工件准时在不同工位之间传送的调控。

2. 半柔性制造系统的控制系统

半柔性制造系统的控制原理图如图4-3所示，它由工业控制计算机、主控系统和控制柜中的五个模块组成。工业控制计算机完成功能函数和整个制造物流系统控制主程序的储存与运行，系统界面完成人机交互过程。主控系统实现所有控制、调度任务。下面介绍控制柜中五个模块的功能

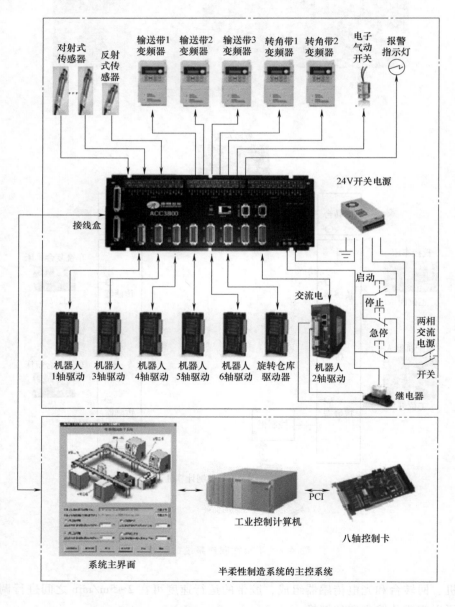

图 4-3　半柔性制造系统的控制原理图

（1）伺服驱动模块　控制柜中有 6 个步进电动机和 1 个交流伺服驱动器，1~5 号步进电动机控制机器人第一、第三、第四、第五及第六关节的运动，第二关节由于悬臂弯矩大，所以利用交流伺服电动机控制运动，6 号步进电动机控制旋转仓库的工件定位。

（2）变频驱动模块　控制柜左边的三个变频器控制 1~3 号输送带的速度调节，另外两个变频器实现回转传输系统输送方向的改变。

（3）开关量输入模块　物流输送系统中有 8 对对射式光电传感器，其中 6 对控制三个输送带上的 5 个工位和 1 个保留工位的定位，2 对控制回转台上的工件暂停。

（4）气动开关模块　1 个气动开关控制机器人夹持器的开合，另外 2 个气动开关控制回转台的提升和回转工作。

（5）操作面板　在控制柜外表面安装了启动、停止与急停开关，实现控制柜的相应工作，在开关旁边有 1 个报警指示灯。

3. 回转传输系统

回转传输系统如图 4-4 所示，它的作用是按照制造过程的要求，实现工件在不同传送带上的转换。它由升降层、旋转层和传输层三部分组成，每一层的功能介绍如下。

（1）升降层　升降层上装有立式气缸，当需要转换方向时，气缸把旋转层和传输层顶起一定高度，避免传输层与其他传输机构碰撞。

（2）旋转层　旋转层带有气缸和连杆机构，由气缸的直线运动带动连杆实现传输层旋转 90°，完成工件前进方向的换向。

（3）传输层　传输层上装有胶带驱动电动机和对射式光电传感器，当上一

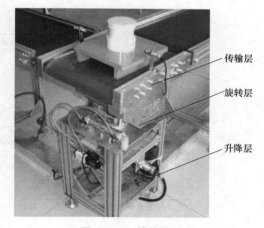

传输层

旋转层

升降层

图 4-4　回转传输系统

工位有工件传送过来时电动机起动，工件进入回转传输带被传感器检测到，检测信息传送到控制系统。工件传输分两种情况，一是方向不变，回转传输带继续工作把工件传送到前方下一个工位。二是方向改变，回转子系统首先在检测到工件后使传输带停止，升降层抬高旋转层及传输层，旋转层完成换向，升降层下降回到原位，用驱动电动机的正反转实现传输带把工件送入左、右两个不同的工位区。

二、物流系统及其功用

物流是物料的流动过程。物流按其物料性质的不同，可分为工件流、工具流和配套流三种。其中工件流由原材料、半成品和成品构成；工具流由刀具、夹具构成；配套流由托盘、辅助材料和备件等构成。

在自动化制造系统中，物流系统是指工件流、工具流和配套流的移动与存储，它主要完成物料的存储、输送、装卸和管理等功能。

（1）存储功能 在制造系统中，有许多物料处于等待状态，即不处在加工和使用状态，这些物料需要存储和缓存。

（2）输送功能 完成物料在各工作地点之间的传输，满足制造工艺过程和处理顺序的需求。

（3）装卸功能 实现加工设备及辅助设备的上、下料的自动化，以提高劳动生产率。

（4）管理功能 物料在输送过程中是不断变化的，因此需对物料进行有效的识别和管理。

三、物流系统的组成及分类

物流系统的组成及分类见表 4-1。

表 4-1 物流系统的组成及分类

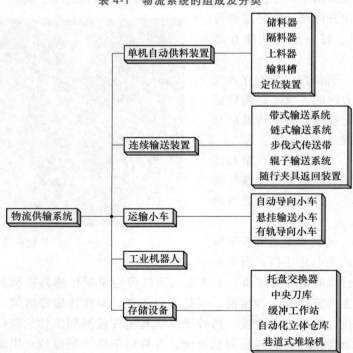

（1）单机自动供料装置 完成单机自动上、下料任务，由储料器、隔料器、上料器、输料槽和定位装置等组成。

（2）自动线输送系统 完成自动线上物料输送任务，由各种连续输送机、通用悬挂小车、有轨导向小车及随行夹具返回装置等组成。

（3）FMS 物流系统 完成 FMS 物料的传输，由自动导向小车、积放式悬挂小车、积放式有轨导向小车、搬运机器人和自动化仓库等组成。

四、物流系统应满足的要求

1）应实现可靠、无损伤和快速的物料流动。
2）应具有一定的柔性，即灵活性、可变性和可重组性。
3）能够实现"零库存"生产目标。
4）采用有效的计算机管理，提高物流系统的效率，减少建设投资。
5）应具有可扩展性、人性化和智能化的特点。

第二节 单机自动供料装置

一、概述

加工设备或辅助设备的供料可采用人工供料或自动供料两种方式。人工供料的操作时间长，工人劳动强度大，虽然利用了一些起重设备可改善这一不足之处，但随着制造业自动化水平的不断提高，这种供料方式将逐渐被自动供料装置替代。自动供料装置一般由储料器、输料槽、定向定位装置和上料器组成，储料器可储存一定数量的工件，根据加工设备的需求自动输出工件，经输料槽和定向定位装置传送到指定位置，再由上料器将工件送入机床加工位置。储料器一般设计成料仓式或料斗式。料仓式储料器需人工将工件按一定方向摆放在仓内，料斗式储料器只需将工件倒入料斗，由料斗自动完成定向。料仓或料斗一般储存小型工件；对于较大的工件，可采用机械手或机器人来完成供料过程。

图 4-5 所示为常见的机床自动供料装置。工件由工人装入料仓 1，机床进行加工时，上料器 5 推到最右位置，隔料器 2 被上料器 5 的销钉带动而逆时针旋转，其上部的工件便落入上料器 5 的接收槽中。当工件加工完毕，弹簧夹头 8 松开，推料杆 7 将工件从弹簧夹头 8 中顶出，工件随即落入出料槽 6 中。送料时，上料器 5 向前移动，将工件送到主轴前端并对准弹簧夹头 8，随后上料杆 9 将工件推入弹簧夹头 8 内。弹簧夹头 8 将工件夹紧后，上料器 5 和上料杆 9 向后退出，开始工件加工。当上料器 5 向前上料时，隔料器 2 在弹簧 3 的作用下顺时针旋转到料仓下方，将工件托住以免其落下。图中的料仓、隔料器和上料器属于自动供料机构，且垂直于机床主轴布置，其他部件属于机床机构。对供料装置的基本要求是：

1）供料时间应尽可能少，以缩短辅助时间并提高生产率。
2）供料装置结构应尽可能简单，以保证供料稳定可靠。
3）供料时避免大的冲击，防止供料装置损伤工件。
4）供料装置要有一定的适用范围，以适应不同类型、不同尺寸工件的要求。
5）能够满足一些工件的特殊要求。

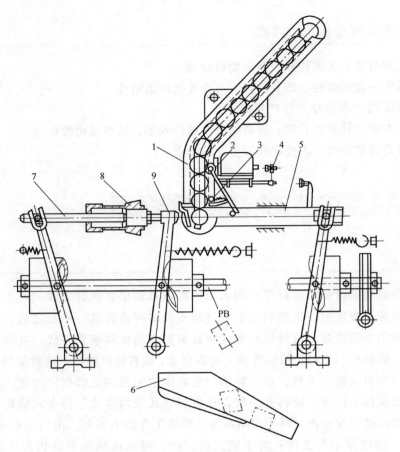

图 4-5　机床自动供料装置

1—料仓　2—隔料器　3—弹簧　4—自动停机装置　5—上料器　6—出料槽
7—推料杆　8—弹簧夹头　9—上料杆

二、料仓、料斗及输料槽

1. 料仓的结构形式及拱形消除机构

由于工件的重量和形状尺寸变化较大，因此料仓的结构设计没有固定模式。一般将料仓分成自重式和外力作用式两种结构，如图 4-6 所示。图 4-6a、b 所示为工件自重式料仓，其结构简单，应用广泛。图 4-6a 将料仓设计成螺旋式，可在不加大外形尺寸的条件下多容纳工件；图 4-6b 将料仓设计成料斗式，其设计简单，但料仓中的工件容易形成拱形面而堵塞出料口，因此一般应设计拱形消除机构。图 4-6c ~ 图 4-6h 所示为外力作用式料仓。图 4-6c 所示为重锤垂直压送式料仓，适用于易与仓壁粘在一起的小零件；图 4-6d 所示为重锤水平压送式料仓；图 4-6e 所示为扭力弹簧压送工件的料仓；图 4-6f 所示为利用工件与平带间的摩擦力供料的料仓；图 4-6g 所示为链条传送工件的料仓，链条可连续或间歇传动；图 4-6h 所示为利用同步齿形带传送的料仓。

拱形消除机构一般采用仓壁振动器。仓壁振动器使仓壁产生局部、高频微振动，可消除或减轻工件间的摩擦力和工件与仓壁间的摩擦力，从而保证工件连续地由料仓中排出。振动器的振动频率一般为 1000~3000 次/min。当料仓中物料搭拱处的仓壁振幅达到 0.3mm 时，即可达到破拱效果。在料仓中安装搅拌器也可消除拱形堵塞。

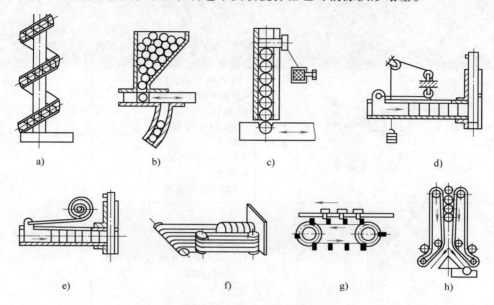

图 4-6 料仓的结构形式

a)、b) 工件自重式料仓 c)~h) 外力作用式料仓

2. 料斗

料斗上料装置带有定向机构，工件在料斗中可自动完成定向。但并不是所有工件在送出料斗之前都能完成定向，这种没有完成定向的工件将在料斗出口处被分离，并返回料斗重新定向，或由二次定向机构再次定向。因此料斗的供料率会发生变化，为了保证正常生产，应使料斗的平均供料率大于机床的生产率。表 4-2 给出了几种典型的料斗结构，其结构设计主要依据工件特征（如几何形状、尺寸、重心位置等），选择合适的定向方式，然后确定料斗的形式。下面以往复推板式料斗（图 4-7）为例进行介绍。

（1）平均供料率（件/min）

工件滚动时
$$Q = \frac{nLK}{d} \qquad (4-1)$$

工件滑动时
$$Q = \frac{nLK}{l} \qquad (4-2)$$

式中 n——推板往复次数（r/min），一般 $n = 10~60$；

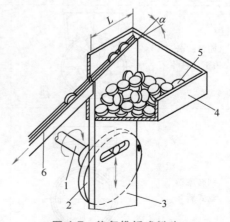

图 4-7 往复推板式料斗

1—轴 2—销轮 3—推板 4—固定料斗 5—工件 6—料道

L——推板工作部分长度（mm），$L = (7 \sim 10)\, d$（或 l）；

d、l、K——工件直径、工件长度、上料系数，见表4-2。

表4-2 料斗的结构及技术特性

机构名称	简　图	定向方式	适用工件/mm l—长度　d—直径 h—厚度　t—壁厚 b—宽度	技术特性		
				最大供料率 Q/（件/min）	定向机构最高速度 v/（m/s）	上料系数 K
往复单推板式料斗		隙缝定向	$d = \phi4 \sim \phi12$、$l < 120$ 的带肩小轴，螺钉，铆钉 $d < \phi15$，$l < 50$ 的光轴 $h = 3 \sim 15$，$d < \phi40$ 的盘类 M20 以下的螺母	$40 \sim 60$	$0.3 \sim 0.5$	$0.3 \sim 0.5$
往复管式料斗		管子定向	$d < \phi15$，$l = (1.1 \sim 1.25)d$ 的短轴及套 $d > \phi20$ 的球	$80 \sim 100$	$0.2 \sim 0.4$	$0.4 \sim 0.6$
往复半管式料斗		管子定向	$d < \phi3$，$\dfrac{l}{d} > 5$ 的杆类 $0.8 < \dfrac{l}{d} < 1.4$ 的短轴	$80 \sim 100$	$0.2 \sim 0.5$	$0.3 \sim 0.5$
回转转盘销子式料斗		销子定向	$d = \phi8 \sim \phi20$，$l < 90$ $t > 0.3$，$\dfrac{l}{d} > 1$ 的套及管状工件	$60 \sim 70$	$0.15 \sim 0.25$	$0.3 \sim 0.5$
回转摩擦盘式料斗		型孔定向	$d < \phi30$，$\dfrac{h}{d} < 1$ 的盘类和环类 $d < \phi30$，$l < 30$ 的轴	$100 \sim 1000$	$0.5 \sim 1$	$0.2 \sim 0.6$

（2）推板工作部分的水平倾角 α　工件滚动时，$\alpha = 7° \sim 15°$；工件滑动时，$\alpha = 20° \sim 30°$。

（3）推板行程长度 H（mm）　对于 $l/d < 8$ 的轴类工件，$H = (3 \sim 4)l$；对于 $l/d = 8 \sim 12$ 的轴类工件，$H = (2 \sim 2.5)l$；对于盘类工件，$H = (5 \sim 8)h$，其中 h 为工件厚度，见表 4-1。

（4）料斗的宽度 B（mm）　推板位于料斗一侧，$B = (8 \sim 10)l$；推板位于料斗中间，$B = (12 \sim 15)l$。

3. 输料槽

根据工件的输送方式（靠自重或强制输送）和工件的形状的不同，输料槽有许多结构形式，见表 4-3。一般靠工件自重输送的自流式输料槽结构简单，但可靠性较差；半自流式或强制运动式输料槽的可靠性高。

表 4-3　输料槽的主要类型

名　称		简　图	特　点	使用范围
自流式输料槽	料道式输槽	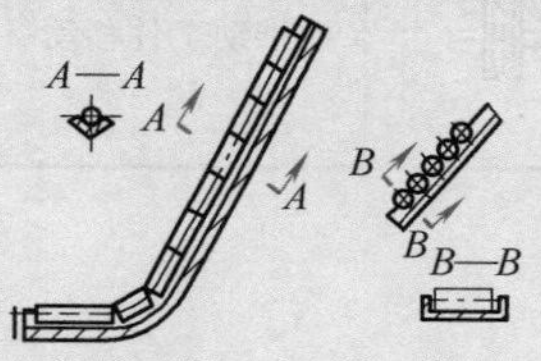	输料槽的安装倾角大于摩擦角，工件靠自重输送	轴类、盘类、环类工件
自流式输料槽	轨道式输槽	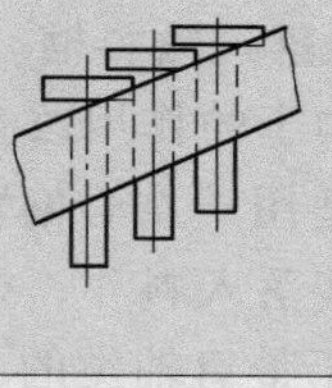	输料槽的安装倾角大于摩擦角，工件靠自重输送	带肩杆状工件
自流式输料槽	蛇形输料槽		工件靠自重输送，输料槽落差大时可起缓冲作用	轴类、盘类、球类工件
半自流式输料槽	抖动式输料槽	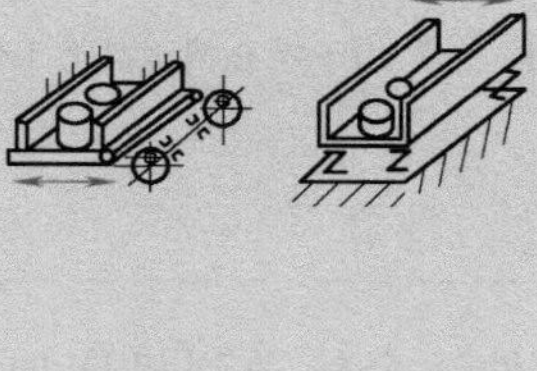	输料槽的安装倾角小于摩擦角，工件靠输料槽做横向抖动输送	轴类、盘类、板类工件

（续）

名　　称		简　　图	特　　点	使用范围
半自流式输料槽	双辊式输料槽		辊子倾角小于摩擦角，辊子转动，工件滑动输送	板类、带肩杆状、锥形滚柱等工件
强制运动式输料槽	螺旋管式输料槽		利用管壁螺旋槽送料	球形工件
强制运动式输料槽	摩擦轮式输料槽		利用纤维质辊子的转动推动工件移动	轴类、盘类、环类工件

三、工件的二次定向机构

有些外形复杂的工件不可能在料斗内一次完成定向，因此需要在料斗外的输料槽中实行二次定向。常用的二次定向机构如图 4-8 所示。图 4-8a 适用于重心偏置的工件，在向前送料的过程中，只有工件较重端朝下才能落入输料槽。图 4-8b 适用于一端有开口的套类工件，只有开口向左的工件，才能利用钩子的作用改变方向落入输料槽，开口向右的工件将推开钩子直接落入输料槽。图 4-8c 适用于重心偏置的盘类工件，工件向前运动经过缺口时，如果重心偏向缺口一侧，则翻转落入料斗；如果重心偏向无缺口一侧，则工件继续在输料槽内向前运动。图 4-8d 适用于带肩轴类的工件，工件在运动过程中自动定向成大端向上的位置。

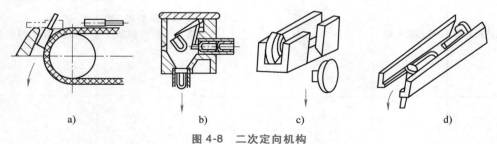

a) b) c) d)

图 4-8　二次定向机构

a）用于重心偏置工件　b）用于一端开口套类工件　c）用于重心偏置盘类工件　d）用于带肩轴类工件

四、供料与隔料机构

供料和隔料机构的功用是定时地把工件逐个输送到机床加工位置，为了简化机构，一般将供料与隔料机构设计成一体的形式。图 4-9 所示是典型的供料与隔料机构。图 4-9a 所示为往复运动式供料与隔料机构，适用于轴类、盘类、环类和球类工件，供料与隔料速度小于 150 件/min。图 4-9b 所示为摆动往复式供料与隔料机构，适用于短轴类、环类和球类工件，供料与隔料速度为 150~200 件/min。图 4-9c 所示为回转运动式供料与隔料机构，适用于盘类、板类工件，供料与隔料速度大于 200 件/min，且工作平稳。图 4-9d 所示为回转运动连续式供料与隔料机构，适用于小球、轴类和环类工件，供料与隔料速度大于 200 件/min。

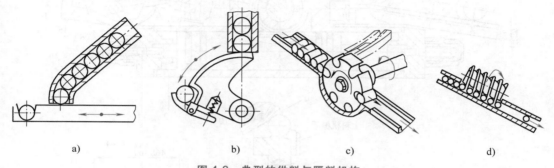

图 4-9 典型的供料与隔料机构

a）用于轴类、盘类、环类和球类工件 b）用于短轴类、环类和球类工件

c）用于盘类、板类工件 d）用于小球、轴类和环类工件

此外还有一种利用电磁振动使物料向前输送和定向的电磁振动料槽，它具有结构简单、供料速度快、适用范围广等特点。图 4-10 所示是直槽形振动料槽结构示意图，料槽在电磁铁激振下做往复振动，向前输送物料。这种直槽形振动料槽通过调节电流或电压的大小来改变输送速度，需与各种形式的料斗配合使用。

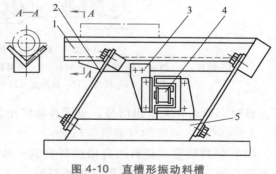

图 4-10 直槽形振动料槽

1—料槽 2—弹簧片 3—衔铁 4—电磁铁 5—基座

五、机床自动供料典型装置举例

1. 螺纹机床的自动供料

图 4-11 所示是螺纹机床的自动供料装置，整个供料装置位于机床主轴箱与尾架之间，垂直于机床中心线放置。图中所示是完成一次供料循环的位置，当下一次供料循环开始后，机械手返回 80°，上料机械手碰到挡块 2，螺钉 3 使夹持器 9 张开；此时液压缸活塞未碰到限位销，摆轴 7 继续转动 10°，摆杆 1 压下碰杆 4，隔料器 5 转动 30°，工件滚动进入夹持器中；与此同时，下料机械手转至机床加工位置，加工后的工件落入下料机械手夹持器中，摆轴回转 90°，上料机械手将工件送到加工位置，下料机械手把已加工完的工件送入下料料道。微动开关 15 起联锁保护作用，当上料料道无工件或工件在料道中定向

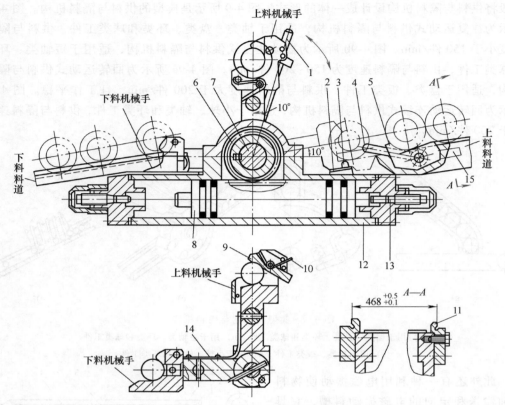

图 4-11 螺纹机床的自动供料装置

1—摆杆 2—挡块 3—螺钉 4—碰杆 5—隔料器 6—齿轮 7—摆轴 8—活塞 9—夹持器
10—扭簧 11—料道 12—液压缸 13—限位销 14—弹簧 15—微动开关

不正确时，微动开关发出信号，机床自动停止工作。

2. 板材加工机床的自动供料与送料

（1）供料装置 板料的自动供料装置一般应具有储料、顶料、吸料、提料、移料和释料等功能，供料装置的作用是把板料输送到加工设备的送料装置上。供料装置的工作过程是先将板料放入储料架内，再用顶料机构把板料提供给吸料器，图 4-12 所示是一种储料架和顶料机构组合在一起的装置，它有两个储料架可交替使用。此后，吸料器将最上面的板料分离出来，吸料器兼有释料功能，一般采用真空吸盘，对于无适当平面可吸的钢、铁等磁性板料，可使用电磁吸盘，如图 4-13 所示。最后通过提升和平移装置将这块板料输送到送料器上。图 4-14 所示是一种具有提升

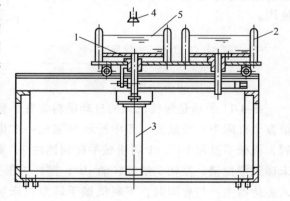

图 4-12 贮料与顶料装置

1—储料架 2—挡杆 3—液压缸 4—吸料器 5—板料

和平移功能的移料装置，吸盘升降气缸1固定在移料气缸2上，吸盘吸住的板料由吸盘升降气缸1提升到一定高度时，移料气缸2带动吸盘升降气缸1向右移动，当板料达到规定位置时将其释放。

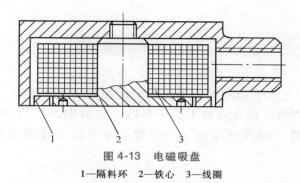

图 4-13　电磁吸盘

1—隔料环　2—铁心　3—线圈

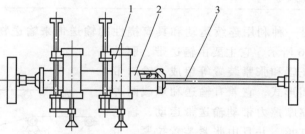

图 4-14　气动式移料装置

1—吸盘升降气缸　2—移料气缸　3—活塞杆

（2）送料装置　送料装置的作用是将供料装置送来的板料传送到加工位置，图 4-15 所示为斜刃夹持式送料装置。斜楔1通过滚轮2推动活动斜刃座5向右移动，此时，斜刃7在板料表面摩擦力的作用下绕轴沿顺时针方向摆动，斜刃7对板料不产生夹持作用；当

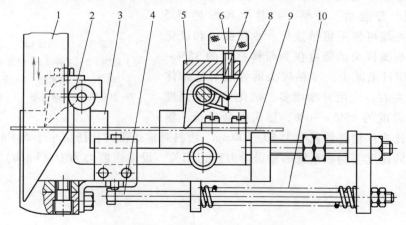

图 4-15　斜刃夹持式送料装置

1—斜楔　2—滚轮　3—固定斜刃座　4—螺杆　5—活动斜刃座　6—手柄
7—斜刃　8—扭簧　9—板料　10—弹簧

斜楔 1 回升时，活动斜刃座 5 在弹簧 10 的作用下向左移动；此时斜刃 7 在扭簧 8 的作用下绕轴沿逆时针方向摆动，斜刃 7 尖端楔住板料向左推进。当需要回抽板料时，可转动手柄 6 使斜刃 7 脱离板料。

第三节 自动线物料输送系统

自动线是指按加工工艺排列的若干台加工设备及其辅助设备，并用自动输送系统联系起来的自动生产线。在自动线上，工件以一定的生产节拍，按工艺的顺序自动地通过各个工作位置，完成预定的工艺过程。本节只对自动线的输送系统作简单介绍。

一、带式输送系统

带式输送系统是一种利用连续运动和具有挠性的输送带来输送物料的输送系统。带式输送系统如图 4-16 所示，它主要由输送带、驱动装置、传动滚筒、托辊和张紧装置等组成。输送带呈现出一种环形封闭形式，它兼有输送和承载两种功能。传动滚筒依靠摩擦力带动输送带运动，输送带全长靠许多托辊支承，并且由张紧装置拉紧。带式输送系统主要输送散状物料，但也能输送单件质量不大的工件。

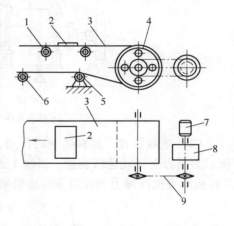

图 4-16 带式输送系统

1—上托辊 2—工件 3—输送带 4—传动
滚筒 5—张紧轮 6—下托辊
7—电动机 8—减速器 9—传动链条

1. 输送带

根据输送的物料不同，输送带可采用橡胶带、塑料带、绳芯带和钢网带等，而橡胶带按用途又可分为强力型、普通型、轻型、井巷型和耐热型 5 种。输送带两端可使用机械接头、冷粘接头和硫化接头连接。机械接头的强度仅为带体强度的 35% ~ 40%，故应用日渐减少。冷粘接头的强度可达带体强度的 70% 左右，应用日渐增多。硫化接头的强度能达到带体强度的 85% ~ 90%，接头寿命最长。输送带的宽度比成件物料的宽度大 50 ~ 100mm，物料对输送带的比压应小于 5kPa。

输送带的速度与制造系统的输送能力密切相关，设输送能力为 Q（kg/h），则对于成件物料有

$$Q = \frac{Gv}{l} \tag{4-3}$$

式中 G——单个成件物料的质量（kg）；

　　　l——成件物料的间距（包括自身长度）（m）；

v——输送带的速度（m/s），一般 v 取 0.8m/s 以下。

2. 滚筒及驱动装置

滚筒分传动滚筒及改向滚筒两大类。传动滚筒与驱动装置相连，其外表面可以是金属表面，也可以包上橡胶层来增加摩擦系数。改向滚筒用来改变输送带的运行方向并增加输送带在传动滚筒上的包角。驱动装置主要由电动机、联轴器、减速器和传动滚筒等组成。输送带通常在有负载的情况下起动，因此应选择起动力矩大的电动机。减速器一般可采用涡轮减速器、行星摆线针轮减速器或圆柱齿轮减速器。将电动机、减速器、传动滚筒做成一体的滚筒称为电动滚筒，电动滚筒是一种专为输送带提供动力的部件，图4-17 所示为油浸电动机摆线针轮传动电动滚筒。

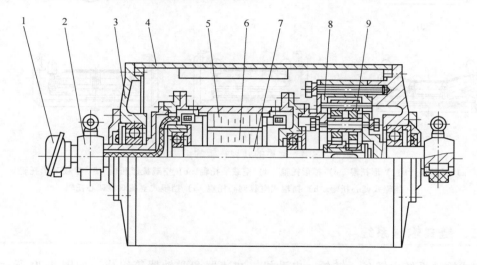

图 4-17　油浸电动机摆线针轮传动电动滚筒

1—接线盒　2—支座　3—端盖　4—筒体　5—电动机定子　6—电动机转子　7—轴　8—针轮　9—摆线轮

3. 托辊

带式输送系统常用于远距离物料输送，为了防止物料重力和输送带自重造成的带下垂，须在输送带下安置许多托辊。托辊的数量依带长而定，输送大件成件物料时，上托辊间距应小于成件物料在输送方向上尺寸的一半，下托辊间距可取上托辊间距的 2 倍左右。托辊结构应根据所输送物料的种类来选择，图 4-18 所示是常见的几种托辊的结构形式。托辊按作用分为承载托辊（图 4-18a~c）、空载托辊（图 4-18d~f）和调心托辊（图 4-18g~i）。

4. 张紧装置

张紧装置的作用是使输送带产生一定的预张力，避免输送带在传动滚筒上打滑；同时控制输送带在托辊间的挠度，以减小输送阻力。张紧装置按结构特点分为螺杆式、弹簧螺杆式、坠垂式和绞车式等，图 4-19 所示是坠垂式张紧装置，它的张紧滚筒装在一个能在机架上移动的小车上，利用重锤拉紧小车，这种张紧装置可方便地调节张紧力的大小。

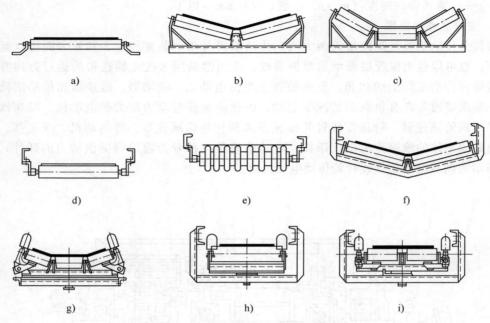

图 4-18 常见的几种托辊的结构形式

a）平托辊　b）V形托辊　c）槽形托辊　d）空载平托辊　e）空载梳形托辊　f）空载V形托辊

g）挡辊式调心托辊　h）挡辊式空载调心托辊　i）挡辊式空载双辊调心托辊

二、链式输送系统

链式输送系统由链条、链轮、电动机、减速器和联轴器等组成，如图 4-20 所示。长距离输送的链式输送系统应增加张紧装置和链条支撑导轨。有关电动机、减速器和联轴器的设计及选用与带式输送系统相同，此处不再赘述。

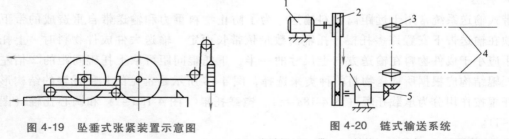

图 4-19　坠垂式张紧装置示意图

图 4-20　链式输送系统

1—电动机　2—带　3—链轮　4—链条　5—锥齿轮　6—减速器

1. 链条

输送链条有弯片链、套筒滚柱链、叉形链、焊接链、可拆链、履带链和齿形链等结构形式，如图 4-21 所示。输送链与传动链相比链条较长、重量大。一般将输送链的节距设计成普通传动链的 2~3 倍以上，这样可减少铰链个数，减轻链条重量，提高输送性能。

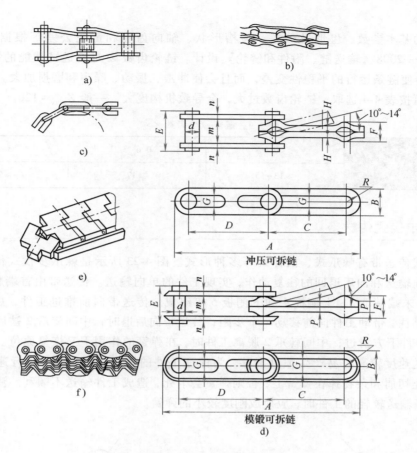

图 4-21 输送链条

a）弯片链 b）套筒滚柱链 c）焊接链 d）可拆链 e）履带链 f）齿形链

在链式输送系统中，物料一般通过链条上的附件带动前进。附件可通过链条上的零件扩展而形成（图 4-22），同时还可配置二级附件（如托架、料斗、运载机构等）。

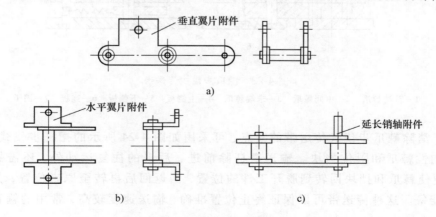

图 4-22 套筒滚柱链的附件

2. 链轮

链轮的基本参数、齿形及公差、齿槽形状、轴向齿廓和链轮公差等根据国家标准 GB/T 8350—2008《输送链、附件和链轮》设计。链轮齿数 Z 对输送链性能的影响较大，Z 太小，会使链条运行的平稳性变差，而且会使冲击、振动、噪声和磨损加大。链轮最小齿数 Z_{min} 可按表4-4选取。链轮齿数过大，会导致机构庞大，一般 $Z_{max} = 120$。

表 4-4　链轮最小齿数 Z_{min}

链速/(m/s)	<0.6	0.6~3	3~8
Z_{min}	≥13~15	≥17	≥21

三、步伐式传送带

步伐式传送带有棘爪式、摆杆式等多种形式。图4-23所示是棘爪步伐式传送带，它能完成向前输送和向后退回的往复动作，实现工件的单向输送。传送带由首端棘爪1、中间棘爪2、末端棘爪3、上侧板4和下侧板5等组成。传送带向前推进工件，中间棘爪2被销子7挡住，带动工件向前移动一个步距；传送带向后退时，中间棘爪2被后一个工件压下，在工件下方滑过；中间棘爪2脱离工件时，在弹簧的作用下又恢复原位。工件在传送带的输送速度较高时易产生惯性滑移，为保证工件的终止位置准确，运行速度不能太高。要防止切屑和杂物掉在弹簧上，否则弹簧会卡死，造成工件输送不顺利。注意棘爪保持灵活，当输送较轻的工件时，应换成刚度较小的弹簧。

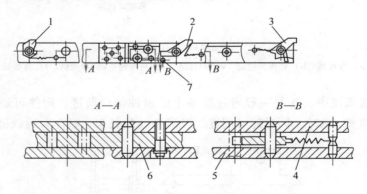

图 4-23　棘爪步伐式传送带

1—首端棘爪　2—中间棘爪　3—末端棘爪　4—上侧板　5—下侧板　6—连板　7—销子

为了消除棘爪步伐式传送带的缺点，可采用如图4-24所示的摆杆步伐式传送带，它具有刚性棘爪和限位挡块。输送摆杆除前进、后退的往复运动外，还需做回转摆动，以便使棘爪和挡块回转到脱开工件的位置，当返回后再转至原来位置，为下一步伐做好准备。这种传送带可以保证终止位置准确，输送速度较高，常用的输送速度为 20m/min。

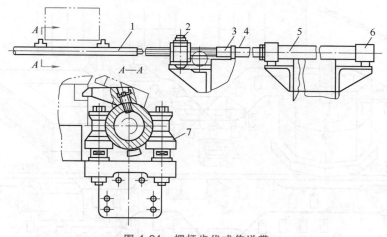

图 4-24　摆杆步伐式传送带

1—输送摆杆　2—回转机构　3—回转接头　4—活塞杆　5—驱动液压缸　6—液压缓冲装置　7—支撑辊

四、辊子输送系统

辊子输送系统是利用辊子的转动来输送工件的输送系统，一般分为无动力辊子输送系统和动力辊子输送系统两类。无动力辊子输送系统依靠工件的自重或人的推力使工件向前输送，其中自重式沿输送方向略向下倾斜，如图 4-25 所示。用这种输送系统输送工件时要求工件底面平整坚实，工件在输送方向

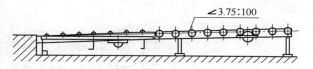

图 4-25　无动力辊子输送系统

应至少跨过三个辊子的长度。动力辊子输送系统由驱动装置通过齿轮、链轮或带传动使辊子转动，依靠辊子和工件之间的摩擦力实现工件的输送。

五、悬挂输送系统

悬挂输送系统适用于车间内成件物料的空中输送。悬挂输送系统节省空间，且更容易实现整个工艺流程的自动化。悬挂输送系统分通用悬挂输送系统和积放式悬挂输送系统两种。通用悬挂输送系统由牵引件、滑架小车、吊具、轨道、张紧装置、驱动装置、转向装置和安全装置等组成，如图 4-26 所示。

积放式悬挂输送系统与通用悬挂输送系统相比区别为：牵引件与滑架小车无固定连接，两者有各自的运行轨道；有岔道装置，滑架小车可以在有分支的输送线路上运行；设置停止器，滑架小车可在输送线路上的任意位置停车。

下面对悬挂输送系统的牵引件、滑架小车和转向装置作简单介绍。

1. 牵引件

牵引件根据单点承载能力来选择，单点承载能力在 100kg 以上时采用可拆链，单点承

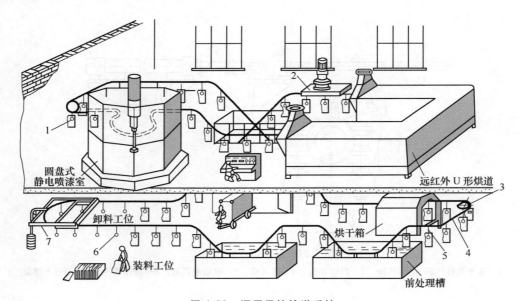

图 4-26 通用悬挂输送系统

1—工件 2—驱动装置 3—转向装置 4—轨道 5—滑架小车 6—吊具 7—张紧装置

载能力在 100kg 及以下时采用双铰接链，如图 4-27 所示。悬挂输送系统的牵引链可按表 4-5选取。

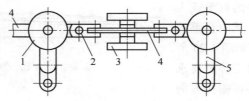

图 4-27 双铰接链

1—行走轮 2—铰销 3—导向轮 4—链片 5—吊板

表 4-5 悬挂输送系统的牵引链

类 型	链条节距/mm	极限拉力/kN	许用拉力/kN
可拆链	80	110	8
	100	220	15
	160	400	30
双铰接链	150	18	1.5
	200	36	3.0
	250	60	5.0

2. 滑架小车

通用悬挂输送系统的滑架小车如图 4-28 所示。装有物料的吊具挂在滑架小车上，牵引链牵动滑架小车沿轨道运行，将物料输送到指定的工作位置。滑架小车有许用承载重量，当物料的重量超过许用承载重量时，可设置两个或更多的滑架小车来悬挂物料，如图 4-29 所

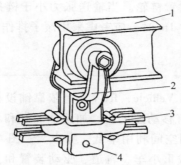

图 4-28 通用悬挂输送系统的滑架小车

1—轨道 2—滑架小车 3—牵引链 4—挂吊具

示。积放式悬挂输送系统的滑架小车如图4-30所示，牵引链的推头推动滑架小车向前运动。

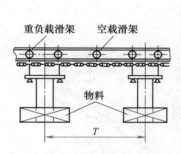

图 4-29 双滑架小车示意图

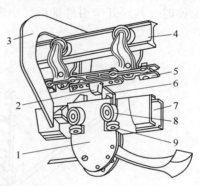

图 4-30 积放式通用悬挂输送系统的滑架小车

1—滑架小车 2—推头 3—框板 4—牵
引轨道 5—牵引链 6—挡块 7—承
重轨道 8—滚轮 9—导向滚轮

3. 转向装置

通用悬挂输送系统的转向装置由水平弯轨和支承牵引链的光轮、链轮或滚子排组成，图 4-31 所示是三种转向装置的结构形式。转向装置结构形式的选用应视实际工况而定，

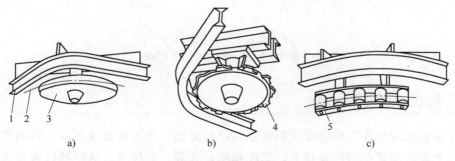

a)   b)   c)

图 4-31 转向装置

a）光轮转向装置 b）链轮转向装置 c）滚子排转向装置

1—水平弯轨 2—牵引链条 3—光轮 4—链轮 5—滚子排

一般最直接的方法是在转弯处设置链轮。当输送张力小于链条许用张力的 60% 时，可用光轮代替链轮；当转弯半径超过 1m 时，应考虑采用滚子排作为转向装置。

六、有轨导向小车

有轨导向小车（Rail Guided Vehicle，RGV）是依靠铺设在地面上的轨道进行导向并运送工件的输送系统。RGV 具有移动速度快、加速性能好和承载能力大的优点；其缺点是轨道不宜改动、柔性差、车间空间利用率低、噪声大。图 4-32 所示是一种链式牵引的有轨导向小车，它由牵引件、载重小车、轨道、驱动装置和张紧装置等组成。在载重小车的底盘前后各装一个导向销，地面下铺设一条有轨道的地沟，小车的导向销嵌入轨道中，保证小车沿着轨道运动。小车前面的导向销除具有导向功能外，还作为牵引销牵引小车移动。牵引销可上下滑动，当牵引销处于下位时，由牵引件带动小车运行；牵引销处于上位时，其脱开牵引件推爪，小车停止运行。

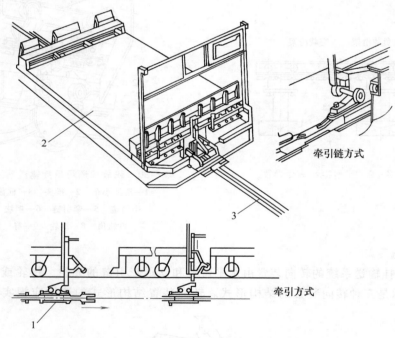

图 4-32　链式牵引的有轨导向小车
1—牵引链条　2—载重小车　3—轨道

七、随行夹具返回装置

为了保证工件在各工位的定位精度或对结构复杂、无可靠运输基面工件的传输，一般将工件先定位夹紧在随行夹具上，工件和随行夹具一起传输，这样随行夹具必须返回原始位置。随行夹具返回装置分上方返回、下方返回和水平返回三种，图 4-33 所示是一种上方返回的随行夹具返回装置。随行夹具 2 在自动线的末端用提升装置 3 提升到机床上

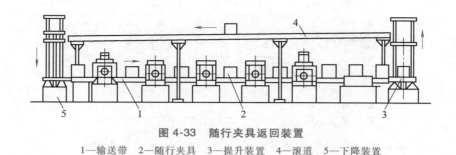

图 4-33 随行夹具返回装置

1—输送带 2—随行夹具 3—提升装置 4—滚道 5—下降装置

方后，靠自重经一条倾斜的滚道 4 返回到自动线的始端，然后用下降装置 5 降至输送带 1 上。

第四节 柔性物流系统

计算机问世以来，柔性就成为机械制造自动化的基本属性，柔性制造技术是机械制造自动化的发展趋势，由此产生了柔性制造系统。柔性制造系统（Flexible Manufacturing System，FMS）是由数控加工系统、物料运储系统和计算机控制系统等组成的自动化制造系统，它包括多个柔性制造单元（Flexible Manufacturing Cell，FMC），能根据制造任务或生产环境的变化迅速进行调整，适应于多品种、中小批量生产。

（1）数控加工系统 它包括由两台以上的数控机床、加工中心或柔性制造单元以及其他的加工设备，其中还可能有测量机、清洗机、动平衡机和各种特种制造设备等。

（2）物料运储系统 它包括刀具的运储和工件原材料的运储，如悬挂输送系统、有轨导向小车、自动导向小车、搬运机器人、托盘交换器和自动化立体仓库等。

（3）计算机控制系统 它能够实现对 FMS 的运动控制、刀具管理、质量控制，以及 FMS 的数据管理和网络通信。

本节主要论述 FMS 的运储系统中工件原材料的运储部分，刀具的运储和管理在第五章论述。

一、物流输送形式

物流输送系统是为 FMS 服务的，它决定着 FMS 的布局和运行方式。由于大部分 FMS 的工作站点较多，输送线路较长，输送的物料种类不同，因此物流输送系统的整体布局比较复杂。一般可以采用基本回路来组成 FMS 的输送系统，图 4-34 所示是几种典型的物流基本回路。以下介绍几种常用的 FMS 物流输送形式。

1. 直线形输送形式

图 4-35 所示为直线形输送形式，这种形式比较简单，在我国现有的 FMS 中较为常见。它适用于按照规定的顺序从一个工作站到下一个工作站的工件的输送，输送设备做直线运动，在输送线两侧布置加工设备和装卸站。直线形输送形式的线内储存量小，常

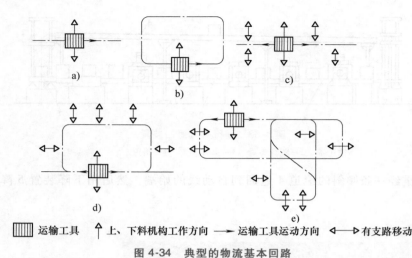

▦ 运输工具　↑ 上、下料机构工作方向　→ 运输工具运动方向　◄►有支路移动

图 4-34　典型的物流基本回路

a）直线形　b）环形　c）带分支的直线形　d）带分支的环形　e）网络形

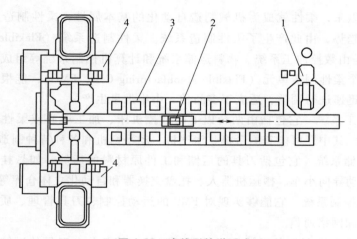

图 4-35　直线形输送形式

1—工件装卸站　2—有轨小车　3—托盘缓冲站　4—加工中心

需配合中央仓库及缓冲站使用。

2. 环形输送形式

环形输送形式的加工设备布置在封闭的环形输送线的内、外侧。输送线上可采用各类连续输送系统、输送小车、悬挂输送系统等输送设备。在环形输送线上，还可增加若干条支线，用来储存或改变输送路线，故其线内储存量较大，可不设置中央仓库。环形输送形式便于实现随机存取，具有非常好的灵活性，所以应用范围较广。

3. 网络形输送形式

图 4-36 所示为网络形输送形式，这种输送形式的输送设备通常采用自动导向小车。自动导向小车的导向线路埋设在地面下，输送线路具有很大的柔性，故加工设备的敞开性好，物料输送灵活，在中、小批量产品或新产品试制阶段的 FMS 中应用越来越广。网

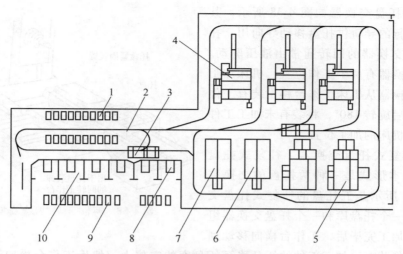

图 4-36　网络形输送形式

1—托盘缓冲站　2—输送回路　3—自动导向小车　4—立式机床　5—加工中心
6—研磨机　7—测量机　8—刀具装卸站　9—工件存储站　10—工件装卸站

络形输送形式的线内储存量小，一般需设置中央仓库和托盘自动交换器。

4. 以机器人为中心的输送形式

图 4-37 所示为以机器人为中心的输送形式，它以搬运机器人为中心，加工设备布置在机器人搬运范围内的圆周上。机器人一般配置了夹持回转类零件的夹持器，因此适用于加工各类回转类零件的 FMS。

二、托盘及托盘交换器

1. 托盘

在柔性物流系统中，工件一般是用夹具定位夹紧的，而夹具被安装在托盘上，因此托盘是工件与机床之间的硬件接口。为了使工件在整个 FMS 上有效地完成任务，系统中所有的机床和托盘必须统一接口。托盘的结构形状类似于加工中心的工作台，通常为正

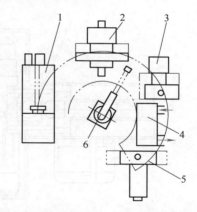

图 4-37　以机器人为中心的输送形式

1—车削中心　2—数控铣床　3—钻床
4—缓冲站　5—加工中心　6—机器人

方形结构，它带有大倒角的棱边和 T 形槽，以及用于夹具定位和夹紧的凸榫。有的物流系统也使用圆形托盘。

2. 托盘交换器

托盘交换器是 FMS 的加工设备与物料传输系统之间的桥梁和接口。它不仅起连接作用，还可以暂时存储工件，起到防止系统阻塞的缓冲作用。托盘交换器一般有回转式托盘交换器和往复式托盘交换器两种。

（1）回转式托盘交换器　回转式托盘交换器通常与分度工作台相似，有两位、四位和多位形式。多位托盘交换器可以存储若干个工件，所以也称缓冲工作站或托盘库。两

位的回转式托盘交换器如图4-38所示，其
上有两条平行的导轨供托盘移动导向用，托
盘的移动和交换器的回转通常由液压驱动。
这种托盘交换器有两个工作位置，机床加工
完毕后，交换器从机床工作台移出装有工件
的托盘，然后旋转180°，将装有未加工工件
的托盘送到机床的加工位置。

　（2）往复式托盘交换器　往复式托盘
交换器的基本形式是一种两托盘的交换装
置。图4-39所示是五托盘的往复式托盘交
换器，它由一个托盘库和一个托盘交换器组
成。当机床加工完毕后，工作台横向移动到

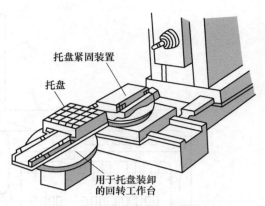

图4-38　两位回转式托盘交换器

卸料位置，将装有已加工工件的托盘移至托盘库的空位上，然后工作台横向移动到装料
位置，托盘交换器再将待加工的工件移至工作台上。带有托盘库的交换装置允许在机床
前形成一个小的工件队列，起到小型中间储料库的作用，以补偿随机或非同步生产的节
拍差异。由于设置了托盘交换器，使工件的装卸时间大幅度缩减。

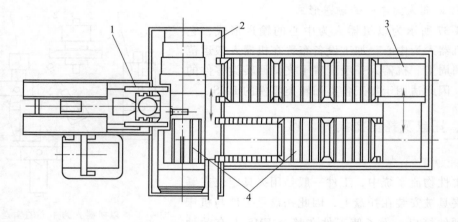

图4-39　五托盘往复式托盘交换器
1—加工中心　2—工作台　3—托盘库　4—托盘

三、自动导向小车

　　自动导向小车（Automated Guide Vehicle，AGV）是一种由计算机控制的，按照一定
程序自动完成运输任务的运输工具。从当前的研制水平和应用情况来看，自动导向小车
是柔性物流系统中物料运输工具的发展趋势。AGV主要由车架、蓄电池、充电装置、电
气系统、驱动装置、转向装置、自动认址和精确停位系统、移栽机构、安全系统、通信
单元和自动导向系统等组成。AGV的外形图如图4-40所示。

1. AGV 的特点

（1）较高的柔性　只要改变一下导向程序，就可以方便地改变、修改和扩充 AGV 的移动路线。与 RAV 相比，改造的工作量小得多。

（2）实时监视和控制　计算机能实时地对 AGV 进行监控，实现 AGV 与计算机的双向通信。不管小车在何处或处于何种状态（静止或运动），计算机都可以用调频法通过发送器向任一特定的小车发出命令，只有频率相同的小车才能响应这个命令。另一方面，小车也能向计算机发回信息，报告小车的状态、故障和蓄电池状态等。

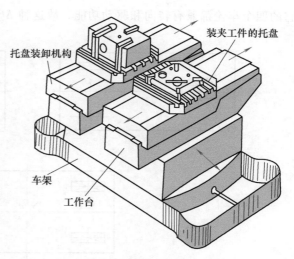

图 4-40　自动导向小车外形图

（3）安全可靠　AGV 能以低速运行，运行速度一般在 10~70m/min，AGV 通常备有微处理器控制系统，能与本区的其他控制器进行通信，可以防止相互之间的碰撞。有的 AGV 还安装了定位精度传感器或定中心装置，可保证定位精度达到 ±30mm，精确定位的 AGV 可达到 ±3mm。此外，AGV 还可备有报警信号灯、扬声器、紧停按钮和防火安全联锁装置，以保证运输的安全。

（4）维护方便　维护工作包括对小车蓄电池进行充电和对小车电动机、车上控制器、通信装置、安全报警装置的常规检测等。大多数 AGV 备有蓄电池状况自动预报设施，当蓄电池的储备能量降到需要充电的规定值时，AGV 会自动去充电站充电，一般的 AGV 可连续工作 8h 而无需充电。

2. AGV 的分类

按导向方式不同，可将 AGV 分为以下几种类型。

（1）线导小车　线导小车是利用电磁感应制导原理进行导向的。它需在行车路线的地面下埋设环形感应电缆来制导小车运动。目前，线导小车在工厂应用最广泛。

（2）光导小车　光导小车是采用光电制导原理进行导向的。它需在行车路线上涂上能反光的荧光线条，小车上的光敏传感器接受反射光来制导小车运动，这样小车线路易于改变，但对地面的环境要求高。

（3）遥控小车　遥控小车没有传送信息的电缆，而是以无线电发送/接收设备来传送控制命令和信息。遥控小车的活动范围和行车路线基本上不受限制，与线导、光导小车相比柔性最好。

3. AGV 车轮的布置

图 4-41 所示是线导 AGV 车轮布置示意图。图 4-41a 所示是一种三车轮的 AGV，它的前轮既是转向轮又是驱动轮，这种 AGV 一般只能向前运动；图 4-41b 所示是一种差速转向的 AGV，它有四个车轮，中间两个是驱动轮，利用两个驱动轮的速度之差实现转向，四个车轮的承载能力较大，并可以前后移动；图 4-41c 所示是一种独立多轮转向的 AGV，

它的四个车轮都兼有转向和驱动功能，故这种 AGV 转向最灵活方便，可沿任意方向运动。

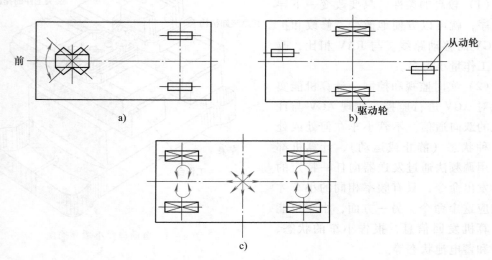

图 4-41　线导 AGV 车轮布置示意图

a) 舵轮转向　b) 两轮差速转向　c) 独立多轮转向

4. AGV 自动导向系统

目前，车间的 AGV 自动导向系统以电磁式为主，图 4-42 所示是舵轮转向 AGV 的自动导向原理图。在小车行车路线的地面开设一条宽 3~10mm、深 10~20mm 的槽，槽内铺设导线直径为 $\phi1mm$ 的绝缘导向线，表面用环氧树脂灌封。向导向线提供低频（< 15kHz）、低压（<40V）、电流为 200~400mA 的交流电流，在导向线周围形成交变磁场。小车导向轮的两侧装有导向感应线圈，随导向轮

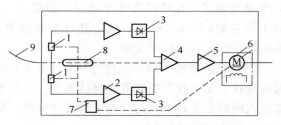

图 4-42　AGV 的自动导向原理图

1—导向感应线圈　2—交流电压放大器　3—整流器 4—运算放大器　5—功率放大器　6—直流 导向电动机　7—减速器　8—导向轮　9—导向线

一起转动。当导向轮偏离导向线或导向线转弯时，由于两个线圈偏离导向线的距离不相等，所以线圈中的感应电动势也不相等。对两个电动势进行比较，产生差值电压 ΔU。差值电压 ΔU 经过交流电压放大器、功率放大器两级放大和整流等环节，控制直流导向电动机的旋转方向，达到导向的目的。

5. AGV 自动认址与精确停位系统

自动认址与精确停位系统的任务是使小车能将物料准确地送到位。自动认址系统中首先在工位上安置地址信息发送元件，一般直接在导向线两侧埋设认址的感应线圈。图 4-43 所示是 AGV 绝对地址的感应线圈地址码，它是将每个地址进行编码，再将若干线圈以不同方式连接，产生不同方向的磁通，用 "0" 或

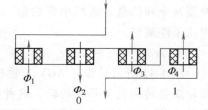

图 4-43　AGV 绝对地址的 感应线圈地址码

"1"表示地址码。上述地址信号由安装在小车上的接收线圈接收，经放大、整形送入计数电路或逻辑判别电路，判断正确后，发出命令使小车减速、停车，或前后微量调整，达到精确停位。

6. AGV 的导向控制系统

两轮差速转向的 AGV 导向控制系统如图 4-44 所示。AGV 上对称设置两个导向传感器，接收到地面导向线的电磁感应信号后，两导向传感器信号经比较、放大处理后，可得到 AGV 的偏差方向和偏差量。此综合信号经一阶微分处理后得到反映 AGV 偏角的量，经二阶微分处理后得到反映 AGV 偏角变化速度的量。将 AGV 的偏差、偏角和偏角变化速度三个量加权放大后，用以控制和驱动 AGV 的转向系统，使 AGV 能实时地消除车体与导向线路的偏离。

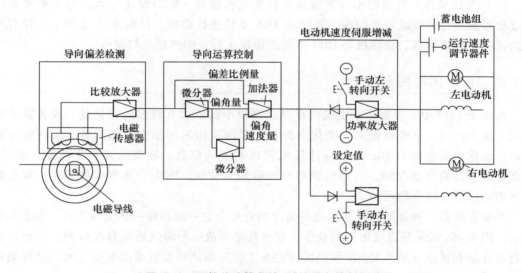

图 4-44 两轮差速转向的 AGV 导向控制系统

7. AGV 的管理

AGV 系统的管理就是为了确保系统可靠运行，最大限度地提高物料的通过量，使生产效益达到最高水平。它一般包括三方面的内容，即交通管制、车辆调度和系统监控。

（1）交通管制 在多车系统中必须有交通管制，这样才能避免小车之间的相互碰撞。目前应用最广的 AGV 交通管制方式是一种区间控制法，它将导向路线划分为若干个区间，区间控制法的法则是在同一时刻只允许一个小车位于给定的区间内。

（2）车辆调度 车辆调度的目标是使 AGV 系统实现最大的物料通过量。车辆调度需要解决两个问题：一是实现车辆调度的方法；二是车辆调度应遵循的法则。

1）车辆调度的方法。实现车辆调度的方法按等级可分为车内调度系统、车外招呼系统、遥控终端、中央计算机控制以及组合控制等。一般的 FMS 中采用组合控制来调度车辆；在柔性物流系统中，由物流工作站计算机调度，这时系统处于最高水平的运行调度状态。当系统以最高水平控制运行时，如果出现失灵的状况，则可返回到低一级水平控制。例如，物流工作站计算机调度失败，就可以恢复到遥控终端控制或车载控制，AGV

系统仍可继续工作。

2）车辆调度法则。在多车多工作站的系统中，AGV 遵循何种车辆调度法则，对于 FMS 的运行性能和效益有很大的影响。最简单的车辆调度法则是顺序车辆调度法则，它是让 AGV 在导向线路上不停地行驶，依次经过每一个工作站，当经过有负载需要装运的工作站时，AGV 便装上负载继续向前行驶，并把负载输送到它的目的地。这种调度法则不会出现车间闭锁（交通阻塞）现象，但物流系统的柔性及物料通过量都比较低。为了克服上述缺点，柔性物流系统正逐步采用一些先进的车辆调度法则，例如，最少行驶时间法则、最短距离法则、先来先服务法则、最近车辆法则、最快车辆法则、最长空闲车辆法则等。柔性物流系统使用何种法则为好，这与物流输送形式、设备布置、工件类型、AGV 数目等多种因素有关，需要通过计算机仿真试验才能确定。

（3）系统监控　复杂的柔性物流系统自动化程度高、物料输送量大，为了避免系统出现故障或运行速度减慢等问题，需要对 AGV 系统进行监控。目前 AGV 系统的监控有三种途径：定位器面板、摄像机与 CRT 彩色图像显示器及中央记录与报告。

四、自动化中央仓库

在整个 FMS 中，当物流系统线内存储功能很小而要求有较多的存储量，或者要求实现无人化生产时，一般都设立自动化中央仓库来解决物料的集中存储问题。柔性物流系统以自动化中央仓库为中心，依据计算机管理系统的信息，实现毛坯、半成品、成品、配套件或工具的自动存储、自动检索和自动输送等功能。中央仓库有多种形式，常见的有平面仓库和立体仓库两种。

平面仓库是一种货架布置在输送平面内的仓库，它一般存储一些大型工件，如图4-45所示。图 4-45a 所示是直线形平面仓库，它的托盘存放站沿输送线呈直线排列，由小车完成自动存取和输送。图 4-45b 所示是由两台 8 工位环形储料架组成的平面仓库，储料架做环形运动，因此可以在任意空位入库存储或根据控制指令选取工件出库。

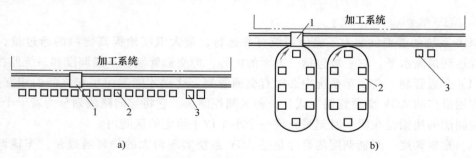

图 4-45　平面仓库的布局形式
a）直线形　b）环形
1—小车　2—托盘存放站　3—装卸站

立体仓库又称高层货架仓库，如图4-46所示，它主要由高层货架、堆垛机、输送小车、控制计算机和状态检测器等组成，若有必要，还要配置信息输入设备，如条形码扫描器。物料需存放在标准的料箱或托盘内，然后由巷道式堆垛机将料箱或托盘送入高层

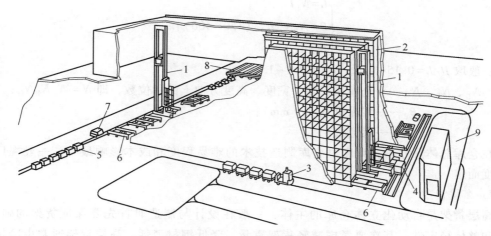

图 4-46　自动化立体仓库

1—堆垛机　2—高层货架　3—场内 AGV　4—场内 RGV　5—中转货位
6—出入库传送滚道　7—场外 AGV　8—中转货场　9—计算机控制室

货架的货位上，并利用计算机实现对物料的自动存取和管理。虽然以自动化立体仓库为中心的物流管理自动化耗资巨大，但其在实现物料的自动化管理、加速资金周转、保证生产均衡及柔性生产等方面所带来的效益也是巨大的，所以自动化立体仓库是目前仓储设施的发展趋势。

1. 自动化立体仓库的总体布局

装有物料的标准料箱或托盘进、出高层货架的形式有下面两种：

（1）贯通式　贯通式是将物料从巷道一端入库，从另一端出库。这种方式的总体布局简单，便于管理和维护，但是物料完成出库、入库的过程需要经过巷道全场。

（2）同端出入式　它是将物料入库和出库布置在巷道的同一端。这种方式的最大优点是能缩短出库、入库时间。尤其是在库存量不大，且采用自由货位存储时，可将物料存放在距巷道出入端较近的货位，缩短搬运路程，提高出库、入库效率。另外，仓库与作业区的接口只有一个，便于集中管理。

2. 储料单元和货位尺寸的确定

自动化立体仓库的存储方式是：首先把工件放入标准的货箱内或托盘上，然后再将货箱或托盘送入高层货架的货格中。储料单元就是一个装有物料的货箱或托盘，高层货架不宜存储过大、过重的储料单元，一般重量不超过 1000kg，尺寸大小不超过 1m³。储料单元确定后，就可计算货位尺寸。货位尺寸（长×宽×高 = $l \times b \times h$）取决于三方面的因素：一是储料单元的大小，二是储料单元顺利出、入库所必需的净空尺寸，三是货架构件的有关尺寸。净空尺寸与货架的制造精度、堆垛机轨道的安装精度及定位精度有关。

3. 仓库容量和总体尺寸的确定

仓库容量 N 是指同一时间内可存储在仓库中的储料单元总数，其大小与制造系统的生产纲领、工艺过程等因素有关，需依据实际情况进行计算。

仓库总体尺寸包括长度 L、宽度 B 和高度 H（mm）可按以下公式计算

$$\begin{cases} L = N_L l \\ B = N_B + [B_d + (150 \sim 400)]n \\ H = N_H h \end{cases} \qquad (4-4)$$

一般取 $H/L = 0.15 \sim 0.4$，$B/L = 0.4 \sim 1.2$。

式中　N_L、N_B、N_H——仓库在长度、宽度、高度方向上的货位数，即 $N = N_L N_B N_H$；

　　　　B_d——堆垛机宽度（mm）；

　　　　n——巷道数。

在仓库总体尺寸中，高度对仓库制造技术的难易程度和成本影响最大，一般视厂房的高度而定。

4. 高层货架

高层货架是自动化立体仓库的主体，一般在设计与制造时首先要保证货架的强度、刚度和整体稳定性，其次要考虑减轻货架重量、降低钢材消耗。高层货架通常由冷拔型钢、角钢、工字钢焊接而成，一般在设计与制造过程中要注意下面的问题：

1）货架构件的结构强度。

2）货架整体的焊接强度。

3）储料单元载荷引起的货位挠度。

4）货架立柱与桁架的垂直度。

5）支承脚的位置精度和水平度。

5. 巷道式堆垛机

巷道式堆垛机是一种在自动化立体仓库中使用的专用起重机，如图4-47所示。其作用是在高层货架间的巷道中穿梭运行，将巷道口的储料单元存入，或者将货位上的储料单元取出送到巷道口。

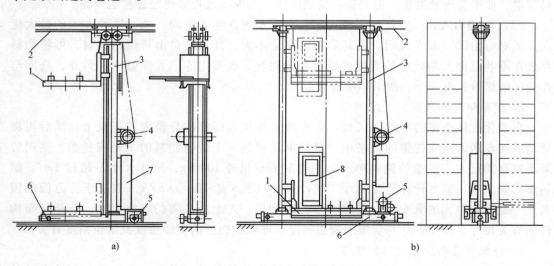

图4-47 巷道式堆垛机

a）单立柱　b）双立柱

1—载货台　2—上横梁　3—立柱　4—升降机构　5—行走机构　6—下横梁　7—电气装置　8—驾驶室

（1）巷道式堆垛机的特点　由于使用场合的限制，巷道式堆垛机在结构和性能方面有以下特点：

1）整机结构高而窄，其宽度一般不超过储料单元的宽度，因此限制了整机布置和机构选型。

2）金属结构件除应满足强度和刚度要求外，还要有较高的制造和安装精度。

3）采用专门的取料装置，常用多节伸缩货叉或货板机构。

4）各电气传动机构应同时满足快速、平稳和准确的要求。

5）配备可靠的安全装置，控制系统应具有一系列联锁保护措施。

（2）升降机构　升降机构由电动机、制动器、减速器、卷筒（或链轮）、钢丝绳（或起重链条）及防落安全装置等组成，如图 4-48 所示。用钢丝绳做柔性件质量轻、工作安全、噪声小，其传动装置一般装在下部。而链条作为柔性件，其机构布置比较紧凑，传动装置一般装在上部。为了减小升降电动机的功率，可以设置质量等于载货台质量或一般起重质量的配重。升降机构的工作速度一般控制在 $15 \sim 25\text{m/min}$，最高可达 45m/min。为了保证平稳、准确地定位，以便存取物料，应设有低速档，低速一般不大于 5 m/min，停止精度要求高时为 $1.5 \sim 2\text{m/min}$。

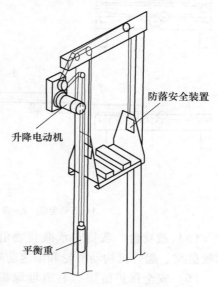

图 4-48　巷道式堆垛机的升降机构

（3）行走机构　行走机构由电动机、联轴器、制动器、减速器和行走轮等组成。行走机构按其所在的位置不同，可分为地面行走式和上部行走式，如图 4-49 所示。图 4-49a 所示是地面行走式机构，它一般用 2 个或 4 个车轮在地面单轨或双轨上运行，在堆垛机的顶部设置导向轮沿固定在货架上弦的导轨导行。图 4-49b 所示是上部行走式机构，它用 4 个或 8 个车轮在悬挂于屋架下弦的工字钢下翼缘上行走，或者用 4 个车轮沿巷道两侧货架顶部的两根轨道行走，两种形式的行走机构在下部都装有水平导轮沿货架下部的水平导轨导行。行走机构的工作速度依据巷道长度和

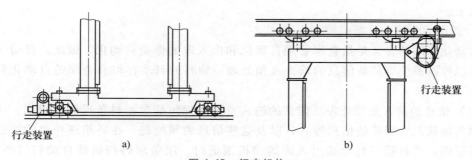

图 4-49　行走机构

a）地面行走式　b）上部行走式

物料出入库的频率而定，正常的工作速度控制在 50～100m/min，最高可达到 180m/min。为了保证停止精度，还需要有一档 4～6 m/min 的低速，或再增加一档中速。

（4）货叉伸缩机构 货叉伸缩机构是堆垛机的取放物料装置，它由前叉、中间叉、固定叉和驱动齿轮等组成，如图 4-50 所示。固定叉安装在载货台上；中间叉可在齿轮-齿条的驱动下，从固定叉的中点，向左或向右移动，移动的距离大约是中间叉长度的一半；前叉在链条或钢丝绳的驱动下，可从中间叉的中点向左或向右伸出比其自身的一半稍长的长度。伸缩机构的前叉可换成平板，中间叉的驱动装置也可采用链轮-链条。货叉伸缩机构的工作速度控制在 15m/min，最高可达 30 m/min。为了有利于起动与制动，当工作速度大于 10m/min 时，应增加一档 2.5～5m/min 的低速。

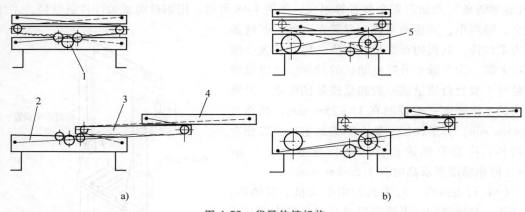

图 4-50　货叉伸缩机构

1—驱动齿轮　2—固定叉　3—中间叉　4—前叉　5—驱动轴

（5）载货台 载货台承载货物沿立柱导轨上升或下降，它上面装有货叉伸缩机构、驾驶员室、起升机构动滑轮和限速防坠落装置等。

（6）安全保护措施 巷道堆垛机在立体仓库的狭窄巷道内高速运行，起升高度大，除具有一般起重机的安全保护措施外，还应增加以下保护措施：

1）货叉与行走机构、升降机构互锁。

2）储料单元入库时需对货位进行探测，防止双重入库而造成事故。

3）具有载货台断绳保护功能，钢丝绳一旦断开，保护装置可立即将载货台自锁在立柱导轨上。

6. 自动化仓库的计算机控制系统

自动化仓库的含义是指仓库管理自动化和出入库的作业自动化。因此，自动化仓库的计算机控制系统应具备信息的输入及预处理、物料的自动存取和仓库的自动化管理等功能。

（1）信息的输入及预处理 信息的输入及预处理包括对物料条形码的识别、认址检测器和货格状态检测器的信息输入，以及这些信息的预处理。在料箱或托盘的适当部位贴有条形码，当料箱或托盘通过入库运输机滚道时，用条形码扫描器自动扫描条形码，将料箱或托盘的有关信息自动录入计算机中。认址检测器一般采用脉冲调制式光源的光电传感器。为了提高可靠性，可采用三路组合，对控制机发出的认址信号以三取二的方式准确判断后，完成控制堆垛机停车、正反向和点动等动作。货格状态检测器可采用光电检测方法，利用料箱或托盘表面对光的反射作用，探测货格内有无料箱或托盘。

（2）物料的自动存取　物料的自动存取包括料箱或托盘的入库、搬运和出库等工作。当物料入库时，料箱或托盘的地址条形码自动输入到计算机内，因而计算机可方便地控制堆垛机的行走机构和升降机构移动，到达对应的货格地址后，堆垛机停止移动，把物料送入该货格内。当要从仓库中取出物料时，首先输入物料的条形码，由计算机检索出物料的地址，再驱动堆垛机进行认址移动，到达指定地址的货格取出物料，并送出仓库。

（3）仓库管理　仓库管理包括对仓库的物资管理、账目管理、货位管理及信息管理等内容。入库时，将料箱或托盘"合理分配"到各个巷道作业区，以提高入库速度；出库时能按"先进先出"的原则，或其他排队原则出库。同时还要定期或不定期地打印各种报表。当系统出现故障时，还可以通过总控制台的操作按钮进行运行中的"动态改账及信息修正"，并判断出发生故障的巷道，及时封锁发生机电故障的巷道，暂停该巷道的出入库作业。

五、柔性物流系统的计算机仿真

仿真是通过对系统模型进行试验去研究一个真实系统，这个真实系统可以是现实世界中已存在的或正在设计中的系统。物流系统往往相当复杂，利用仿真技术对物流系统的运行情况进行模拟，提出系统的最佳配置，可为物流系统的设计提供科学决策，有助于保证设计质量，降低设计成本。同时，也可提高物流系统的运行质量和经济效益。

计算机仿真的基本步骤如图 4-51 所示，可以概括为以下过程：

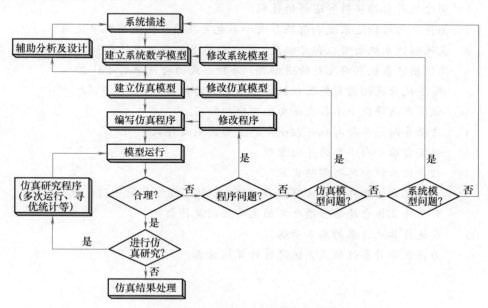

图 4-51　计算机仿真的基本步骤

（1）建立仿真模型　采用文字、公式和图形等方式对柔性物流结构进行假设和描述，形成一种计算机语言能理解的数学模型。

（2）编程　编程就是用一定的算法将上述模型转化为计算机仿真程序。

（3）进行仿真试验　选择输入数据，在计算机上运行仿真程序，以获得仿真数据。

（4）仿真结果处理　对仿真试验结果数据进行统计分析形成仿真报告，以期对柔性物流系统进行评价。

（5）总结　为柔性物流系统的结构提供完善的建议，同时可对系统的控制和调度提出优化方案。

在制造企业中对柔性物流系统进行计算机仿真，不仅能够大大缩短系统的规划设计周期、优化设计方案，还可根据计算机仿真结果对柔性物流系统的运行状态进行优化，以便获得最佳的运行经济效益。随着三维视觉系统在计算机仿真系统中的广泛应用，在仿真界面上可展现柔性物流系统所有设备和运行过程的全时空信息。人们可以看到加工设备、单机供料装置、连续输送系统、立体化仓库、堆垛机、搬运机器人和导向小车的外观布局形式，也能观察到它们的瞬时工作状态。

复习思考题

4-1　简述物流系统的功用和分类。

4-2　机床供料装置的要求有哪些？

4-3　料斗与料仓在使用上有何区别？

4-4　为什么料斗要计算平均供料率？

4-5　带式输送系统主要由哪几部分组成？每部分的作用分别是什么？

4-6　简述板料自动供料和送料的过程。

4-7　为什么悬挂输送系统和有轨导向小车也可在柔性物流系统中使用？

4-8　柔性制造系统由哪三部分组成？每部分的功用分别是什么？

4-9　柔性物流系统有哪几种输送形式？每种形式的特点分别是什么？

4-10　简述托盘及托盘交换器在机械制造系统的作用。

4-11　试述自动导向小车各主要功能模块的作用。

4-12　自动导向小车与有轨导向小车的主要区别是什么？

4-13　试述自动导向小车的导向原理。

4-14　自动化立体仓库有哪些优点？

4-15　自动化立体仓库主要由哪几部分组成？每部分的作用分别是什么？

4-16　自动化立体仓库与普通仓库的主要区别是什么？

4-17　简述计算机仿真的基本步骤。

4-18　为什么要对柔性物流系统进行计算机仿真？

第五章
刀具自动化

刀具是金属切削加工中不可缺少的工具之一，无论是普通机床，还是先进的数控机床、加工中心及柔性制造系统，都必须通过刀具才能完成切削加工。所谓刀具自动化，就是加工设备在切削过程中自动完成选刀、换刀、对刀和走刀等工作过程。

第一节 刀具的自动装夹

一、自动化刀具的特点和结构

1. 自动化刀具的特点

自动化刀具与普通机床用刀没有太大的区别，但为了保证加工设备的自动化运行，自动化刀具需具有以下特点：

1）刀具的切削性能必须稳定可靠，应具有高的使用寿命和可靠性。

2）刀具应能可靠地断屑或卷屑。

3）刀具应具有较高的精度。

4）刀具结构应保证其能快速或自动更换和调整。

5）刀具应配有工作状态在线检测与报警装置。

6）应尽可能地采用标准化、系列化和通用化的刀具，以便于刀具的自动化管理。

2. 自动化刀具的结构

自动化刀具通常分为标准刀具和专用刀具两大类。在以数控机床、加工中心等为主体构成的柔性自动化加工系统中，为了提高加工的适应性，同时考虑到加工设备的刀库容量有限，应尽量减少使用专用刀具，而选用通用标准刀具、刀具标准组合件或模块式刀具。例如，新型的组合车刀（图5-1）是一种典型的刀具标准组合件，它将刀头与刀柄分别做成两个独立的元件，彼此之间是通过弹性凹槽连接在一起的，利用连接部位的中心拉杆（通过液压力）实现刀具的快速夹紧或松开。这种刀具最大的优点是刀体可稳固地固定在刀柄底部突出的支撑面上，既能保证刀尖高度精确的位置，又能使刀头悬伸长度最小，从而可大大提高刀具的动、静态刚度。此外，它还能和各种系列化的刀具（如镗刀、钻头和丝锥等）夹头相配，实现刀具的自动更换。

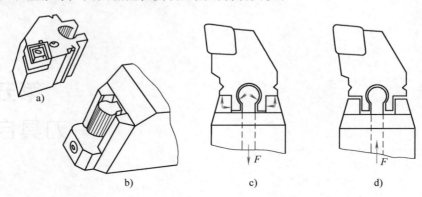

图 5-1　新型组合车刀

a）刀体　b）刀柄　c）夹紧　d）松开

常用的自动化刀具有可转位车刀、高速工具钢麻花钻、机夹扁钻、扩孔钻、铰刀、镗刀、立铣刀、面铣刀、丝锥和各种复合刀具等。刀具的选用与其使用条件、工件材料与尺寸、断屑情况以及刀具和刀片的生产供应情况等许多因素有关。如果选择得好，可使机床达到应有的效率，提高加工质量，降低加工成本。图 5-2 所示是可转位刀具的结构，它是一种将带有若干个切削刃口及具有一定几何参数的多边形刀片，用机械夹固方法夹紧在刀体上的一种刀具，是有利于提高数控机床的切削效率、实现自动化加工的行之有效的刀具。

另外，由于带沉孔、带后角刀片的刀具（图 5-3）具有结构紧凑、断屑可靠、制造方便、刀体部分尺寸小和切屑流出不受阻碍等优点，也可优先用于自动化加工刀具。为了集中工序，提高生产率及保证加工精度，应尽可能采用复合刀具，图 5-4 和图 5-5 所示分别是侧铣和面铣复合加工刀具、钻削和镗削复合加工刀具。

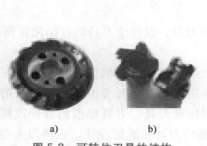

图 5-2　可转位刀具的结构

a）可转位面铣刀　b）可转位立铣刀

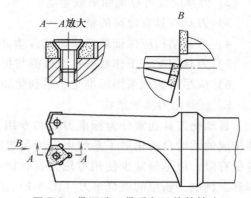

图 5-3　带沉孔、带后角刀片的钻头

图 5-4　侧铣和面铣复合加工刀具

图 5-5　钻削和镗削复合加工刀具

二、自动化刀具的装夹机构

为了使自动化加工设备达到其应有的效率，实现快速自动换刀，刀具和机床之间必须配备一套标准的装夹机构，建立一套标准的工具系统，力求刀具的刀柄与接杆实现标准化、系列化和通用化。更完善的工具系统还包括自动换刀装置、刀库、刀具识别装置和刀具自动检测装置等，以进一步满足数控机床对配套刀具的可快换和高效切削要求。

1. 工具系统的分类

目前，工具系统主要有镗铣类数控机床用工具系统（TSG 系统）和车床类数控机床用工具系统（BTS 系统）两大类。它们主要由刀具的柄部（刀柄）、接杆（接柄）和夹头等部分组成。工具系统中规定了刀具与装夹工具的结构、尺寸系列及其连接形式。数控工具系统有整体式和模块式两种不同的结构形式。整体式结构是将每把工具的柄部与夹持工具的工作部分连成一体，因此，不同品种和规格的工作部分都必须加工出一个能与机床连接的柄部，致使工具的规格、品种繁多，给生产、使用和管理都带来了不便。模块式工具系统是把工具的柄部和工作部分分割开来，制成各种系列化的模块，然后经过不同规格的中间模块，组装成不同规格的工具。这样既便于制造、使用与保管，又能以最少的工具库存来满足不同零件的加工要求，因而它代表了工具系统发展的总趋势。

图 5-6 所示是镗铣类数控机床上用的模块式工具系统的结构示意图。图 5-6a 所示为与机床相连的工具锥柄，其中带夹持梯形槽的适用于加工中心，可供机械手快速装卸锥柄用；图 5-6b、c 所示为中间接杆，它们有多种尺寸，以保证工具各部分有所需的轴向长度和直径尺寸；图 5-6d、e 所示为用于装夹镗刀的中间接杆，内有微调镗刀尺寸的装置；图 5-6f 所示为另一种接杆，它的一端可连接不同规格直径的粗、精加工刀头体或面铣刀、

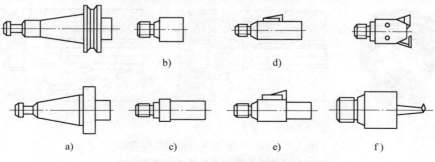

图 5-6　模块式工具系统的结构示意图

弹簧夹头、圆柱形直柄刀具和螺纹切头等，另一端则可直接与锥柄或其他中间接杆相连接。可将这些模块组成刀具实现通孔加工、粗镗、半精镗、精镗孔及倒角、镗阶梯孔、镗同轴孔及倒角，以及钻、镗不通孔等的组合加工。

2. 自动化刀具刀柄和机床主轴的连接

自动化加工设备的刀具和机床的连接，必须通过与机床主轴孔相适应的工具柄部、与工具柄部相连接的工具装夹部分和各种刀具来实现。而且随着高速加工技术的广泛应用，刀具的装夹对高速切削的可靠性与安全性以及加工精度等具有至关重要的影响。

在传统数控铣床、加工中心类机床上，一般都采用图 5-7 所示的锥度为 7：24 的 BT 系统圆锥柄工具。这种刀柄为仅依靠锥面定位的单面接触，刀柄通过拉钉和主轴内的拉刀装置固定在主轴上，这种锥柄不自锁，换刀方便，与直柄相比有较高的定心精度和刚度。BT 刀柄的最佳转速范围为 0 ~ 12000r/min，当速度达到 15000r/min 以上时，会由于精度降低而无法使用。

图 5-7 BT 刀柄

高速加工（切削）技术既是机械加工领域学术界的一项前沿技术，也是工业界的实用技术，已经在航空航天、汽车和模具等行业得到了广泛应用。考虑到高速切削机床主轴和刀具连接时，为克服传统 BT 刀柄仅依靠锥面单面定位而导致的不利因素，宜采用双面约束过定位夹持系统实现刀柄在主轴内孔锥面和端面同时定位的连接方法，以保证具有很高的接触刚度和重复定位精度，实现可靠夹紧。目前，市场上广泛应用于高速切削刀具连接系统的刀柄，有采用锥度为 1：10 短锥柄的 HSK 刀柄和在传统 BT 刀柄的基础上改进而来的 BIG-PLUS 刀柄。

HSK 刀柄是德国亚琛工业大学机床研究所专为高速机床开发的，已被列入德国标准 DIN69893，国际标准化组织（ISO）经过多次修订，于 2001 年颁布了 HSK 工具系统的正式 ISO 标准 ISO12164。HSK 刀柄采用锥度为 1：10 的中空短锥柄，当短锥刀柄与主轴锥孔紧密接触时．在端面间尚有 0.1mm 左右的间隙，在拉紧力的作用下，利用中空刀柄的弹性变形补偿该间隙，以实现与主轴锥面和端面的双面约束定位。此时，短刀柄与主轴锥孔间的过盈量约 3 ~ 10μm。由于中空刀柄具有较大的弹性变形，因此对刀柄的制造精度要求相对较低。此外，由于 HSK 刀具系统柄部短、重量轻，有利于机床自动换刀和机床小型化，但其中空短锥柄结构也会使系统刚度与强度受到影响。HSK 刀柄有 A、B、C、D、E 等多种形式，图 5-8 所示是 HSK 刀柄及其内部结构示意图。

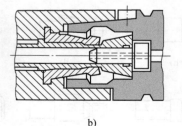
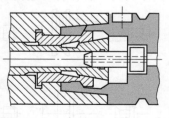

a)　　　　　　　　　　　b)　　　　　　　　　　c)

图 5-8 HSK 刀柄及其内部结构示意图

a）HSK 刀柄　b）松刀　c）夹紧

BIG-PLUS 刀柄是日本大昭和精机公司开发的锥度为 7：24 的双面定位工具系统，它可与传统单面定位的 7：24 锥度主轴完全兼容，如图 5-9 所示。当刀柄 4 放入主轴 3，通过拉杆 1 和拉钉 2，主轴锥孔弹性扩张，实现了刀柄的锥面及法兰端面与机床主轴的锥面及端面完全贴紧。这样就增加了刀柄的基准直径，与普通 7：24 的锥柄相比，其刚度和定位精度都有了大幅度的提高，很好地抑制了加工时的振动，大大减少了机床和刃具间的磨损，使得刃具、刀柄乃至机床主轴的寿命都得到了提高。

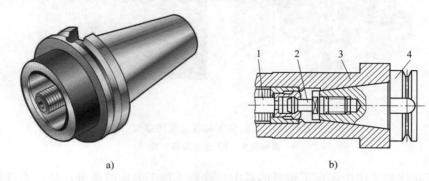

a)   b)

图 5-9　BIG-PLUS 刀柄及其结构示意图

a）BIG-PLUS 刀柄　b）结构示意图

1—拉杆　2—拉钉　3—主轴　4—刀柄

此外，瑞典 Sandvik 公司开发的 CAPTO 模块化工具系统、美国 Kennametal 公司和德国 Widia 公司联合研制的 KM 工具系统、日本株式会社日研工作所开发的 NC5 工具系统等，在相关机床上也有所应用。

3. 自动化刀具和刀柄的连接

刀柄对刀具的夹持力的大小和夹持精度的高低，在自动化加工中具有十分重要的意义。目前，传统数控机床和加工中心上主要采用弹簧夹头，高速切削的刀柄和刀具的连接方式主要有高精度弹簧夹头、热缩夹头和高精度液压膨胀夹头等。

弹簧夹头如图 5-10 所示，它一般采用具有一定锥角的锥套（弹簧夹头）作为夹紧单元，利用拉杆或螺母，使锥套内径缩小而夹紧刀具。

图 5-10　弹簧夹头

热缩夹头主要利用刀柄装刀孔的热胀冷缩使刀具可靠地夹紧。图 5-11 所示是热缩夹头和感应加热装置，这种系统不需要辅助夹紧元件，具有结构简单、同心度较好、尺寸相对较小、夹紧力大及动平衡度和回转精度高等优点。与液压夹头相比，其夹持精度更高，传递的转矩增大了 1.5~2 倍，径向刚度提高了 2~3 倍，能承受更大的离心力。

液压夹头是通过拧紧活塞夹紧螺钉，利用压力活塞对液体介质加压，向薄壁膨胀套筒腔内施加高压，使套筒内孔收缩来夹紧刀具的。图 5-12a 所示是液压夹头的夹紧原理；图 5-12b 所示是瑞典 Sandvik 公司设计制造的 Hydrogrip 高精度液压夹头，可用来夹紧面铣

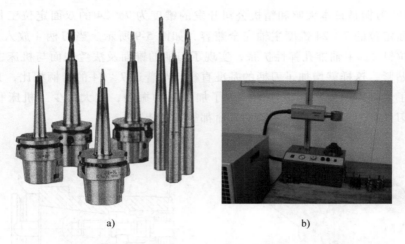

a)   b)

图 5-11 热缩夹头和感应加热装置

a）热缩夹头 b）感应加热装置

刀刀柄，其在铣削工序中实现了很好的对中，改善了加工表面的质量，延长了刀具寿命。

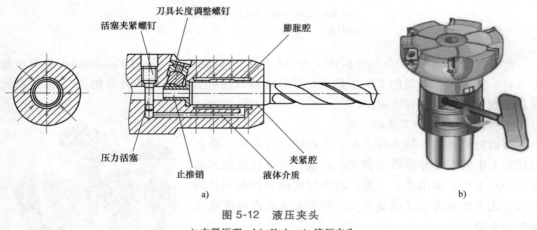

a)   b)

图 5-12 液压夹头

a）夹紧原理 b）Hydrogrip 液压夹头

4. 应用实例

（1）一种 BT 刀柄高速切削机构 针对现有技术中 BT 刀柄在高速加工时轴向定位精度低、加工零件质量差以及刀具易损坏的问题，图 5-13 所示的 BT 刀柄高速切削机构可使 BT 刀柄实现高速切削，且在高速切削加工时，BT 刀柄的接触刚度和重复定位精度高，高速切削加工性能可靠；同时，封闭结构的径向刀柄定位系统避免了刀杆的振动和倾斜，提高了加工精度和效率，降低了刀具磨损，提高了刀具和机床使用寿命。

1）装置结构。这种 BT 刀柄高速切削机构，包括 BT 刀柄、主轴、拉刀机构、拉钉和垫套，BT 刀柄的非刀具安装端的端面为刀柄后端面，刀柄后端面的中心位置设有圆锥台，拉钉安装于圆锥台端面的中心位置；主轴为空心轴，主轴靠近刀柄后端面一端的端面为主轴前端面，主轴前端面的中心部位设有锥孔，锥孔的形状与圆锥台相匹配，圆锥台安

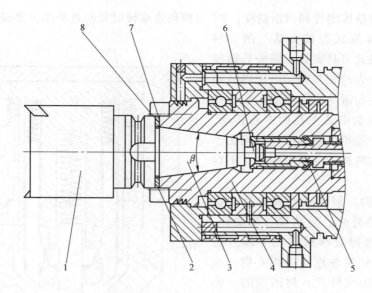

图 5-13　一种 BT 刀柄高速切削机构

1—BT 刀柄　2—刀柄后端面　3—圆锥台　4—主轴　5—拉刀机构　6—拉钉　7—主轴前端面　8—垫套

装于锥孔内；垫套设置于刀柄后端面和主轴前端面之间；拉刀机构安装于主轴中心空腔内，拉刀机构与拉钉相连接。

2）使用方法

① 将拉钉 6 安装到 BT 刀柄 1 上，并将 BT 刀柄 1 装入主轴 4 的锥孔内，拉刀机构 5 通过拉钉 6 拉动 BT 刀柄 1 沿主轴 4 的轴线方向移动，使 BT 刀柄 1 上圆锥台 3 的锥面与主轴 4 锥孔的锥面相贴合。

② 使用块规测量并记录刀柄后端面 2 到主轴前端面 7 的间距 p，然后松开拉刀机构 5，并取出 BT 刀柄 1。

③ 计算出垫套 8 的厚度 q。

④ 根据步骤③的计算结果加工垫套 8。

⑤ 将步骤④中垫套 8 套装到 BT 刀柄 1 的圆锥台 3 中，并使垫套 8 的端面与 BT 刀柄 1 的刀柄后端面 2 相贴合。

⑥ 将步骤⑤中 BT 刀柄 1 安装到主轴 4 的锥孔内，拉刀机构 5 通过拉钉 6 拉动 BT 刀柄 1 沿主轴 4 的轴线方向移动，使垫套 8 的端面与主轴前端面 7 相贴合，BT 刀柄 1 上圆锥 3 的锥面与主轴 4 锥孔的锥面相贴合，其中，拉刀机构 5 的拉力 F 随时间 t 的变化规律为

$$F = F_{\max} - \frac{F_{\max}}{4}(t-2)^2 \quad (0 \leqslant t \leqslant 2\text{s}) \quad (F_{\max} = 9000 \sim 12000\text{N}) \tag{5-1}$$

按照这个力来控制，BT 刀柄高速运转时径向圆跳动小，磨损减少。

这种 BT 刀柄高速切削机构可替代 HSK 型刀柄，降低了贵重刀柄使用成本，结构简单，设计合理，易于制造。保证了垫套的正确安装，使刀柄高速运转更加稳定，更有效

地保证了机构的整体刚性和切削精度，BT刀柄高速运转时径向跳动小，磨损减少。

（2）一种膨胀式刀具夹具 图5-14所示为一种膨胀式刀具夹具，该夹具通过装夹头和连接外壳的相对移动，使得活动杆上的凸起斜块与滑动块之间发生相对移动，从而滑动块朝向装夹孔的中心移动，夹紧刀具，操作简单，结构简易，相比于传统的刀具装夹机构，夹紧力更大，不容易发生滑脱。

1）装置结构。膨胀式刀具夹具主要由装夹头、连接外壳、滑动块、活动杆、凸起斜块、舒张弹簧和封闭壳等部分组成。装夹头15套接在连接外壳6内，在装夹头15朝向连接外壳6封闭端的一侧上设置有装夹孔，装夹头15内壁的一个滑动孔设置有两个装夹组件；滑动孔的轴线与装夹孔10同轴，滑动孔的侧壁上设置有一个与装夹孔10连通的带有滑动块的连接槽，同时，滑动孔内设有活动杆12，其一端与滑动孔封闭端之间弹性连接，另一端顶压在连接外壳6上，在活动杆12对应连接槽的位置设有凸起斜块11；连接槽内设置有滑动槽，滑动槽内有滑动

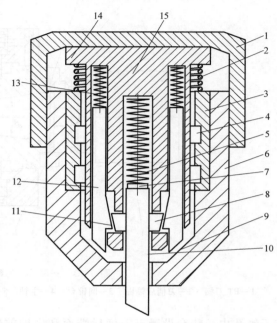

图5-14 一种膨胀式刀具夹具

1—封闭壳 2—舒张弹簧B 3—滑动套 4—滑套
5—退刀弹簧 6—连接外壳 7—顶压块 8—滑动块
9—碗形面 10—装夹孔 11—凸起斜块 12—活动杆
13—舒张弹簧A 14—环形凸起 15—装夹头

块8，在滑动块8的一侧设置有与凸起斜块11的斜边相配合的斜面；装夹头15与连接外壳6的封闭端之间通过舒张弹簧B2连接；封闭壳1套接在连接外壳6的开口端，装夹头15的上端部顶压在封闭壳1上。

2）使用方法。使用时，将刀具经由装夹孔10装入到装夹头15上，旋转封闭壳1，使得装夹头15下压，推动活动杆12向上移动，使得活动杆12上的凸起斜块11与滑动块8之间发生相对移动，从而滑动块8朝向装夹孔的中心移动，夹紧刀具。

拆卸时，反向旋转封闭壳1，在舒张弹簧B2的驱动下使得装夹头15向上回位，同时滑动块8从刀具表面松开，在退刀弹簧5的驱动下，刀具弹出。

第二节 自动化换刀系统

为了缩短非切削加工时间，进一步提高加工效率，现代数控机床正向着在一台机床上通过一次装夹完成多道工序甚至全部工序的方向发展。这些多工序加工机床在加工时需要使用多种刀具，因此必须具备自动换刀系统，通过自动换刀装置来实现自动换刀，

使工件在一次装夹中能自动、顺序完成各种不同工序的加工。能够自动更换加工过程中所用刀具的装置，称为自动换刀装置（Automatic Tool Changer，ATC）。目前，自动换刀装置已广泛地应用于加工中心及其他数控机床。

一、自动换刀装置的类型和特点

1. 主轴与刀库合为一体的自动换刀装置

将若干根主轴（一般为6~12根）安装在一个可以转动的转塔头上，每根主轴对应装有一把可旋转的刀具。根据加工要求，可以依次将装有所需刀具的主轴转到加工位置，实现自动换刀，同时接通主运动。因此，这种换刀方式又称为更换主轴换刀，转塔头实际上就是一个刀库。图5-15所示是数控机床上常用的更换主轴换刀装置。正八面体转塔上均布着8把可旋转的刀具，它们对应装在8根主轴上，转动转塔头，即可更换所需的刀具。

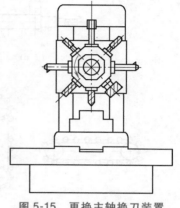

图5-15 更换主轴换刀装置

这种自动换刀装置的刀库与主轴合为一体，机床结构较为简单，且由于省去了刀具在刀库与主轴间的交换等一系列复杂的操作过程，从而缩短了换刀时间，并提高了换刀的可靠性。

2. 主轴与刀库分离的自动换刀装置

这种换刀装置配备有独立的刀库，因此又称为带刀库的自动换刀装置。它由刀库、刀具交换装置及刀具松夹装置（装于主轴部件中）等组成。独立的刀库可以存放数量较多的刀具（20~60把），因而能够适应复杂零件的多工序加工。由于只有一根主轴，因此全部刀具都应具有统一的标准刀柄，主轴部件上由刀具的自动装卸机构来保证刀具的自动更换。刀库的安装位置可根据实际情况较为灵活地设置。

在这种换刀装置中，当需要某一刀具进行切削加工时，将该刀具自动地从刀库交换到主轴上，切削完毕后，又将用过的刀具自动地从主轴上取下放回刀库。由于换刀过程是在各个部件之间进行的，所以要求参与换刀的部件的动作必须准确、协调。此外，由于主轴刚度较高，刀库也可离开加工区，从而消除了许多不必要的干扰。

二、刀库

自动换刀系统一般由刀库、自动换刀装置、刀具传送装置和刀具识别装置等部分组成。刀库是自动换刀系统中最主要的装置之一，其功能是储存各种加工工序所需的刀具，并按程序指令，快速、准确地将刀库中的空刀位和待用刀具送到预定位置，以便接受主轴换下的刀具并便于刀具交换装置进行换刀，刀库的容量、布局以及具体结构对数控机床的总体布局和性能有很大影响。

1. 刀库的种类

常用的刀库有盘式刀库、链式刀库和格子式刀库，如图5-16所示。

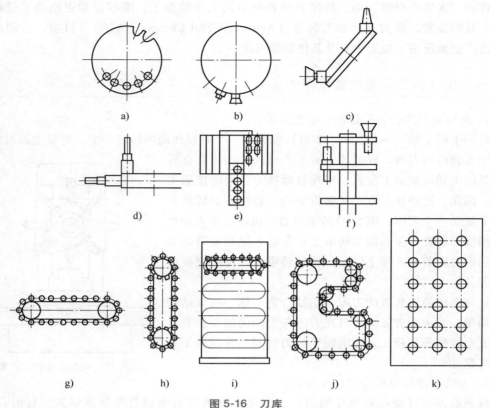

图 5-16　刀库

a)~f)盘式刀库　g)~j)链式刀库　k)格子式刀库

2. 刀具的选择方式

根据数控系统的选择指令,从刀库中将各工序所需的刀具转换到取刀位置的过程,称为自动选刀。自动选刀方式有以下两种:

(1)顺序选刀方式　将所需刀具严格按工序先后依次插放在刀库中,使用时按加工顺序指令一一取用。采用这种选择方式时,驱动控制较为简单,工作可靠,不需要刀具识别装置。这种选刀方式的缺点是刀库中的同一把刀具不能重复使用,若在一个程序中两次调用规格、型号和尺寸完成相同的刀具,必须按调用顺序在刀库中安装两把刀具,使得刀库中的刀具数量较多,且更换工件时刀具顺序必须重排。

(2)任意选刀方式　这种方式根据程序指令的要求任意选择所需要的刀具,刀具在刀库中可以不按加工顺序任意存放,利用控制系统来识别、记忆所有的刀具和刀座。自动换刀时,刀库旋转,根据程序指令或根据刀具识别装置的识别,刀库将所需刀具送到换刀位置等待换刀。该方法的优点是相同的刀具在工件一次装夹中可重复使用,刀具数量比顺序选刀方式的刀具可少一些,并且使自动换刀装置的通用性增强,应用范围加大,因此得到了广泛应用。

3. 刀具运送装置

当刀库容量较大,布置得离机床主轴较远时,就需要安排两只机械手和刀具运送装置来完成新、旧刀具的交换工作。一只机械手靠近刀库，称为后机械手，完成拔刀和插刀的动作；另一只机械手靠近主轴，称为前机械手，也完成拔刀和插刀的动作。安排在前、后机械手之间的刀具运送装置一方面将前机械手从主轴上拔出的刀具运回刀库旁，以便后机械手将该刀具拔出，再插回刀库；另一方面则将后机械手从刀库中拔出的刀具运到主轴旁，以便前机械手将该刀具拔出后再插进主轴。

4. 刀具的识别

刀具的识别是指自动换刀装置对刀具的识别，通常可采用刀具编码法和软件记忆法。

（1）刀具编码法　这是一种早期使用的刀具识别方法，基本原理如图 5-17 所示。在刀柄或刀座上装有若干个厚度相等、直径不同的大小编码环，如用大环表示二进制的"1"，小环表示二进制的"0"，则这些环的不同组合就可表示不同的刀具，每把刀具都有自己的确定编码。在刀库附近装有一个刀具识别装置，其上有一排与编码环一一对应的触针（接触式）或传感器（非接触式）。当需要换刀时，刀库旋转，刀具识别装置不断地读出每一经过刀具的编码，并将其送入控制系统与换刀指令中的编码进行比较，当二者一致时，控制系统便发出信号，使刀库停转，等待换刀。

（2）软件记忆法　该方法的工作原理是将刀库上的每一个刀座进行编号，得到每个刀座的"地址"。将刀库中的每一个刀具再编一个刀具号，然后在控制系统内部建立一个刀具数据表，将原始状态刀具在刀库中的地址一一填入，并不得再随意变动。刀库上装有检测装置，可以读出刀库在换刀位置的地址。取刀时，控制系统根据刀具号在刀具数据表中找出该刀具的地址，按优化原则转动刀库，当刀库上的检测装置读出的地址与取刀

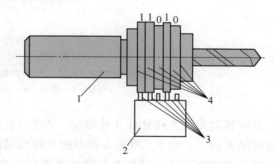

图 5-17　刀具编码法的基本原理
1—刀柄　2—接触式识别装置
3—触针（销）　4—数码环

地址相一致时，刀具便停在换刀位置上等待换刀；若要将换下的刀具送回刀库，也不必寻找刀具原位，只要按优化原则送到任一空位即可，控制系统将根据此时换刀位置的地址更新刀具数据表，并记住刀具在刀库中新的位置地址。这种换刀方式目前最为常用。

通过以上几部分与自动换刀装置的协调动作，就可在加工过程中自动更换刀具，完成对工件的多工序加工。

5. 应用实例

图 5-18 所示为一种内藏式刀库。刀夹 5 安装于刀盘 4 上并夹住刀柄 10；刀盘 8 安装于刀库移动支架 6 上，刀库移动支架 6 一端设置于立柱 1 的中空内部，驱动装置驱动刀盘 8 的转动；伸缩护罩设置于立柱 2 的顶部，护罩控制装置控制伸缩护罩在立柱 1 中空处上下移动。

在加工过程中，当需要更换刀具时，护罩控制装置控制伸缩护罩在立柱 2 中空处上

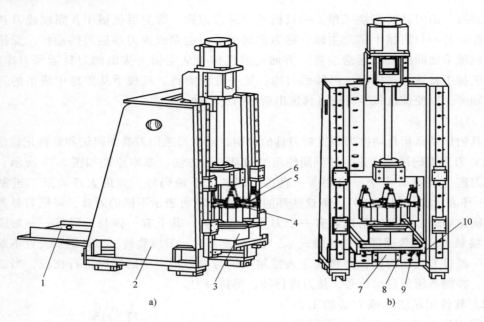

图 5-18 一种内藏式刀库

a) 主视结构示意图 b) 侧视结构示意图

1—刀库移动支架 2—立柱 3—分度盘 4—刀盘 5—刀夹 6—刀柄

7—气缸 8—线轨 9—滑块 10—线轨支架

升，刀库移动支架 1 向立柱 2 外移动，刀盘 4、刀夹 5 和刀柄 6 伸出立柱 2 进行换刀；换刀过程结束后，刀盘 4、刀夹 5 和刀柄 6 再次回到立柱 2 中，护罩控制装置控制伸缩护罩在立柱 2 中空处下降。刀盘 4 底部设置有分度盘 3，分度盘 3 安装于刀库移动支架 1 上，驱动装置驱动分度盘 3 转动，从而带动刀盘 4 转动。在加工停止需要换刀时，由于分度盘 3 自带的感应装置使分度盘 3 能够准确无误地转动到所需换刀的位置，从而提高了换刀的效率和精度。

这种刀库利用立柱和伸缩护罩能防止刀盘、刀夹、刀柄在加工过程中因铝屑等加工废料飞入，从而保证了刀库换刀时较顺畅，并延长了刀库的使用寿命，结构简单，成本较低。

三、自动化换刀机构

在自动换刀装置中，实现刀库与机床主轴之间刀具传递和刀具装卸的装置称为自动化换刀机构。自动换刀方式通常分为回转刀架换刀、更换主轴换刀和利用机械手换刀三种。

1. 回转刀架换刀

回转刀架常用于数控车床，它用转塔头各刀座来安装或夹持各种不同用途的刀具，通过转塔头的旋转分度来实现机床的自动换刀动作。它的形式一般有立轴式和卧轴式。立轴式一般为四方或六方刀架，分别可安装 4 把和 6 把刀具；卧轴式通常为圆盘式回转刀架，可安装的刀具数量较多，故使用较多。图 5-19 所示是迪普马公司生产的带动力驱动的圆盘式回转刀架。

图 5-19　圆盘式回转刀架

a）径向装刀　b）轴向装刀

一般来说，回转刀架定位可靠、重复定位精度高、分度准确、转位速度快、夹紧刚性好，能保证数控车床的高精度和高效率。

2. 更换主轴换刀

现代的小型 FMS 中，通常利用机床主轴作为过渡装置，将容纳少量刀具（5~10 把）的装载刀架设计得便于主轴抓取。先由刀具运载工具将该装载刀架送到机床工作台上，然后利用主轴和工作台的相对移动，将刀具装入机床主轴，再通过机床自身的自动换刀装置将刀具逐个地装入机床刀库。这种方法简单易行，但换刀时间较长，且要占用机床工时。

3. 利用机械手换刀

换刀机械手因具有灵活性大、换刀时间短的特点，所以应用最为广泛。换刀机械手按刀具夹持器的数量，又可分为单臂式机械手和双臂式机械手。这些机械手能够完成抓刀、拔刀、回转、换刀及返回等全部动作过程。图 5-20 所示为双臂式机械手的几种结构。

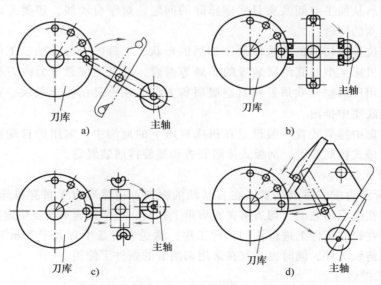

图 5-20　双臂式机械手

a）勾手　b）抱手　c）伸缩手　d）叉手

第三节 排屑自动化

一、切屑形成原理

切屑是在金属切削过程中切削层受到刀具前刀面的挤压后，产生以剪切滑移为主的塑性变形而形成的。现以直角自由切削形成连续型切屑为例进行介绍。如图 5-21 所示，在切削过程中，刀具对切削层作用着正压力 F_n 和摩擦力 F_f，它们的合力为 F_r。切削层内的质点 P 受合力 F_r 的作用后向刀具逼近（即刀具向前切削）至 1 位置时，剪应力达到材料屈服强度，在该位置上产生了塑性变形；点由 1 移动到 1′处的同时，还在最大剪应力方向的剪切面上滑移至 2 处，之后继续滑移至 3、4 处，离开 4 处后成为切屑上的一个质点沿前刀面滑出。同理，切削层上的其余各点移动至 OC 线均开始滑移，离开 OE 线终止滑移，这样源源不断，就形成了切屑。

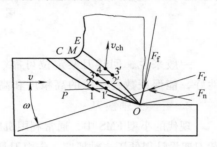

图 5-21　切屑形成过程

二、排屑装置的类型

通畅的排屑是保证自动化加工设备可靠工作的必要条件。要实现排屑自动化，就必须认真考虑切屑从加工空间及夹具底座排除的问题，对于自动线，还要考虑把各台机床的切屑集中排除的问题。

从加工部位排除切屑的方法取决于切屑的形状、工件的安装方法、工件的材质、加工工艺方法、机床类型及其附属装置的布局等因素，可采用依靠重力或刀具回转离心力将切屑甩出、用压缩空气吹屑及用真空吸屑等方法。在夹具结构上采取一定的措施，可将切屑从夹具底座中排出。

自动线的集中排屑装置一般设置在机床底座下的地沟中。常用的自动排屑装置有以下几种类型：带式排屑装置、刮板式排屑装置和螺旋排屑装置等。

1. 带式排屑装置

图 5-22 所示为带式排屑装置，在自动线的纵向，用宽形带 1 贯穿机床中部的下方，宽形带带张紧在鼓形轮之间。切屑落在宽形带上以后，被带到容屑坑 3 中定期清除。这种装置只适用于在铸铁工件上进行孔加工的工序，输送切屑量不宜大于 $25m^3/h$，不适宜加工钢件或铣削铸铁工件，同时也不宜在采用切削液的条件下使用。

2. 刮板式排屑装置

图 5-23 所示为铺设在地沟里的链条刮板式排屑装置，封闭式链条 2 装在两个链轮 5 和 6 上。焊在链条内侧的刮板 1 将地沟中的切屑刮到深坑 7 中，再用提升器将切屑提起倒

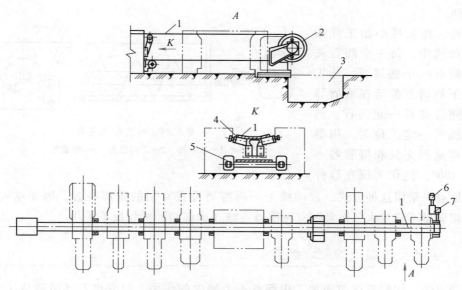

图 5-22　带式排屑装置

1—宽形带　2—主动轮　3—容屑坑　4—上支撑滚子　5—下支撑滚子　6—电动机　7—减速器

入小车运走。这种排屑装置不适用于运送加工钢件时获得的带状切屑。

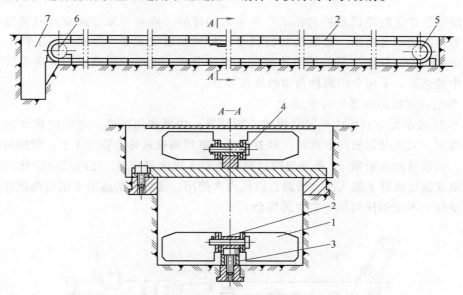

图 5-23　刮板式排屑装置

1—刮板　2—封闭式链条　3—下支撑　4—上支撑　5、6—链轮　7—深坑

3. 螺旋排屑装置

图 5-24 所示为螺旋排屑装置，它设置在机床中间底座内，螺旋器 3 自由地放在排屑槽内，它和减速器 1 采用万向接头 2 连接。这样可使螺旋器随着磨损而下降，以保证螺旋器紧密地贴合在槽上。这种排屑装置可用于各种切屑，特别适用于钢屑，输送切屑量小

于 $8m^3/h$。

此外，在某些小型工件的加工自动线中，每一个随行夹具上都附有一个盛屑器，从工件上切下的切屑都落在盛屑器中，随随行夹具一起运行，到达自动线的一定工位时，用翻转装置将随行夹具和盛屑器一起翻转 180°，把切屑倒在线外

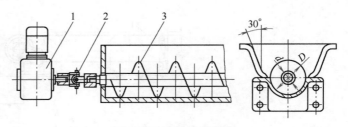

图 5-24 螺旋排屑装置

1—减速器 2—万向接头 3—螺旋器

的固定地点。采用这种方式，自动线上不再需要设置专门的排屑装置，因而结构简单。但这时切屑量不宜过大，而且不宜在铁屑飞溅（如铣削）的情况下采用。

三、切屑及切削液的处理装置

长期以来，切削液在切削加工中起着不可缺少的作用，但它也对环境造成了一定的污染。为了减小它的不良影响，一方面可采用干切削或准干切削等先进加工方法来减少切削液的使用量，另一方面要加强对它的净化处理，以便进行回收利用，减少切削液的排放量。

切削液的净化处理就是将它在工作中带入的碎屑、砂轮粉末等杂质及时清除。常用的方法有过滤法和分离法。过滤法是使用多孔材料制成过滤器，以除去在工作中带入到切削液中的杂质。分离法是应用重力沉淀、惯性分离、磁性分离或涡旋分离等装置，除去污液中的杂质。下面介绍两种典型的处理装置。

1. 带刮板式排屑装置的处理装置

图 5-25 所示为带刮板式排屑装置的处理装置，切屑和切削液一起沿斜槽 2 进入沉淀池的接收室，大部分切屑向下沉落，顺着挡板 6 落到刮板式排屑装置 1 上，随即将切屑排出池外。切削液流入液室 7，再通过两层网状隔板 5 进入液室 8，这时已经净化的切削液即可由泵 3 通过吸管 4 送入压力管路，以供再次使用。这种方法适用于用切削液冲洗切屑而在自动线上不使用任何排屑装置的场合。

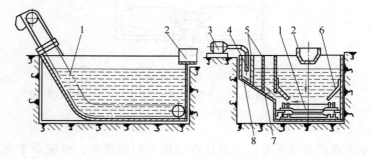

图 5-25 带刮板式排屑装置的处理装置

1—排屑装置 2—斜槽 3—泵 4—吸管 5—隔板 6—挡板 7、8—液室

2. 负压式纸带过滤装置

图 5-26 所示是负压式纸带过滤装置的工作原理图。含杂质的切削液流经污液入口 8 注入过滤箱 7，在重力的作用下经过滤纸漏入栅板底下的负压室 6，而悬浮的污物则截留在纸带上。起动液压泵 1，将大部分净化切削液抽送至工作区，小部分输入储液箱 3。当净液抽出后，负压室 6 内的液面下降，开始产生真空，从而可提高过滤能力与效率。纸带上的屑渣聚集到一定厚度时形成滤饼，此时过滤能力下降，在负压作用下过滤下来的液体渐渐少于抽出的液体，致使负压室 6 内的液面不断下降，负压增大，待负压增大至一定数值时，压力传感器就发出信号，打开储液箱下面的阀，由储液箱放液进入负压室。当切削液注满负压室时，装有刮板的传动装置 4 开始起动，带动过滤纸 9 移动一段距离 L（200~400mm），使新的过滤纸工作，过滤速度增大，储液箱下面的阀关闭，进入正常过滤状态，继续下一个负压过滤循环。这种装置不需用专门的真空泵就能自然形成负压，是一种较好的切削液过滤净化装置。

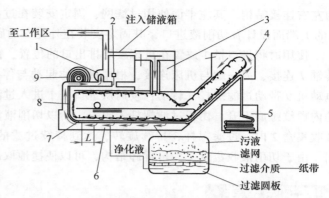

图 5-26 负压式纸带过滤装置的工作原理图

1—液压泵 2—阀 3—储液箱 4—传动装置 5—集渣箱
6—负压室（真空室） 7—过滤箱 8—污液入口 9—过滤纸

3. 应用实例

图 5-27 所示是一种切削液自动螺杆过滤结构，通过内螺旋杆的结构特点进行持续过滤，主要解决持续过滤及过滤不彻底的问题，过滤效果好，结构简单，使用便捷。

该切削液自动螺杆过滤结构主要包括进口槽 1、切削液收集盒 2、过滤螺杆 3、支架 4、外壳 5、出口槽 6、进口槽 7、过滤芯柱 8 和电动机 9。外壳 5 上有进口槽 1 及出口槽 6。外壳 5 设计为柱形，其上下端分别设计有进口及出口，进口槽 1 及出口槽 6 对应外壳 5 的进口及出口固定安装，外壳 5 通过支架 4 倾斜固定；过滤螺杆 3 上有螺杆转轴 7，使用内螺纹螺杆，对应外壳 5 进口及出口的位置设计有相应的开口，过滤螺杆 3 旋转安装在外壳 5 内，螺杆转轴 7 固定安装在过滤螺杆 3 的上端，螺杆转轴 7 与电动机 9 进行传动连接；过滤芯柱 8 设计

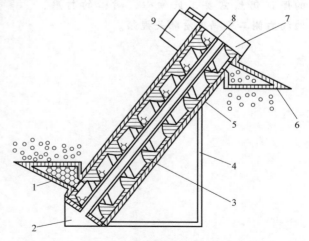

图 5-27 一种切削液自动螺杆过滤结构

1—进口槽 2—切削液收集盒 3—过滤螺杆 4—支架 5—外壳 6—出口槽 7—螺杆转轴 8—过滤芯柱 9—电动机

为左右连接结构，其左半面使用过滤网，固定安装在过滤螺杆 3 的螺纹内；切削液收集盒 2 的上端面设计有切削液进口，其固定安装在外壳 5 的底部。

使用时将进口槽 1 放置在机床废屑排出口的位置，由于电动机一端通过传动带与螺杆转轴 7 连接，另一端与机床连接，根据机床的起动与停止进行开关。当机床进行排屑时，电动机 9 带动过滤螺杆 3 转动；废屑从进口槽 1 进入过滤螺杆 3 的内部，随着过滤螺杆 3 的内螺纹螺旋上升，由于过滤螺杆 3 倾斜，所以切削液流入过滤芯柱 8 内，最终流入切削液收集盒 2 内，过滤螺杆 3 持续旋转，达到持续过滤的目的，废屑最终通过出口槽 6 排出；由于切削液收集盒 2 为可拆卸结构，可以便捷地取出切削液进行重复使用。

复习思考题

5-1　自动化刀具应具有哪些特点？

5-2　简述常用的自动换刀装置的形式。

5-3　自动换刀系统一般由哪些部分组成？

5-4　切削加工过程中是如何进行自动选刀的？

5-5　切屑排除和切削液处理的常用方法有哪些？

5-6　刀库应具备什么功能？

5-7　自动换刀机构的作用是什么？

5-8　BT 刀柄、HSK 刀柄、BIG-PLUS 刀柄各有什么特点？

5-9　为什么要进行切削液的净化处理？

思政拓展：选刀、换刀、对刀和走刀等过程可以自动完成，然而刀具精度的保证仍然需要工匠细心、耐心的打磨，扫描右侧二维码观看相关视频。

大国工匠
大国工匠：大技贵精

大国工匠
大国工匠：大道无疆

第六章
检测过程自动化

检测是企业产品质量管理的技术基础，检测装置是制造系统不可缺少的一个重要组成部分。在机械加工过程中应用检测技术，可以保障高投资自动化加工设备的安全和产品的加工质量，避免发生重大的加工事故，提高生产率和机床设备的利用率。

随着现代制造技术、自动控制技术、计算机技术、人工智能技术以及系统工程技术的发展，各种新型刀具、材料及昂贵的加工设备的使用更加大了检测的难度，传统的人工检测技术已远远不能满足生产加工的要求。因此，各种先进的自动化检测技术和识别技术应运而生。

本章介绍机械加工过程中检测技术的基本概念、分类、检测方法和常用的检测装置，重点讲解工件、刀具以及加工设备等常用的自动识别技术和自动化检测技术及其发展方向。

第一节　制造过程的检测技术

一、基本概念

在 20 世纪 60 年代末的机械制造领域里，人们运用控制论和系统工程学，把加工过程中的加工设备及加工过程等互不相关的各个要素作为一个整体进行分析研究，从而使机械制造过程得到了最有效的控制，也使产品的加工质量和生产效率得到大幅度提高。

机械加工系统是一个转变系统。其整体目标是在不同的生产条件下，通过自身的定位装夹、运动、控制以及能量供给等机构，按不同的工艺要求实现将毛坯或原材料加工成零件或产品。如图 6-1 所示。

要成功地实现这一加工转变，除具备图中的基本条件外，还需要掌控加工过程中各种有价值的数

图 6-1　机械加工系统的基本概念

据信息，这样才能实现被加工工件的质量控制、加工工艺过程的监测、加工过程的优化以及设备的正常运行，并提高加工生产率和加工过程的安全性，合理利用系统中的制造资源。这些都需要对系统的运行状态和加工过程进行检测与监控。检测与监控的对象包括加工设备、工件储运系统、刀具及其储运系统、工件质量、环境及安全参数等。

纵观现代制造工程的发展过程，可以概括为不可分割的两个方面，即生产自动化和高精度生产。当前，包括 CAD/CAPP/CAM 技术、机器人技术、柔性制造单元、柔性制造系统和计算机集成制造系统等在内的自动化技术都离不开可靠的传感和精密测量技术。因此，检测技术是机械制造系统中不可缺少的部分，它在机械制造领域中占有十分重要的地位。

制造过程的检测技术就是采用人工或自动的检测手段，通过各种检测工具或自动化检测装置，为控制加工过程、产品质量等提供必要的参数和数据。这些参数和数据可以是几何的、工艺的、物理的（力学、电学、光学、声学、热学）等。

现以单台机床的机械加工系统（图6-2）为例，具体说明检测技术与加工系统各组成部分之间的关系。图中各子系统的功能如下：

1）定位子系统：建立刀具与被加工工件的相对位置。

2）运动子系统：为加工提供切削速度及进给量。

3）能量子系统：为加工过程改变工件形状提供能量保证。

4）检测子系统：为控制加工过程、产品质量等提供必要的数据信息。

5）控制子系统：对加工系统的信息输入和传递进行必要的控制，以保证产品质量，提高加工效率，降低成本。它可以是人工控制，也可以是自动控制。

图6-2中的实线表示对加工后的工件进行检测，仅能起到剔除废品的作用，因此检测过程是被动的；虚线表示对加工中的工件进行检测，控制系统根据检测结果对加工过程进行实时调整，该方式可以防止废品的产生，其检测过程是主动的，如果进一步对测得的加工过程参数进行优化，并校正机床系统，就能实现加工过程的自适应控制。

在现代制造系统中，常常采用自动检测技术。采用自动检测技术的目的主要有两个：一是对被加工

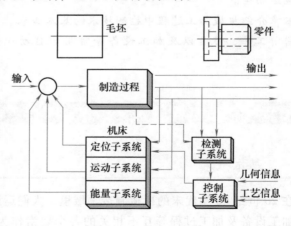

图6-2　机械加工系统的组成

对象进行质量控制，二是对加工状态和设备的运行状况进行监控。根据检测与监控方法在制造系统中所处的位置和响应处理方式可以有下列几类方式。

1. 直接测量与间接测量

直接测量是直接从测量仪表的读数获取被测量值的方法，测量所得的值直接反映被测对象的被测参数（如工件的尺寸大小及其偏差）。直接测量的特点是不需要对被测量与

其他实测量进行函数关系的辅助运算，因此测量过程迅速，是工程测量中广泛应用的测量方法。然而在某些情况下，由于被测对象的结构特点或测量条件的限制，难以采用直接测量方法，只能通过测量另外一个或多个与被测对象有一定关系的量（如通过测量刀架位移量来控制工件尺寸）来获得被测对象的相关参数，这种方法称为间接测量。通过间接测量与被测量有确定函数关系的量，然后进行函数关系运算，即可得到所需的被测量。

2. 接触测量和非接触测量

测量器具的测量头直接与被测对象的表面接触，测量头的移动量直接反映被测参数的变化，称为接触测量。测量头不直接与工件接触，而是借助电磁感应、光束、气压或放射性同位素等的强度变化来反映被测参数的变化，则称为非接触测量，由于非接触测量方式的测量头不与测量对象发生磨损或产生过大的测量力，有利于测量对象在运动过程中测量和提高测量精度，故在现代制造系统中非接触测量方式的自动检测和监控方法具有明显的优越性。典型的非接触测量方法有激光三角法、电涡流法、超声测量法和机器视觉测量法等。

3. 在线测量和离线测量

在加工及装配过程中或制造系统运行过程中对被测对象（工件的尺寸、形位公差和外形等）进行连续或间断的检测称为在线测量或在线检验，有时还对所测得的数据进行分析处理，再通过反馈控制系统调整加工过程以确保加工质量，从而实现自动监控功能。如果在被测对象完成加工或装配并脱离制造系统后再进行检测，以确定被测对象是否合格，则称为离线测量。离线测量的结果往往需要通过人工干预，才能输入控制系统以调整加工过程。制造系统中的在线测量和离线测量通常是以质量控制为目的。而对工位状况、设备工作状态、工艺过程、材料和零件传送过程的检测是以监控为目的。

4. 全部检测和抽样统计检测

在加工过程中或加工结束后对每个被测对象进行检验或测量称为全部检测或100%检测。采用全部检测可以确保零件（成品）中不存在次品。如果只在一批零件（成品）中做抽样检查和测量，对测得的数据进行统计学分析，根据分析结果确定整批零件（成品）的质量或加工系统的工作状态，则称为抽样统计检测。当前，在用户对产品质量和可靠性要求越来越高、市场竞争越来越激烈的情况下，自动检测工作都将采用全部检测的方式，而尽可能不采用抽样统计检测的方式。

二、检测装置

图6-2中所描述的检测过程是由检测装置完成的，而要实现加工过程中的各种检测，则需要借助于相应的检测装置。在机械加工系统中，检测要素大致可分为针对产品的检测要素和针对加工设备的检测要素。其中，针对产品的检测要素包括精度、表面粗糙度、形状和缺陷等；针对加工设备的检测要素包括切削负荷、刀具磨损及破损、温升、振动和变形等。

对于上述各种的检测要素，采用的检测手段一般可分为人工检测和自动检测两种。

其中，人工检测主要是人操作检测工具，收集和分析数据信息，为产品的质量控制提供依据；而自动检测则是借助于各种自动化检测装置和检测技术，自动地、灵敏地反映被测工件及设备的相关参数，为控制系统提供必要的数据信息。

目前，由于人工检测操作相对简单且成本低廉，在某些生产加工环节中仍被广泛应用，人工检测所使用的检测工具也在不断地得到改进和更新，使得检测精度和效率不断得到提高。然而，随着市场竞争的日趋激烈，产品结构变得越来越复杂，产品设计制造周期日益缩短，无论在检测精度还是检测效率方面，人工检测已不能完全满足生产加工的要求。此外，随着现代工业的迅速发展，生产和加工设备正向大型、连续、高速和自动化的方向发展。加工设备在生产和加工中的地位已变得越来越重要，因而保证设备的正常工作对工业生产有着重要意义。特别是随着计算机技术和电子技术在机械制造领域内的广泛、深入的应用，使得现代自动化生产加工和自动化检测技术得到了蓬勃的发展。

随着自动化检测技术的发展，各种各样的自动化检测装置也应运而生。机械制造过程所使用的自动化检测装置的范围是极其广泛的。从制品（零件、部件和产品）的尺寸、形状、缺陷和性能等的自动测量，到成品在生产过程各阶段的质量控制；从对各种工艺过程及其设备的调节与控制，到实现最佳条件的自动生产，其中每一方面都离不开自动检测技术。

针对制造过程中的具体需求，出现了各种自动检测装置，如用于检测工件的尺寸、形状的定尺寸检测装置、三坐标测量机、激光测径仪、气动测微仪、电动测微仪和采用电涡流方式的检测装置；用于检测工件表面粗糙度的表面轮廓仪；用于检测刀具磨损或破损的噪声频谱、红外发射、探针测量等测量装置，以及利用切削力、切削力矩、切削功率对刀具磨损进行检测的测量装置。它们的主要作用就在于全面、快速地获得有关产品质量的信息和加工设备的数据。

因此，发展高效的、自动检测产品质量及其制造过程状态的技术和相应的检测设备，是发展高效、自动化生产的前提条件之一。

三、自动化检测类型

自动化检测具有如下优点：检测时间短并可与加工时间重合，使生产率进一步提高；排除检测中人为的观测误差和检测者操作水平的影响；迅速、及时地提供产品的质量信息和有价值的数据，以便及时地对加工系统中的工艺参数进行调整，为加工过程的实时控制提供了条件，这是人工检测所不能胜任的。在机械加工中，自动化检测的方法和手段较多，按检测方式的不同，自动化检测可分为两种类型，即产品精度检测和工艺过程精度检测。

1. 产品精度检测

产品精度检测是在工件加工完成后，运送至测量环境中，按验收的技术条件进行验收和分组。在自动检测中，能自动将工件分为合格品和废品，在有特殊需要时，还可以把合格的零件自动划分为多组零件，供分组装配使用，以提高零件的装配精度。由于这种检测方法只能发现废品，不能预防废品的产生。因此，产品精度检测对零件质量影响非常小，并且影响的性质是间接的。这种检测方法也称为被动检测。

2. 工艺过程精度检测

工艺过程精度检测可以预防废品的产生，从工艺上保证所需的精度。这种检测的对象一般是加工设备和生产工艺过程（包括加工误差本身）。工艺过程精度检测能根据检测结果比较最终工件的尺寸要求，并通过相应的检测控制装置，自动地控制机床的加工过程，如改变进给量、自动补偿刀具的磨损、自动退刀和停机等，使之适应加工条件的变化，从而防止废品的产生，这种检测方法也称为主动检测。根据主动检测的具体应用时间场合的不同可分为加工前检测、加工过程中检测和加工后检测。

加工前检测是指零件在进行切削加工之前进行检测，如生产活塞的自动化工厂，在按活塞重量修整工序中，对活塞预先进行自动称重，并根据称重结果，令活塞在机床上占据一定的加工位置，这个位置能保证切下所需的金属量。

加工过程中检测则可以将自动检测装置与机床、刀具和工件组成闭环系统，测得的工件尺寸用作控制反馈信号，不仅能减小工艺系统的系统误差，还能减小偶然误差。

加工后检测通常用于实现自动补偿功能，根据刚加工完成的工件尺寸信号判断刀具磨损情况。当尺寸超出某一界限时，令补偿机构动作，防止后续加工的工件出现不合格品。

计算机技术和电子技术的发展和应用对自动检测领域的发展产生了深远的影响，它们使自动检测的范畴从被加工工件尺寸和几何参数的静态检测，扩展到对加工过程各个阶段的质量控制；从对工艺过程的检测，扩展到实现最佳条件的自适应控制检测。

自动化检测技术不但是现代制造系统中质量管理分系统的技术基础，而且已成为现代制造加工系统中不可缺少的一个重要组成部分。

第二节 工件尺寸的自动检测

工件加工的尺寸精度是直接反映产品质量的指标，因此许多自动化制造系统中都采用自动测量工件的方法来保证产品质量和系统的正常运行。

一、工件尺寸的检测方法

工件加工尺寸精度的检测方法可以分为离线检测和在线检测。

1. 离线检测

离线检测的结果分为合格、报废和可返修三种。经过误差统计分析可以得到零件尺寸的变化趋势，然后通过人工干预来调整加工过程。离线检测设备在自动化制造系统中得到了广泛应用，主要有三坐标测量机、测量机器人和专用检测装置等。离线检测的周期较长，难以及时反馈零件的加工质量信息。

2. 在线检测

通过对在线检测所获得的数据进行分析处理，利用反馈控制来调整加工过程，以保证加工精度。例如，有些数控机床上安装有激光在线检测的装置，可在加工的同时测量工件尺寸，然后根据测量结果调整数控程序参数或刀具磨损补偿值，保证工件尺寸在允许范围内。在线检测又分为工序间（循环内）检测和最终工序检测。其中，工序间检测可实现加工精度的在线检测及实时补偿；最终工序检测可实现对工件精度的最终测量与误差统计分析，找出产生加工误差的原因，并调整加工过程。在线检测是在工序内部，即工步或走刀之间，利用机床上装备的测头来检测工件的几何精度或标定工件零点和刀具尺寸。检测结果直接输入机床数控系统，由其修正机床运动参数，从而保证工件的加工质量。

在线检测的主要手段是利用坐标测量机对加工后机械零件的几何尺寸与几何精度进行综合检测。坐标测量机按精度不同可分为生产型和精密型两大类；按自动化水平不同可分为手动、机动和计算机直接控制三大类。在自动化制造系统中，一般选用计算机直接控制的生产型坐标测量机。

二、工件尺寸的自动检测装置

工件尺寸、形状的在线检测是自动化制造系统中很重要的功能。从控制工件加工误差的方面考虑，工件的尺寸、形状误差可分为随机误差和系统误差两种。由被测量，如刀具磨损、由切削力和工件自重引起的机床变形、加工系统的热变形以及机床的导轨直线度误差等所产生的系统误差，通常难以控制。为了减小这些系统误差所造成的工件加工误差，必须进行工件尺寸和形状的实时在线检测。表 6-1 给出了前人研究的工件尺寸、形状在线检测手段。

表 6-1　工件尺寸、形状的在线检测手段

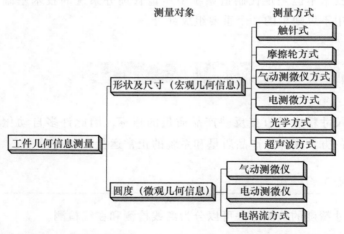

上述各种检测方法中，除了在磨床上采用定尺寸检测装置和摩擦轮方式以外，目前还没有可以实际使用的测量装置，而且摩擦轮式的装置也仅是试验装置，只用于工序间检测。虽然在数控机床上，用接触式传感器测量工件尺寸的测量系统应用得很广泛，但也属于加工工序间检测或加工后检测，而且多半采用摩擦轮方式。

目前，在线检测、定尺寸检测装置多用在磨削加工设备中，这主要有三方面原因：

1）磨削加工时加工处供有大量切削液，可迅速去除磨削所产生的热量，不易出现热变形。

2）现在的数控机床通常都能满足一般零件的尺寸、形状精度要求，很少需要在线检测。

3）目前开发的测量系统多为光学式的，而传感器在较恶劣的加工环境中工作不是很

可靠。因此，除了定尺寸检测装置和摩擦轮方式之外，实用的工件形状、尺寸的在线检测系统还不多，它是今后需要研究的课题。

实现工件尺寸的自动检测要依靠相应的测量装置。下面就以磨床的专用自动测量装置、三坐标测量机和激光测径仪等测量装置为例，说明自动检测的原理和方法。

1. 磨床的专用自动测量装置

加工过程的自动检测是由自动测量装置完成的。在大批量生产条件下，只要将自动测量装置安装在机床上，操作人员不必停机就可以在加工过程中自动检测工件尺寸的变化，并能根据测得的结果发出相应的信号，控制机床的加工过程（如变换切削用量、停止进给、退刀和停车等）。

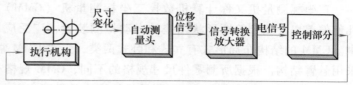

图 6-3 磨削加工中的自动检测原理

磨削加工中的自动检测原理如图 6-3 所示。机床、执行机构与测量装置构成一个闭环系统。在机床加工工件的同时，自动测量头对工件进行测量，将测得的工件尺寸变化量通过信号转换放大器转换成相应的电信号，并在处理后反馈给机床控制系统，控制机床的执行机构，以保证工件尺寸达到要求。

图 6-4 所示为外圆磨削中使用的压力型单触点式气动测量装置。该装置由测量头体 3、浮标式气动量仪 13、光电控制器 12 和光电传感器 10 等组成。测量头体 3 装在磨床工作台上，测量杠杆 2 的硬质合金端触头 A 与工件 1 的下素线相接触，另一端面 B 与气动喷嘴 7 相对，中间留有一定的间隙量。测量杠杆 2 的中部 C 处为薄片且具有一定弹性的结构，以保持触头 A 对工件的测量压力。松开锁紧螺钉 5，可借助调节螺母 6 调节触头 A 的高低，从而改变所测量的尺寸范围。当工件到达规定的尺寸时，间隙量发生变化从而导

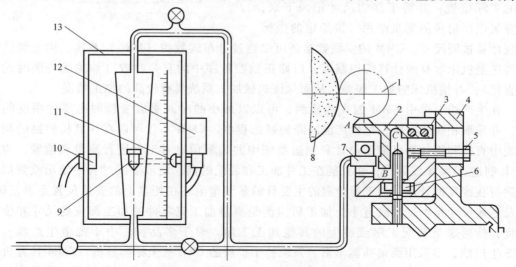

图 6-4 压力型单触点式气动测量装置

1—工件　2—测量杠杆　3—测量头体　4—底座　5—锁紧螺钉　6—调节螺母　7—气动喷嘴
8—砂轮　9—浮标　10—光电传感器　11—发光管　12—光电控制器　13—浮标式气动量仪

致气动喷嘴 7 处的出气量变化，改变了浮动式气动量仪 13 中浮标 9 的平衡，使浮标 9 发生位置变化，切断光电控制器 12 从发光管 11 发出的光束，于是光电传感器 10 输出一个信号给磨床的控制系统，控制砂轮 8 退出工件，完成加工。

　　另外，还有双触点式测量装置。双触点式测量装置能保证较高的测量稳定性，同时便于自动引进和退离工件，且结构较简单，厚度尺寸小，在自动和半自动的外圆磨床、曲轴磨床上被广泛采用。

　　2. 三坐标测量机

　　三坐标测量机又称计算机数控三坐标测量机（CMM）它是一种检测工件尺寸偏差、几何偏差以及复杂轮廓形状偏差的自动检测装置，广泛应用于现代机械加工自动化系统中。CMM 的结构布局形式有立式和卧式两类，立式 CMM 常采用龙门结构，卧式 CMM 常采用悬臂结构。根据所测零件尺寸规格的不同，CMM 规格有小型台式和大型落地式之分。

　　图 6-5 所示为悬臂式三坐标测量机的结构示意图，它由安装工件的工作台、立柱、三维测量头、坐标位移测量及伺服驱动装置和计算机数控装置等组成，为了保证三坐标测量机能获得很高的尺寸稳定性，其工作台、导轨和横梁多采用高质量的花岗岩制成，万能三维测量头的头架与横梁之间则采用低摩擦的空气轴承连接。在数控程序的控制下，由数控装置发出移动脉冲信号，由位置伺服进给系统驱动测量头沿着被测工件表面移动，移动过程中，测量头及光学的或感应式的测量系统（旋转变压器、感应同步器、角度编码器、光栅尺、磁栅尺等）检测移动部件的实际位置，并将工件的尺寸记录下来，计算机根据记录的测量结果，按给定的坐标

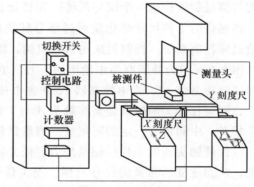

图 6-5　悬臂式三坐标测量机的结构示意图

系统计算被测尺寸。CMM 的实测数据还可以通过分布式数控（DNC）系统，由上级计算机传送至机床本身的计算机控制器，以修正数控程序中的有关参数（如轮廓铣削时的铣刀直径），补偿机床的加工误差，从而保证机械加工系统具有较高的加工精度。

　　在生产线上采用 CMM 的在线检测，可以以最小的时间滞后量检测出零件精度的异常，并采取相应的对策，把生产混乱降到最低程度。CMM 不仅可以在计算机控制的制造系统中直接利用计算机辅助设计和制造系统中的编程信息对工件进行测量和检验，构成设计-制造-检验集成系统，而且能在工件加工和装配的前、后或装配过程中给出检测信息并进行在线反馈处理。加工前检测的主要目的是测量毛坯在托盘上的安装位置是否正确，以及毛坯尺寸是否过大或过小。加工后检测是测量加工完零件的加工部位的尺寸和位置精度，然后送至装配工序或线上的其他加工工序。对于多品种、中小批量生产线，如 FMS 生产线，多采用测量功能丰富、系统易于扩展的 CNC 三坐标测量机。CMM 计算机通常与 FMS 单元计算机联网，用来上传、下载测量数据和 CMM 零件测量程序。零件测量程序一般存储在单元计算机中，测量时将程序下载给 CMM 计算机。

　　在一般情况下，CMM 要求控制周围环境，因为它的测量精度及可靠性与周围环境的

稳定性有关。CMM 必须安装在恒温环境中，并要防止敞露的表面和关键部件受到污染。随着温度和湿度变化自动补偿以及防止污染等技术的广泛应用，CMM 的性能已能适应车间工作环境。

3. 三维测量头的应用

CMM 的测量精度很高。为了保证它的高精度测量，避免因振动、环境温度变化等造成的测量误差，必须将其安装在专门的地基上并在很好的环境条件下工作。被检零件必须从加工处输送至测量机，有的需要反复输送几次，这对于质量控制要求不是特别精确、可靠的零件，显然是不经济的。一个解决方法是将 CMM 上用的三维测量头直接安装在计算机数控机床上，该机床就能像 CMM 那样工作，而不需要购置昂贵的 CMM，可以针对尺寸偏差自动进行机床及刀具补偿，加工精度高，不需要将工件来回运输和等待，但会占用机床的切削加工时间。

现代数控机床，特别是在加工中心类机床上，如图 6-6 所示的三维测量头的使用已经很普遍。测量头平时可以安放于机床刀库中，在需要检测工件时，由机械手取出并和刀具一样进行交换，装入机床的主轴孔中。工件经过高压切削液冲洗，并用压缩空气吹干后进行检测，测量杆的测头接触工件表面后，通过感应式或红外传送式传感器将信号发送到接收器，然后送给机床控制器，由控制软件对信号进行必要的计算和处理。

图 6-6 数控机床的三维测量头

图 6-7a 所示为数控加工中心采用红外信号三维测量头进行自动测量的系统原理图。当装在主轴上的测量头接触到工作台上的工件时，立即发出接触信号，通过红外线接收器传送给机床控制器，计算机控制系统根据位置检测装置的反馈数据得知接触点在机床坐标系或工件坐标系中的位置，通过相关软件进行相应的运算处理，以达到不同的测量目的。图 6-7b 所示为在 CNC 车床上用三维测头对工件上孔的尺寸进行自动测量的过程。

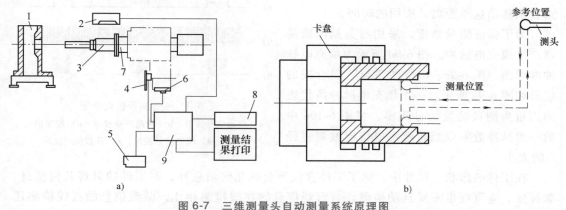

图 6-7 三维测量头自动测量系统原理图

a) 加工中心自动测量的系统原理图 b) CNC 车床对工件上孔的自动测量过程

1—工件 2—接收器 3—测量头 4—X、Y 轴位置测量元件 5—程序输入装置
6—Z 轴位置测量元件 7—机床主轴 8—CNC 装置 9—CRT

4. 激光测径仪

激光测径仪是一种非接触式测量装置。常用在轧制钢管、钢棒等热轧制件生产线上。为了提高生产效率并控制产品质量，必须随机测量轧制中轧件外径尺寸的偏差，以便及时调整轧机保证轧件符合要求。这种方法适用于轧制时温度高、振动大等恶劣条件下的尺寸检测。

激光测径仪包括光学机械系统和电路系统两部分。其中，光学机械系统由激光电源、氦氖激光器、同步电动机、多面棱镜及多种形式的透镜和光电转换器件组成；电路系统主要由整形放大、脉冲合成、填充计数部分、微型计算机、显示器和电源等组成。

激光测径仪的工作原理图如图 6-8 所示，氦氖激光器光束经平面反射镜 L_1、L_2 射到安装在同步电动机 M 转轴上的多面棱镜 W 上，当棱镜由同步电动机 M 带动旋转之后，激光束就成为通过 L_4 焦点的一个扫描光束，这个扫描光束通过透镜之后，形成一束平行运动的平行扫描光束。平行扫描光束经过透镜 L_5 以后，聚焦到光敏二极管 V 上。如果 L_4、L_5 中间没有被测钢管或钢棒，则光敏二极管的接收信号将是一个方波脉冲，如图 6-9a 所示。

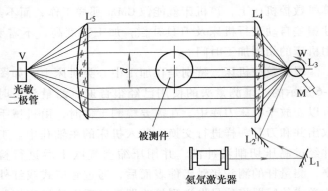

图 6-8　激光测径仪的工作原理图

脉冲宽度 T 取决于同步电动机的转速、透镜 L_4 的焦距及多面体结构。如果在 L_4、L_5 之间的测量空间中有被测件，则光敏二极管 V 上的信号波形将如图 6-9b 所示。图中脉冲宽度 T' 与被测件的大小成正比，T' 也就是光束扫描移动这段距离 d 所用的时间。

为了保证测量精度，采用石英晶体振荡器产生填充电脉冲。图 6-9d 所示为填充电脉冲波形图，图 6-9c、d 经过"与"门合成的波形如图 6-9e 所示。一个填充电脉冲所代表的当量为测试装置的分辨率。将图 6-10e 中的一组脉冲数乘以当量就可以得出被测直径 d 的大小。

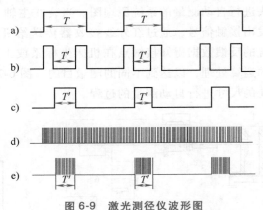

图 6-9　激光测径仪波形图

a) 原始信号波形　b) 检测信号波形　c) 处理信号波形　d) 填充信号波形　e) 计数信号波形

在工件的形状、尺寸中，除了工件直径等宏观几何信息外，对工件的微观几何信息，如圆度、垂直度也需要自动检测。与宏观信息的在线检测相比，微观信息的在线检测还远没有达到实用的程度。目前，微观信息的检测功能还没有装配到机床上，仍是一个研究课题。根据有关资料统计分析，像直线度这样的微观信息的检测方法主要有刀口法，还有以标准导轨或平板为基础的测量法以及准直仪法，但这些方法较难实现在线检测。

5. 机器人辅助测量

随着工业机器人的发展，机器人在测量中的应用也越来越受到重视，机器人辅助测量具有在线、灵活、高效等特点，特别适合自动化制造系统中的工序间和过程测量。同三坐标测量机相比，机器人辅助测量造价低，使用灵活而且容易入线。机器人辅助测量分为直接测量和间接测量。直接测量也称绝对测量，它要求机器人具有较高的运动精度和定位精度，因此造价较高；间接测量也称为辅助测量，其特点是测量过程中机器人坐标运动不参与测量过程，它的任务是模拟人的动作将测量工具或传感器送至测量位置，如图 6-10 所示的

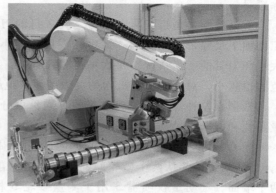

图 6-10　机器人辅助测量

测量机器人在对凸轮轴进行自动测量。间接测量方法具有如下特点：

1）机器人可以是一般的通用工业机器人，例如在车削自动线上，机器人可以在完成上、下料工作后进行测量，而不必为测量专门设置一个机器人，使机器人在线具有多种用途。

2）对传感器和测量装置要求较高，由于允许机器人在测量过程中存在运动或定位误差，因此，传感器或测量仪具有一定的智能和柔性，能进行姿态和位置调整并独立完成测量工作。

三、加工过程的自动补偿

加工过程的自动补偿（自动调整）是自动检测技术的进一步发展。在机械加工系统中，刀具磨损是直接影响被加工工件尺寸精度的因素。对一些采用调整法进行加工的机床，工件的尺寸精度主要取决于机床本身的精度和调整精度。如要保持工件的加工精度就必须经常停机调刀，这将会影响加工效率。尤其是对自动化生产线，不仅影响全线的生产效率，产品的质量也不能得到保证。因此，必须采取措施来解决加工中工件的自动测量和刀具的自动补偿问题。

目前，加工尺寸的自动补偿多采用尺寸控制原则，在不停机的状态下，将检测的工件尺寸作为信号控制自动补偿系统，实现脉动补偿。自动补偿系统一般由测量装置、信号转换或控制装置及补偿装置组成，其工作原理如图 6-11 所示。工件 1 在机床 5 上加工后及时送到测量装置 2 中进行检测。如因刀具磨损而使工件尺寸超过一定值时，测量装置 2 发出补偿信号，经信号转换、放大装置 3 转换、放大后由控制线路 4 操纵机床上的自动补偿装置使刀具按指定值做径向补偿运动。当多次补偿后，总的补偿量达

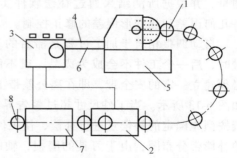

图 6-11　自动补偿的基本过程

1—工件　2—测量装置　3—信号转换、
放大装置　4、6—控制线路
5—机床　7—自动分类机　8—合格品

到预定值时停止补偿；或在连续出现的废品超过规定的数量时，通过控制线路 6 使机床停止工作。有时还可以同时应用自动分类机 7 让合格品 8 通过，并选出可返修品，剔除废品。

所谓补偿，是指在两次换刀之间进行的刀具的多次微量调整，以补偿切削刃磨损给工件加工尺寸带来的影响。每次补偿量的大小取决于工件的精度要求，即尺寸公差带的大小和刀具的磨损情况。每次的补偿量越小，获得的补偿精度就越高，工件尺寸的分散范围也越小，对补偿执行机构的灵敏度要求也越高。

根据误差补偿运动实现方式的不同，可分为硬件补偿和软件补偿。硬件补偿是由测量系统和伺服驱动系统实现的误差补偿运动。目前多数机床的误差补偿都采用这种方式。

图 6-12 所示为磨削轴承双端面的砂轮磨损自动补偿过程，磨床有左右两个砂轮 4 和 5，被磨削工件 7 从两个砂轮间通过，同时磨削两个端面，气动量仪喷嘴 3 用于测量砂轮 5 相对于定位板 6 的位置，并保证定位板 6 比砂轮 5 的工作面低一个数值 δ，以保证工件顺利输出。已加工工件 7 的厚度由挡板 2、气动量仪喷嘴 1 进行测量。如果砂轮 5 磨损了，则气隙 z_1 变大，气动量仪将发出信号，磨床控制系统对砂轮 5 进行自动补偿；如果工件尺寸过厚，则气隙 z_2 将变小，气动量仪也将发出信号，磨床控制系统对砂轮 4 进行自动补偿。

软件补偿主要针对像三坐标测量机和数控加工中心那样的结构复杂的设备。由于热变形会带来加工偏差，因此，软件补偿的原理通常是：先测得这些设备因热变形产生的几何误差，并将其存入这些设备所用的计算机软件中；当设备工作时，对其构件及工件的温度进行实时测量，并根据所测结果通过补偿软件实现对设备几何误差和热变形误差的修正控制。

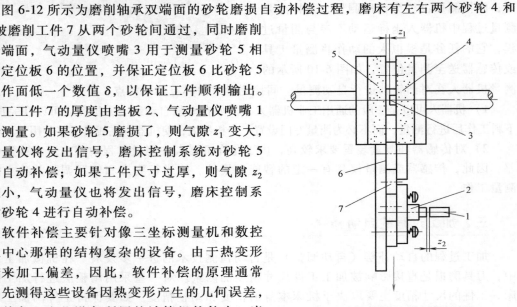

图 6-12 砂轮磨损自动补偿过程
1、3—气动量仪喷嘴 2—挡板 4、5—砂轮 6—定位板 7—工件

自动调整相对于加工过程是滞后的。为保证在对前一个工件进行测量和发出补偿信号时，后一个工件不会成为废品，就不能在工件已达到极限尺寸时才发出补偿信号，而必须建立一定的安全带，即在离公差带上、下限一定距离处，分别设置上、下警告界限，如图 6-13 所示。当工件尺寸超过警告界限时，计算机软件就发出补偿信号，控制补偿装置按预先确定的补偿量进行补偿，使工件回到正常的尺寸公差带 Z 中。图 6-13a 所示为轴的补偿带分布图，由于刀具的磨损，轴的尺寸不断增大，当超过上警告界限而进入补偿带 B 时，补调回到正常尺寸带 Z 中。图 6-13b 所示为孔的补偿带分布图，由于刀具磨损，孔的尺寸会逐渐变小，当超过下警告界限时就应自动进行补偿。如果考虑到其他原因，如机床或刀具的热变形会使工件尺寸朝相反的方向变化，则应将正常公差带放在公差带中部，两段均设置补偿带 B。此时，补偿装置应能实现正、负两个方向的补偿，其补偿分

布图如图 6-13c 所示。

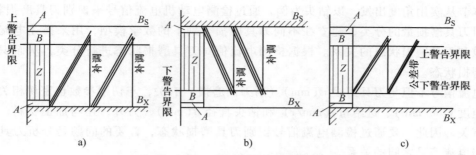

图 6-13　被加工工件的尺寸分布与补偿

a）轴的补偿带分布图　b）孔的补偿带分布图　c）考虑其他因素的补偿带分布图

第三节　刀具状态的自动识别和监测

一、刀具状态的自动识别

在机械加工过程中，最为常见的故障是刀具状态的变化。如果刀具的磨损和破损未被及时发现，将导致切削过程的中断，造成工件报废或机床损坏，甚至使整个自动化制造系统的运行中断。因此，刀具状态的识别、检测与监控是加工过程检测与监控中最为重要、最为关键的技术之一。刀具状态的识别、检测与监控，对降低制造成本、减少制造对环境的危害和保证产品质量都具有十分重要的意义。

1. 自动识别方法分类

本节介绍的刀具的自动识别是指刀具切削状态的识别。刀具的自动识别主要是在加工过程中，能在线识别出切削状态，如刀具磨损、破损、切屑缠绕以及切削颤振等。常用的识别刀具状态的方法有如下几种：

（1）功率检测　在刀具切削过程时，通过测量主轴电动机负载来识别刀具的磨损状态。因为发生磨损的刀具所消耗的功率比正常的刀具要大，如果功率消耗超过预定值，则说明刀具磨损严重，需要换刀。

（2）声发射检测　刀具在切削过程中会发出超声波脉冲，而磨损严重的刀具所发出的声波强度比正常值高 3~7 倍。如果检测出声波强度迅速增强，则需要停止加工，进行换刀。

（3）学习模式　通过建立神经元网络模型，利用事先获得的数据，对神经网络进行训练学习，当系统具有一定的判断能力后，便能对实际加工过程的刀具状态进行判别。

（4）力检测　通常检测作用在主轴或滚珠丝杠上力的大小，获取切削力或进给力的变化，如果该力大于设定值，则判定为刀具磨损，需要换刀。

在实际应用中，刀具切削自动识别的方法还有多种。如基于时序分析刀具破损状态识别、基于小波分析刀具破损状态识别和基于电流信号刀具磨损状态识别等。

2. 刀具状态自动识别实例

本节从实用角度出发，以钻头为例，通过检测电动机电流信号来识别刀具磨损状态。依据对刀具磨损量的分类，建立在不同刀具磨损类别下的数学模型，用来描述电流与切削参数和刀具磨损状态的关系。根据检测电流值对刀具磨损状态进行分类，从而识别刀具的磨损状态。

电流信号不但与刀具磨损 $w(\text{mm})$（后刀面磨损）有关，与切削参数也密切相关，即切削速度 $v(\text{m/min})$、进给量 $f(\text{mm/r})$ 和钻头直径 $d(\text{mm})$，另外，还与加工材料、刀具材料有关。因此，要通过检测电流信号识别刀具磨损状态，首要的问题是分析刀具磨损状态与电流信号之间的关系。

有关研究表明，随着刀具磨损的加剧，刀具与工件间摩擦的增加将导致电流信号幅值的增大。同时，主轴电流和进给电流随着刀具磨损几乎线性地增大，且刀具磨损对进给电流的影响较主轴电流大。电流信号随着钻头直径的增大而增大，而进给电流信号几乎与刀具直径呈线性关系，主轴电流信号则与刀具直径成二次方关系。随着切削速度的增大，电流信号的幅值增大；进给量增大时，电流信号的幅值也增大。

综上所述，在钻削过程中，刀具磨损、主轴速度、进给量和刀具直径都会对电流信号产生影响。因而，建立切削过程中的电流信号模型要考虑上述因素。如果知道了电流幅值和切削条件，便可以直接估算出刀具磨损状态，这需要建立电流信号与刀具磨损状态间的数学关系式。从影响因素之间的复杂性考虑，一般采用神经网络数学模型来描述这种关系，利用回归技术和模糊分类建立钻削过程的电流信号-刀具磨损状态识别模型。

（1）钻头磨损状态划分　钻削加工属于粗加工，钻头磨损状态很复杂，难以进行检测，但检测刀具磨损量不一定要获得精确的量，只要知道其在一定的磨损范围内即可。例如判断是否需要换刀时，只要知道钻头磨损在 $0.7 \sim 0.9\text{mm}$ 的范围内，就认为该钻头应被换下来。根据钻削过程的要求，把刀具磨损量分为 A、B、C 三类，各类的平均磨损量分别为 0.2mm、0.5mm、0.8mm。

（2）电流信号模型　钻削过程中，电流信号 I 与切削速度 v、进给量 f、刀具直径 d、刀具磨损量 w 直接相关。假设在新刃切削时，主轴电流的幅值 I_s 和进给电流的幅值 I_f 满足下式

$$\left. \begin{array}{l} I_s \propto k_s v^{a_1} f^{a_2} d^{a_3} \\ I_f \propto k_f v^{b_1} f^{b_2} d^{b_3} \end{array} \right\} \tag{6-1}$$

式中　　　　　k_s，k_f——刀具、工件材料以及其他因素的影响指数；

a_i，b_i（$i=1$，2，3）——切削参数的影响指数。

由式（6-1）可知，在一定的切削条件下，当刀具磨损状态一定时，将输出一个对应的电流值。为便于计算，在式（6-1）两端取对数

$$\lg I_s \propto a_0 + a_1 \lg v + a_2 \lg f + a_3 \lg d$$

$$\lg I_f \propto b_0 + b_1 \lg v + b_2 \lg f + b_3 \lg d$$

对应 A、B、C 三类刀具磨损量则有

A 类　　　　　　$\lg I_{sA} \propto a_{11} + a_{12} \lg v + a_{13} \lg f + a_{14} \lg d$

$$\lg I_{fA} \propto a_{21} + a_{22} \lg v + a_{23} \lg f + a_{24} \lg d$$

B 类

$$\lg I_{sB} \propto a_{31} + a_{32}\lg v + a_{33}\lg f + a_{34}\lg d$$

$$\lg I_{fB} \propto a_{41} + a_{42}\lg v + a_{43}\lg f + a_{44}\lg d$$

C 类

$$\lg I_{sC} \propto a_{51} + a_{52}\lg v + a_{53}\lg f + a_{54}\lg d$$

$$\lg I_{fC} \propto a_{61} + a_{62}\lg v + a_{63}\lg f + a_{64}\lg d$$

其中，A 类公式中的中系数 a_{11}、a_{12}、a_{13} 和 a_{14} 是将式（6-1）中的主轴电流关系两边取对数后，分别对应 k_s、a_1、a_2 和 a_3 的系数值；系数 a_{21}、a_{22}、a_{23} 和 a_{24} 是将式（6-1）中的进给电流关系两边取对数后，分别对应 k_f、b_1、b_2 和 b_3 的系数值。B 类、C 类公式中的相应系数依此类推。

根据上式可以建立如图 6-14 所示的神经网络模型，利用回归运算和足够的训练样本调节权重值。

因此，若已知切削参数 v、f、d，则对于某一类刀具磨损状态，将输出一组对应的电流值，即 I_{sA}、I_{fA}、I_{sB}、I_{fB}、I_{sC}、I_{fC}，把这些电流值与实际切削时检测获得的电流值 I_s、I_f 进行比较，其贴近程度就可反映刀具的磨损状态属于何类。一个比较理想的刀具磨损检测模型必须对刀具状态变化反应灵敏，而对切削条件变化不灵敏。图 6-15 所示是刀具磨损状态识别原理图。

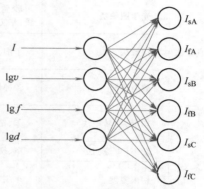

图 6-14 钻削电流神经网络模型

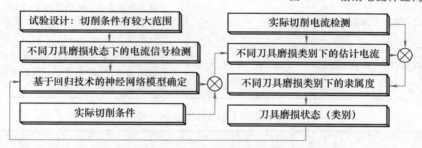

图 6-15 刀具磨损状态识别原理图

另外，由于计算机技术的快速发展，图像识别技术不仅应用于工件的自动识别上，还应用于刀具的自动识别上。图像识别系统由光电系统、计算机系统等组成。其原理是：在刀具自动识别的位置上，利用光源将待识别的刀具形状投射到由多个光电元件组成的屏板上，再由光电转换器转换为光电信号，将经计算机系统处理后的信息存到存储器中。在测量或换刀时，将待检测或待更换的刀具在识别点转换而成的图形信号与存储器中的图形信号进行比较，当两者一致时发出正确的识别信号，刀具便移动到测量点进行测量或移动到换刀位置上更换刀具。这种识别方法比较灵活、方便，但造价高，因此应用并不多。

二、刀具状态的监测

刀具检测技术与刀具识别技术往往是紧密联系在一起的，刀具的检测建立在刀具识别的基础上。在自动化制造系统中，必须设置刀具磨损、破损的检测与监控装置，以防止发生工件成批报废和设备损坏事故。因此，各国都有学者在从事这方面的研究工作，并提出了许多监测方法，如用接触式测量头或工业电视摄像机直接测量刀具的破损量；通过监测被加工零件的尺寸、表面粗糙度，以及加工过程中的切削力、功率和振动等的变化来间接判断刀具的磨损、破损状况等。表 6-2 和表 6-3 分别列出了目前正在研究的各种刀具磨损和破损的监测方法及其传感方式、应用场合和主要特性。

表 6-2　刀具磨损的监测方法

方法	传感方式	应用场合	主要特性
直接法	光学图像法	砂轮磨损、离线或在线，非实时监测多种刀具	分辨率为 $0.1\sim0.2\mu m$，精度为 $1\sim5\mu m$，尚未实用化，设备较昂贵
	接触法	车削、钻削刀具	灵敏度为 $10\mu m$，受切屑与切削温度变化的影响，有一定应用前景
	放射线法	各种切削工艺	灵敏度为 $10\mu m$，不受切屑、冷却液和切削温度的影响，需进一步解决防护问题，有应用前景
间接法	切削力（转矩法）	车、钻、镗削等	灵敏度为 $10\sim20\mu m$，其中切削分力比率法与功率谱分析法有应用价值
	功率（电流）法	车、铣、钻削等	灵敏度不高，响应慢，安装、使用方便
	切削温度法	车削等	灵敏度相当低，响应慢，不可用于使用切削液的场合，预测无应用前途
	刀具工件距离探测法	车削等	分辨率为 $0.5\sim2\mu m$，精度为 $2\sim5\mu m$，探测刀具磨损前后刀具与工件间距离的变化，多数方法处于试验研究阶段
	声发射法、噪声、振动分析	车、钻、铣、拉、镗、攻螺纹等	已得到证明，其中声发射（AE）法对车、铣、钻削等刀具破损灵敏，但尚未建立不同程度磨损的判据，有极大的应用前景

表 6-3　刀具破损的监测方法

方法	传感参数	传感原理	传感器件	主要特性
直接法	光学图像	光发射、折射及傅氏变换或其他函数变换，TV 摄像	光敏、激光、光纤、光学传感器，CCD 或摄像管	可提供直观图像，结果较精确，受切削条件影响，不易实现实时监测，正在进行实用化开发
	接触法	电阻变化，开关量，磁力线变化	应变片，印制电阻器，开关电路，磁隙传感器	简便，受切削温度、切削力和切屑变化的影响，不能实时监测，可靠性问题尚待解决
间接法	切削力	切削力变化，切削分力比率	应变片，动态应变仪，力传感器	灵敏度受切削力、切削温度和切屑变化的影响，可进行实时监测，可靠性问题尚待解决
	转矩	主轴电动机、主轴或进给系统转矩	应变片，电流表	成本低，易使用，已实用，对大钻头破损（折断）监测有效，尚待提高灵敏度
	功率	主电动机或进给电动机功率消耗	霍尔传感器、互感器或功率表	成本低，易使用，有商品供应商，尚待提高灵敏度
	振动	切削过程振动	振动加速度传感器	灵敏，有应用前途和工业使用潜力，抗机械干扰能力差

（续）

方法	传感参数	传感原理	传感器件	主要特性
间接法	超声波	接收主动发射超声波的反射波	超声波换能器与接收器	测量刀具切削部位,可实现转矩限制,灵敏度有限,受切削振动变化和切屑的影响,处于研究阶段
	噪声	切削区域加工噪声	麦克风	可进行切削状态、刀具破损监测,尚处于研究阶段
	声发射	刀具破损发出的声发射信号	声发射传感器	灵敏、实时、使用方便、成本适中,是最有希望的刀具破损监测方法,小量供应市场,有较大的工业应用潜力

表 6-2 和表 6-3 中的监测方法,除少数（如监测主轴电动机电流和主轴转矩的方法）开始应用于生产中外,大多数监测方法还处在实验室试验阶段,而且已经应用于生产的监测效果也不理想。因为加工过程中条件多变、刀具及工件材料不尽相同、难以选准值等原因,导致大多数监测方法不能得到实际应用。下面主要介绍具一些有实际应用价值的监测方法。

（1）直接测量法　在加工中心上或柔性制造系统中,零件加工大多采用多品种、小批量的方式生产,除专用刀具外,各种工具均用于加工多种工件或同一工件的多个表面。直接测量法就是直接检测刀具的磨损量,并通过控制系统的控制补偿机构进行相应的补偿,保证各加工表面具有应有的尺寸精度。

刀具磨损量的直接检测,对于不同的切削工具,测量的参数也不尽相同。对于切削刀具,可以测量其后刀面、前刀面或切削刃的磨损量;对于磨削工具,可以测量砂轮半径的磨损量;对于电火花加工,可以测量电极的耗蚀量。图 6-16 所示为镗刀切削刃的磨损测量原理图。

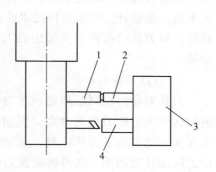

图 6-16　镗刀切削刃的磨损测量原理图
1—刀柄参考表面　2—磨损测量传感器　3—测量装置　4—刀具触头

首先将镗刀停止在测量位置上,然后将测量装置靠近镗刀并与其切削刃相接触,磨损测量传感器从刀柄的参考表面上测取读数,切削刃与参考表面的两次相邻的读数变化值即为切削刃的磨损值。测量动作、测量数据的计算和磨损值的补偿过程,都是由计算机控制系统完成的。在此基础上,如果规定了相应的临界值,则这种方法也能用于镗刀破损监控系统。

（2）间接测量法　在大多数切削加工过程中,刀具往往被工件、切屑等所遮盖,所以很难直接测量其磨损量。因此,目前对刀具磨损的测量,更多的是采用间接测量法。下面主要以切削力为判据来描述间接测量的原理。

切削力对刀具的破损和磨损十分敏感。当刀具磨钝或轻微破损时,切削力会逐渐增大。而当刀具突然崩刃或破损时,三个方向的切削力会明显增大。车削加工时,以进给力 F_f 最为敏感,背向力 F_p 次之,主切削力 F_c 最不敏感。可以用切削力的比值或比值的导数作为判别依据。例如,正常切削时 $F_f/F_c = 40\%$, $F_p/F_c = 28.2\%$,刀具损坏时对应的值均比上述值高 13% 以上。

车削测力仪 Kistler9263 型、铣削测力仪 Kistler9257A 型等都是具有代表性的实用测量仪，它们均采用压电晶体作为力传感器元件进行测量。德国亚琛工业大学则是在刀架夹紧螺钉处安装应变片测力元件。德国 Promess 公司生产的力传感器专门装在主轴轴承上，即制成专用测力轴承，使用十分方便。其工作原理是：在滚动轴承的外环圆周上开槽，沿槽底放入应变片，滚动体经过该处即发生局部应变，经应变片桥路给出交变信号，其幅度与轴承上的作用力成正比；应变片按 180° 配置，两个信号相减得轴承上作用的外力，相加则得到预加载荷。若能预先求得合理的极限切削力，则可判断刀具的正常磨损与异常损坏。

间接测量的方法还有很多，每种方法都有其优点和缺点。如何开发出实用、灵敏、稳定性好的测量装置，是今后自动化检测技术研究的重要课题。

三、刀具的自动监控

随着柔性制造系统（FMS）、计算机集成制造系统（CIMS）等自动化加工系统的发展，对加工过程中刀具切削状态的实时在线监测技术的要求越来越高。原来由人观察切削状态，判别刀具是否磨损、破损的任务改由自动监控系统来承担。因此该系统的好坏，将直接影响加工自动化系统的产品质量和生产效率，系统出现严重问题时甚至会造成重大事故。据统计，采用监控技术后，可减少 75% 的由人和技术因素引起的故障停机时间。目前，对刀具的监控主要集中在刀具寿命、刀具磨损、刀具破损以及其他形式的刀具故障等方面。

1. 刀具寿命自动监控

刀具寿命的检测原理是通过对刀具加工时间的累计，直接监控刀具的寿命。当累计时间达到预定的刀具寿命时，发出换刀信息，计算机控制系统将立即中断加工作业，或者在加工完当前工件后停机，起动换刀机构换上备用刀具。利用控制系统实现检测装置的定时和计数功能，便可根据预定的刀具寿命或者根据在有效刀具寿命期内可加工的工件数，实现刀具寿命的管理与监控。还有一种是建立在以功率监控为基础的统计数据上的刀具寿命监测方法，采用这种方法时无需预先确定刀具寿命，而是通过调用统计的"净功率-时间"曲线和可变时钟频率信号来适应不同的刀具和切削用量，实现对刀具寿命的监控。它们能随时显示刀具使用寿命的百分数，当示值达到 100% 时，表示已到临界磨损，应给予更换。

2. 刀具磨损、破损自动监控

由于小直径的钻头和丝锥等刀具在加工中容易折断，故应在攻螺纹前的工位设置刀具破损自动检测，并及时报警，以防止后序工具的破坏和出现成批的废品。图 6-17 所示为在机床上测量切削过程中产生的振动信号，监控刀具磨损的系统原理图。由于刀具磨损和破损的振动信号变化很明显，图 6-17 所示在刀架的垂直方向安装一个加速度计以获取和引出振动信号，并经过电荷放大器、滤波器、模数转换器预处理后，送入计算机进行数据处理和比较分析。当计算机判别刀具磨损的振动特征量超过允许值时，控制器便发出更换刀具的信号。

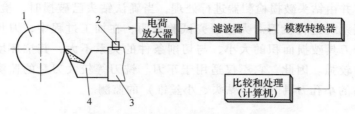

图 6-17　刀具磨损振动监测系统原理图
1—工件　2—加速度计　3—刀架　4—车刀

考虑到刀具的正常磨损与异常磨损之间的界限不明确，要事先确定一个界定值比较困难，因此，最好采用模式识别方法来构造判断函数，并且能在切削过程中自动修正界定值，这样才能保证在线监控的结果正确。此外，正确选择振动参数以及排除切削过程中干扰因素的敏感频段也是很重要的。

另一方面，零件加工表面的表面粗糙度的值随着切削时间的增加而逐步变大，图 6-18 所示为刀具磨损与加工表面粗糙度 Ra 的关系特征曲线。因此，也可以通过监测工件的表面粗糙度来判断刀具的磨损状态，该方法中检测信号的处理比较简单，可将工件所要求的表面粗糙度指标和表面粗糙度信号方差变化率构成逻辑判别函数，既可以有效地识别刀具的急剧磨损或微破损，又能监测工件的表面质量。

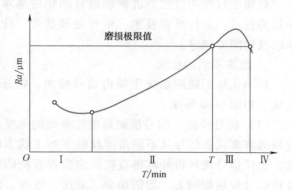

图 6-18　刀具磨损与加工表面
粗糙度 Ra 的关系特性曲线

利用激光技术也可以方便地监测工件的表面粗糙度，其基本原理是：激光束通过透镜射向工件的加工表面，由于表面粗糙度的值不同，所反射的激光强度也不相同，因而通过检测反射光的强度和对信号进行比较分析，就可以监测表面粗糙度并判断刀具的磨损状态。由于激光可以远距离发送和接收，因此，这种监测系统便于在线实时应用。

此外，用声发射法来识别刀具破损的精度和可靠性也较高，此法已成为目前很有前途的一种刀具破损监控方法。声发射（Acoustic Emission，AE）是固体材料受外力或内力作用而产生变形、破裂或相位改变时，以弹性应力波的形式释放能量的一种现象。刀具损坏时，将产生高频、大幅度的声发射信号，它可用压电晶体等传感器检测出来。由于声发射的灵敏度高，因此能够进行小直径钻头破损的在线检测。图 6-19 所示为声发射钻头破损检测装置系

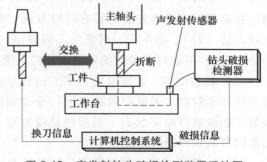

图 6-19　声发射钻头破损检测装置系统图

统图。当切削加工中发生钻头破损时，用安装在工作台上的声发射传感器检测钻头破损所发出的信号，并由钻头破损检测器进行处理，当确认钻头已破损时，检测器发出信号，通过计算机控制系统进行换刀。大量研究试验表明，在加工过程中，刀具磨损时的声发射值主要取决于刀具破损面积的大小，与切削条件的关系不大，其抗环境噪声和振动等随机干扰的能力较强。因此，它不仅适用于车刀、铣刀等较大刀具的监测，也适用于直径为 $\phi1mm$ 左右的小孔刀具（如小钻头、小丝锥）的监测。

第四节 加工设备的自动监测

一、监控系统的组成、要求和分类

对加工过程的监控是机械制造自动化的基本要求之一。加工过程的在线监控涉及很多相关技术，如传感器技术、信号处理技术、计算机技术、自动控制技术、人工智能技术以及切削原理等。

1. 监控系统的组成

自动化加工监控系统主要由信号检测、特征提取、状态识别、决策和控制四个部分组成，如图 6-20 所示。

（1）信号检测 信号检测是监控系统的首要步骤，加工过程的许多状态信号从不同角度反映了加工状态的变化。可见，监控信号选择得好坏将直接决定监控系统的成败。常见被检信号包括切削力、切削功率、电压、电流、声发射信号（AE）、振动信号、切削温度、切削参数和切削转矩等。一般要求监控信号应具备能迅速、准确地反映加工状态的变化，便于在线测量，不改变加工系统结构，影响因素少，抗干扰能力强等特点。监控信号用相应的传感器获取并进行预处理。

（2）特征提取 特征提取是对检测信号进行进一步加工处理，从大量检测信号中提取出与加工状态变化相关的特征参数，其目的在于提高信号的信噪比，增加系统的抗干扰能

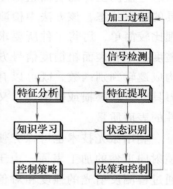

图 6-20 加工监控
系统的一般结构

力。目前常用的提取方法主要有时域方法（均值、滤波、差值、相关系数、导数值等）、频域方法（FFT、功率谱、谱能量、倒频谱）和时频分析方法（短时 FFT、维格尔分布、小波分析）。提取特征参数的质量对监控系统的性能和可靠性具有直接的影响。

（3）状态识别 状态识别实质上是通过建立合理的识别模型，根据所获取的加工状态的特征参数对加工过程的状态进行分类判断。从数学的角度来理解，模型的功能就是映射特征参数与加工状态。当前的建模方法主要有统计方法、模式识别、专家系统、模糊推理判断和神经网络等。

（4）决策和控制 根据状态识别的结果，在决策模型指导下对加工状态中出现的故

障做出判断，并进行相应的控制和调整，例如改变切削参数、更换刀具和改变工艺等。要求决策系统具有实时、快速、准确和适应性强等特点。

上述四个方面的过程是一个循环，通常一个复杂的故障不是通过一个循环就能正确找到症结的，往往需要经过多次诊断、反复循环，才能逐步加深对故障认识的深度。

图 6-21 所示为故障诊断过程各环节之间的关系，它包括诊断数据库建立和诊断过程实施两大部分，而诊断过程实施部分则是一个典型的反复循环、由表及里的模式识别的过程。

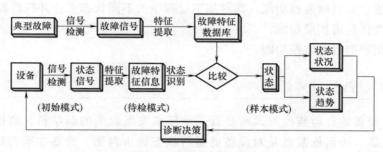

图 6-21 故障诊断过程

随着信息技术的发展，机械加工制造系统对加工过程的监控提出了更高的要求，监控系统正朝着多参数、多模型、多适应、自学习、智能化以及容错等方向发展。模式识别、神经网络等将广泛地应用于加工过程的在线检测、状态识别和智能决策中。

2. 对监控系统的要求

对加工过程、机床及刀具工况进行监控，是自动化加工监控系统的三个主要任务。各任务除了要选好状态变量之外，还必须满足如下要求：

1）加工过程往往需要监控多个状态变量，仅监控一个状态变量是不够的。

2）由于自动化加工系统本身的加工特性，必须监测振动情况，在多轴加工的情况下，还必须选择监测方向。

3）系统中必须采用相应的识别控制程序对加工过程出现的异常状态进行识别。

4）由于交换部件、刀具的数量大，控制程序长，因此必须监测加工过程的初始条件。

随着计算机技术及制造业水平的提高，新型的监控与诊断系统将不断涌现，这些系统具有相同的特性，主要体现在：较高的运算速度与较短的响应时间、系统软件具有可移植性、具有开放式结构及高质量的人机接口、具有与各种网络的异构性及自适应能力。

当前，在加工过程监控领域所开展的研究工作主要包括如下方面：

（1）机床状态监控 包括：机床主轴部件监控、机床导轨部件监控、机床伺服驱动系统监控、机床运行安全监控和机床磨损状态监控等。

（2）刀具状态监控 包括：刀具磨损状态监控、刀具破损状态监控、刀具自动识别、刀具自动调整、刀具补偿和刀具寿命管理等。

（3）加工过程监控 包括：加工状态监控、切削过程振动监控、切削力监控、加工中温度监控、加工工序识别和润滑系统监控等。

（4）加工工件质量监控　包括：工件尺寸精度监控、工件形状精度监控、工件表面粗糙度监控、工件安装定位监控和工件自动识别等。

先进制造技术的发展，对制造过程和产品质量监控技术提出了新的要求，加工过程监控系统也应与之适应，具备如下新的功能和特点：

1）智能传感器功能，如多传感器融合、信号处理决策和传感器集成等内容。

2）适应工况频繁变化的高鲁棒性监视功能。

3）自组织、自学习和自适应能力，以适应加工过程中的各种变化。

4）多功能、多目标监控功能，能对加工过程中的不同状态实行并行监控。

5）高柔性化且可扩展功能。

6）集成化制造过程监控功能。

二、加工设备的故障诊断

机械加工设备的自动监控与诊断是近几十年来发展起来的新学科。监控的目标就是检测并诊断故障。所谓诊断就是对设备的运行状态做出判断。设备在运行过程中，内部零部件和元器件因为受到力、热、摩擦和磨损等多种作用，其运行状态不断变化，一旦发生故障，往往会导致严重后果。因此，必须在设备运行过程中对设备的运行状态及时做出判断，采取相应的决策，在事故发生以前就能发现并加以排除。

在传统的生产过程中，刀具、加工过程以及机床等的监控是基于机床操作者的经验。操作者靠观察了解加工过程，必要时可采取相应的行动。例如，设备运行状态不正常就必须及时检修或停止使用，这样做可大大提高设备运行的可靠性，从而提高设备乃至全生产线的生产率。自动化加工系统的自动运行也可以通过一个有效的自动监控系统来实现。

加工设备的自动监控与故障诊断主要有四个方面的内容。

1. 状态量的监测

状态量的监测就是用适当的传感器实时监测用来衡量设备运行状态是否正常的状态参数。例如，用加速度计、温度计监测回转机械的振动幅值及温度变化情况，就可以判别该机械的轴承是否损坏、各紧固件是否发生松动等；或采用振动传感器监测机械设备的振动情况。

加工设备状态的监控与诊断中，通常监测的参数有振动（位移、速度或加速度）、温度、压力、油料成分、电压、电流和声发射（AE）等。

监测振动的幅值和频谱变化，可以判断机床等机械设备的运行状态。若振动幅值或振动的频谱发生变化且超出正常范围，说明机械设备的轴承、齿轮、转轴等出现磨损、破损、破裂等故障。

监测设备的温度，可以判别机床主轴、轴承、刀具磨损和破损状态。

监测油压、气压能及时预报油路、气路的泄漏状况，防止夹紧力不够而出现故障。

监测润滑油的成分变化可以预测轴承等运动部件磨损、破损的出现。

监测电压、电流可以监测电子元件的工作状态以及负荷的情况。

监测声发射（AE）信号可以判断切削状态（刀具磨损和破损、切屑缠绕等）以及轴承和齿轮的破裂等故障。

2. 加工设备运行异常的判别

运行异常的判别是将状态量的测量数据进行适当的信号处理，判断是否出现反映设备异常的信号。对于状态量逐渐变化造成运行异常的情况，可以根据其平均值进行判别。但是，在某些情况下，如果状态量的平均值不变化，而状态参数值的变化却在逐渐增大，此时，仅根据运行状态量的平均值是不能判别其是否出现异常情况的，而需要根据其方差值进行判别。对于同样的振动数据，例如由滚动轴承损伤所产生的特定频率的振动，其异常现象用振动信号的方差也难以发现，这时就要找出这些数据中含有哪些频率成分，然后采用相关分析、谱分析等信号处理方法才能判别。

3. 设备故障原因的识别

对设备运行状态的监测和状态异常的判别，只能判断某台设备运转不正常，出现了故障，而不能识别出发生故障的原因和位置。然而，不知道故障发生的原因就很难排除故障，更不会防止该故障的再次出现。识别故障的原因是故障诊断中最难、最耗时的工作。随着科学技术的进步，机械设备结构越来越庞大、复杂，而且涉及机械、电子、液压、计算机、通信和系统工程等多个领域的专业技术。针对一种故障，往往需要多个方面的维修专家联合诊断才能找出其真正的原因。

4. 控制决策

找出故障发生的地点及原因后，就要对设备进行检修，排除故障，保证设备能够正常工作。为了减少故障出现对生产造成的损失，可在生产现场采用更换元件、部件以及整块印制电路板的方法。例如，如果判断出故障的原因是某块电路板工作不正常，则更换上备用电路板，先保证设备投入正常运行，以后再对更换下来的电路板进行故障查找并进行修复待用。

状态监测是故障诊断的基础，故障诊断是对监测结果的进一步分析和处理，而控制决策是在监测和诊断的基础上做出的，三者必须紧密集成在一起。

下面简要介绍用于设备状态监测的振动监测法和油料监测法。

（1）振动监测法 表征结构固有特性的参数是固有频率、阻尼比和模态（或振型）等，一旦结构由于某种原因发生变化（破裂、磨损、紧固件松动等），表征其固有特性的固有频率、阻尼比和模态也必将发生相应的变化，通过对这些物理量的监测，即可实现对设备状态的监测。

用振动传感器监测机械设备的振动时，通常对轴承在 H（水平）方向、V（垂直）方向和 A（轴）方向进行监测，具体的安装方向主要取决于故障的类型以及振动传播的难易程度。当轴承受轴向力时，传感器最好安装在 A（轴）方向；当监测安装在刚性基础上的轴承座的振动时，传感器安装在 H（水平）方向比 V（垂直）方向的灵敏度要高。

（2）油料监测法 润滑油在机器中不断地循环流动，必然携带着关于机器中零部件运行状态的大量信息。这些信息可以提供有关零件磨损的类型、程度以及机器剩余寿命的信息，从而指导人们进行有计划的维修。

油样的分析过程可分为采样、监测、诊断、预测和处理五个步骤。目前，常用的润滑油样分析法有油样光谱分析法（Spectrometric Oil Analysis Program，SOAP）、铁谱分析法和润滑油铁粉浓度分析法。

1）油样光谱分析法。该方法是利用原子吸收或发散光谱分析润滑油中金属颗粒的成分和含量，以判断零件磨损的程度。由于设备中不同零件的材质不同，所含的元素也不同，因此分析油料中的金属浓度便可以判断机器的异常部位。

2）铁谱分析法。测量润滑油中磨损粉粒的浓度，或把油样经过一定处理稀释后放在玻璃板上，通过显微镜观察磨损粉粒的形状及大小分布，从而判断设备是否发生异常。

3）润滑油铁粉浓度分析法。对于低速回转的机械设备，用振动法难以诊断异常，这时通常采用该方法，即通过由于轴承磨损而进入润滑油的金属磨粒的含量来评价轴承的磨损程度。

随着计算机技术的发展，人工智能的研究取得了较大的成就。建立在此基础上的故障检测与诊断专家系统对于复杂的现代化生产设备，如 CNC 机床、工业机器人、乃至整个自动化生产线的故障诊断起到了积极的作用。现代故障检测与诊断系统正向复杂化、智能化、超远距离监测等方向发展。

第五节　相关的检测技术

一、无损探伤检测技术

无损探伤检测是在不破坏或损伤原材料和工件等受检对象的前提下，测定和评价物质内部或外表的物理和力学性能，包括各类缺陷和其他技术参数的综合性应用技术，它对于控制和改进生产过程和产品质量，保证材料、零件和产品的可靠性及提高生产率起着关键的作用，是发展现代工业必不可少的重要技术措施之一。无损探伤检测技术在材料加工、零件制造、产品组装直至产品使用的整个过程中，不仅起到保证质量、保障安全的监督作用，还在节约能源及资源、降低成本、提高成品率和劳动生产率方面起着积极的促进作用。

无损探伤检测作为一项工业技术，从应用角度来说，主要有以下三种形式：

1）生产过程质量控制中的无损检测，即应用于产品的质量管理。它可以剔除每道生产工序中的不合格产品，并把检测结果反馈到生产工艺中去，以指导和改进生产，监督产品的质量。

2）用于成品的质量控制，即用于出厂前的成品检验和用户验收检验，它主要是检验产品是否达到设计性能，能否安全使用。

3）在产品使用过程中的检测，即维护检验。它是用户在使用产品或设备的过程中，经常或定期地检查是否出现危险性缺陷而采用的无损探伤检测方法，有时也称为在役检查。这种检测可以做到"防患于未然"，对消除灾害性事故起着重要的作用。

对零件质量和内部缺陷进行 100% 的无损探伤检测，是先进制造技术质量控制的发展趋势之一，电、磁、声、光等物理学的进步给无损检测技术以极大的推动，同时由于航空、航天、核电等工业的高速发展，促使了无损探伤检测技术的飞跃发展。在无损探伤检测技术中，除了常用的射线、超声波、磁力、电磁感应（涡流）和渗透（荧光、着色）等方法外，近代不断涌现的无损探伤技术还有电子透射照相法、高能 X 射线法、射线层析照相法、光学全息法、超声全息法、红外测试法和微波测试法等。材料和零件性能的无损探伤检测方法包括剩磁法、矫顽力法、涡流法、磁噪声法（巴克森效应法）、高次谐波法、超声散射回波法和声发射法等。以下介绍几种常见的无损探伤检测手段。

1. 磁粉探伤检测

磁粉探伤检测是通过铁磁性材料的磁性变化来探测铁磁性材料工件表面和近表面是否有缺陷的一种无损检测方法。它具有设备简单、操作方便、检验速度快、观察缺陷直观和灵敏度较高等优点，因此在工业生产中得到了广泛的应用。

磁粉探伤适合检测铁磁性材料及其合金，主要是铁、钴、镍及其合金。可用于板材、型材、管材、锻造毛坯等原材料和半成品的检查，也可以用于锻钢件、焊接件和铸钢件加工制造过程中的工序间检查和最终检查，以及重要设备和机械、压力容器的定期检查等。

磁粉探伤检测可以检测铁磁性材料和构件的表面或近表面的缺陷，对裂纹、发纹、折叠、夹层和未焊透等缺陷较为灵敏，采用交流电磁化可以检测表面下 2mm 以内的缺陷，采用直流电磁化可以检测表面下 6mm 以内的缺陷。

磁粉检测设备有固定式、移动式和手提式三种类型，对各种大小不同的零部件、结构件、装置和设备都可以进行检测。建立磁场的方式有恒磁法和电磁法，前者使用永久磁铁，后者利用电流的磁场。显示介质主要是磁粉和磁悬液。磁粉探伤的应用范围见表 6-4。

表 6-4　磁粉探伤的应用范围

应用范围	检测对象	可发现缺陷
成品检测	精加工后任何形状和尺寸的工件；热处理和吹砂后，不再进行机械加工的工件；装备组合件的局部	淬裂、磨裂、锻裂、发纹、非金属夹杂物和白点
半成品检测	吹砂后的锻钢件、铸钢件、棒材和管材	表面或近表面的裂纹、压折叠与锻折叠、冷隔、疏松和非金属夹杂物
工序间检测	半成品在每道机械加工和热处理工序后的检测	淬裂、磨裂、折叠和非金属夹杂物
焊接件检测	焊接组合件、型材、压力容器等大型结构件焊缝	焊缝及热影响区裂纹
返修检测	使用过的零部件	疲劳裂纹及其他材料缺陷

磁粉探伤检测的原理是基于通电导体周围产生磁场时的电磁感应现象。如图 6-22 所示，检测时将工件置于磁场中进行磁化，磁化后工件无缺陷部分的磁导率不变，磁力线的分布是均匀的；若工件有缺陷，则由于裂纹、气孔等缺陷本身的磁导率远远小于工件材料的磁导率，即缺陷部位的磁阻很大，阻碍磁力线的通过，于是磁力线只能绕过缺陷而产生弯曲。当缺陷位于工件表面及近表面时，磁力线不但在内部产生弯曲，而且有一

部分磁力线会因绕过缺陷而逸出工件表面，暴露在空气中。磁力线从一端到另一端就形成一个磁场，暴露在空气中从缺陷一端到另一端的磁力线也形成一个小磁场，称为漏磁场，如图 6-22 中的 S-N 磁场。如果在工件表面洒上磁导率很高的磁性铁粉（或浇上铁粉悬浮液），则部分铁粉就会被缺陷部位产生的漏磁场吸住，由于漏磁场的作用范围比实际缺陷的宽度大数倍至数十倍，所以磁痕的宽度也比真实缺陷宽得多，即很容易显示出缺陷。

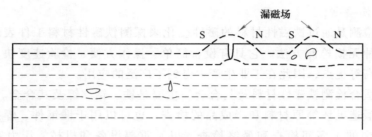

图 6-22　磁粉探伤检测原理

　　从上述原理可知，形成漏磁场是磁粉探伤检测的基本条件。若缺陷埋藏较深，磁力线无法逸出工件，则不能形成漏磁场。因此，磁粉探伤检测只能检出表面或近表面的缺陷。此外，缺陷必须与磁力线垂直（或成一定的夹角），因为与磁力线平行的缺陷阻碍磁力线通过的断面很小，磁力线只发生很小的弯曲，不足以产生漏磁场。因此对每一个工件必须进行纵、横两个方向的磁化和检测。

　　磁粉探伤的优点主要有：①显示直观，磁痕一般比裂纹尺寸大，易于观察；②探测灵敏度高，能探测到的最小缺陷宽度可达 $0.1\mu m$；③适应性好，对于几何形状复杂的工件，可以采用不同的磁化方法，对工件进行有效的全面检测；④设备简单、成本低、操作方便、效率高。

　　磁粉探伤的缺点是：①只限于铁磁性材料的检查，主要包括碳钢、高强度合金钢、电工钢；②只能够检测工件的表面及近表面的缺陷；③不能定量地测出缺陷的深度；④必须用人眼来观察，易造成操作人员的疲劳。

　　2. 超声波探伤检测

　　超声波探伤检测可探测厚度较大的材料，且具有检测速度快、费用低、能对缺陷进行定位和定量、对人体无害及对危害较大的平面缺陷的探测灵敏度高等优点，在生产实践中已获得了广泛的应用。

　　超声波用于无损探伤检测，主要是因为其具有以下特性：①超声波在介质中传播时，遇到界面会发生反射；②超声波的指向性好，且频率越高，指向性越好；③超声波的传播能量大，对各种材料的穿透力强，而且超声波的声速、衰减、阻抗和散射等特性为超声波的应用提供了丰富的信息。

　　超声波检测对于平面状的缺陷，如裂纹，只要波束与裂纹平面垂直，就可以获得很高的缺陷回波。但是对于球状缺陷，如气孔，假如气孔不是很大或不太密集，就难以获得足够的回波。

　　超声波检测的最大优点是对裂纹、夹层、折叠和未焊透等缺陷具有很强的检测能力。

超声波检测也有一定的局限性，主要表现为：①记录性差，无法比较直观地判断缺陷的几何形状、尺寸和性质；②技术难度较大，其效果和可靠程度往往受到操作人员技术水平的影响。

超声波检测用于现场检测时，主要是检测设备构件内部及表面缺陷，或用于压力容器、管道壁厚的测量等。检测时，将探头放在被测件表面，探头或测试部位应涂水、油或甘油等，以使两者紧密接触。然后通过探头向被测件发射纵波（垂直探伤）或横波（斜向探伤），并接收从缺陷处传回的反射波，由此对其缺陷进行判断。根据超声波的波形、发射和接收的方式，超声波探伤检测有多种方法。

（1）共振法 共振法是利用共振现象来检测物体缺陷的方法，主要用于检测被测件的厚度。检测时，通过调整超声波的发射频率，改变发射到被测件中的超声波的波长，当使被测件的厚度为超声波半波长的整数倍时，入射波和反射波相互叠加便产生共振。根据共振时谐波的阶数及超声波的波长，就可测出工件的厚度。

（2）穿透法 穿透法又叫透射法，是根据超声波穿透被测件后的能量变化来判断工件内部有无缺陷的。检测时，将两个探头分别置于被测件相对的两个侧面，一个探头用于发射超声波，另一个探头用于接收透射到另一个侧面的超声波，并根据所接受超声波的强弱来判断被测件内部是否有缺陷。若被测件内无缺陷，超声波穿透被测件后衰减较小，接收到的超声波较强；若超声波的传播路径中存在缺陷，超声波在缺陷处就会发生反射或折射，并部分或完全阻止超声波到达接收头。这样，根据接收到的超声波能量的大小就可以判断出缺陷的位置及大小。

（3）脉冲反射法 该方法是目前应用最广泛的一种超声波检测法。其探伤原理是将有一定持续时间和一定频率间隔的超声脉冲发射到被测件，当超声波在被测件内部遇到缺陷时，就会产生反射，根据反射信号的时差变化及其在显示器上的位置就可以判断出缺陷的大小及深度。

3. 射线探伤检测

射线是指 X 射线、α 射线、β 射线、γ 射线、电子射线和中子射线等，其中 X 射线、γ 射线、中子射线易于穿透物体，但在穿透物体的过程中会被吸收和散射。因此，其穿透物体后的强度小于穿透前的强度。衰减的程度由物体的厚度、材质以及射线的种类而定。当厚度相同的板材含有气孔时，有气孔的部分不吸收射线，容易通过。相反，如果板材混进了容易吸收射线的异物，则在这些地方射线难以通过。因此，用强度均匀的射线照射需检测的物体，使透过的射线在照相胶片上感光，胶片显影后就可得到与材料内部结构和缺陷相对应的灰度不同的图像，即射线底片，通过对这种底片进行观察，可以检测缺陷的种类、大小和分布状况等，这种检测方法就称为射线照相探伤法，如图6-23所示。

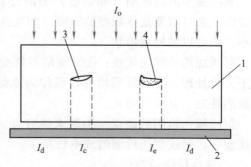

图 6-23 射线照相探伤法
1—被测件 2—射线感光胶片
3—气孔（缺陷） 4—夹杂（缺陷）

除了照相法外，射线探伤检测还有电离检测法和荧光屏直接观察法。

（1）电离检测法　当 X 射线通过气体时，撞击气体分子，使其中的某些原子失去电子而变成离子，同时产生电离电流，如果让穿透被测件的射线通过电离室，那么在电离室内便会产生电离电流。不同的射线强度穿过电离室后产生的电离电流也不相同。电离检测法就是利用测定电离电流的方法来测定 X 射线强度，根据 X 射线强度的不同可以判断被测件内部质量的变化。检测时，可用探头（即电离室）接收射线，并转换为电信号，经放大后输出，其基本工作原理如图 6-24 所示。

图 6-24　电离探伤检测原理

（2）荧光屏直接观察法　荧光屏直接观察法是将透过检测物体后的不同强度的射线，透射在涂有荧光物质的荧光屏上，激发出不同强度的荧光来，成为可见影像，从荧光屏上辨认缺陷。在荧光屏上所看到的缺陷影像与照相法在底片上所得到的影像灰度相反。在荧光屏上观察时，为了减少直射 X 射线对人体的影响，在荧光屏后用一定厚度的铅玻璃吸收 X 射线，并将图像经过 45°的二次反射后进行观察，如图 6-25 所示。

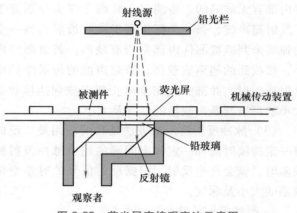

图 6-25　荧光屏直接观察法示意图

射线探伤检测只适用于与射线束方向平行的、厚度或密度上有明显异常的部分。因此，其检测平面型缺陷（如裂纹）的能力取决于被测件是否处于最佳辐射方向。而在所有方向上都可以测量体积型的缺陷（如气孔、夹杂），只要缺陷相对界面厚度的尺寸不是太小，均可以被检测出来。

射线探伤检测的优点：①对缺陷形象检测直观，对缺陷的尺寸和性质判断比较容易，便于分析处理；②射线照相底片可作为原始资料长期保存；③利用图像处理技术可以实现缺陷评定、分析自动化。

射线探伤检测的缺点：①对人体有害，在检测中必须注意防护；②相对于其他检测方法而言，射线探伤检测的成本较高。

4. 涡流探伤检测

涡流探伤检测是广泛应用于导电材料检测的一种常规方法。它的原理与超声、磁粉和射线等检测方法都不同。涡流探伤检测只适用于导电材料，因为只有导电材料才能产生涡流。所谓涡流，就是在周围交变磁场的作用下，在导电试件中感应出的漩涡状的电流。

涡流探伤检测是以电磁感应理论为基础的，其工作原理是检测敏感（激励）线圈磁场和感应涡流磁场之间的交互作用。如图 6-26 所示，当敏感线圈通入高频交流电流时，该线圈周围产生交变磁场，如果此时将金属试件移入此交变磁场中，试件表面就会感应出电涡流，而此电涡流又会产生自己的磁场，该磁场的作用是削弱和抵消敏感磁场的变化。对于内部质地均匀的试件，其自身的化学成分、电导率等都是固定的，因而在一般情况下，涡流按小圆环流动，但如果在涡流流动的路径上有一条裂纹或一个小凹坑等缺陷，则涡流的流动就会受到影响，涡流在缺陷附近将发生畸变。该畸变的涡流产生畸变的涡流磁场，而造成磁场强度发生变化，因此涡流磁场中包含了试件好坏的信息。具体检测方法分为单线圈检测和双线圈检测两种形式：单线圈检测法（图 6-26a）是通过检测敏感线圈阻抗的变化来反应磁场的变化情况，由于线圈的等效阻抗与被测金属导体的电导率和磁导率直接相关，存在缺陷的金属表面或近表面将引起被测导体电导率和磁导率的变化，从而引起线圈的等效阻抗变化；双线圈检测法（图 6-26b）是通过使用另外一个线圈作为检测线圈，检测这两个磁场的叠加效果，依据法拉第电磁感应定律，检测线圈中将产生一个感应电动势，测量检测线圈中产生的电压，即可得到磁场的变化情况。

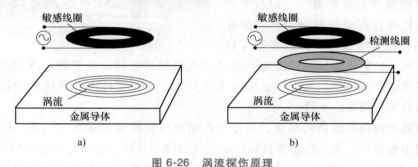

图 6-26 涡流探伤原理
a）单线圈检测 b）双线圈检测

二、气密性检测技术

气密性检测是电子、机械、化工及其他科研产品中常用的质检项目。气密性通常是指具有一定几何空间容器的密闭程度，对于大部分有气密性要求的检测件，气体的泄漏量通常是一个微小量。针对产品不同的气密性要求，有不同的检测方法。

1. 干式气密性检测

（1）压降法 在被测工件的内腔中充入一定的气体，如果内腔存在泄漏现象，则过一段时间压力会下降。通过比较压力的变化，可确定该工件是否有泄漏及泄漏量的大小，图 6-27 所示为其检测原理。但是当泄漏量很小时，对压力降低值的检测较为困难，需要使用精度很高的仪表。所以，这种方法一般用于检测泄漏量较大的场合。图 6-28 所示为利用压降法进行工件气密性检测的装置。

（2）流量测量法 在被测工件内腔充以一定压力的气体，并使被测工件与充气管路、进气阀、流量计连接在一起。当压力平衡后，关闭进气阀，如被测工件存在漏气现象，

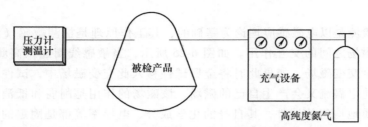

图 6-27　压降法气密性检测原理

则串联在气路中的流量计将有所显示。若被测工件的泄漏孔很小，其泄漏量自然也很小。如果检测精度要求较高，则流量计的精度就必须很高。所以，这种方法也只能用于检测允许泄漏量较大的工件。

（3）氦气泄漏检测法　该方法的检测原理是在被测工件的内腔中充填氦气，然后用传感器检测泄漏处的氦气，以检查气密性。具体检测过程是把被测工件放置在一个箱体内，将箱体关闭密封，再给工件

图 6-28　压降法气密性检测装置

内腔充填氦气，然后将箱体抽成真空，通过氦气检测装置测定泄漏到箱体的氦气量，以确定被测工件的泄漏特性。每次试验完一个工件后，需对工件内和箱体内的残留氦气进行清除，然后再开箱取出工件。

这种检测方法具有很高的精度，可用于检测对气密性要求很高的工件，但设备价格高，运行费用也很大，而且当箱体内残存的氦气去除不净时，会引起一定的测量误差。

（4）压差式泄漏检测法　该检测法的原理如图 6-29 所示，当从充气阶段进入稳定平衡阶段时，被测工件内腔和一个标准容器中同时充入压力相同的气体（标准容器也可以是一个气密性合格的工件），然后关闭阀1，阀2保持打开。因此在平衡阶段末期，被测工件内腔与标准容器内的压力相等，$\Delta p = 0$。当进入测量阶段时，阀1保持关闭，阀2也关闭，如果被测工件有泄漏，其内腔压力会有所下降，则会产生压差，并通过传感器转换成电信号输出，经过放大处理后，输入到控制部分，就能实现自动检测，即根据压差是否在允许范围内，对工件的气密性作出判断。

采用这种方法需要有两个条件：①测量是在工件与检测用气体处于同温条件下进行的；②测量过程中整个系统不发生弹性变化，即工件和管路及密封装置的体积都不发生变化。

2. 湿式气密性检测

湿式气密性检测是一种传统的检测方法，又称湿式浸水法，即在被测工件的密封腔内充入具有一定压力的气体，然后将其浸入水中，人工观察是否有气泡产生。湿式气密性检测装置如图 6-30 所示。由于该方法简单、直观，便于在生产中实施，因此，目前很多生产厂家采用湿式浸水法对工件进行气密性检验。

湿式气密性检测方法的缺点如下：

1）工件必须浸入水中，检测后须对工件进行烘干，为了防止工件生锈，常常需用煤油、酒精等液体来替代水，提高了检测成本。

2）检测结果受到操作人员技术水平的限制，难以严格控制产品质量。尤其是当工件的泄漏量很小时，所产生的微小气泡可能会吸附在被测工件表面，未及时升到水面上来，容易造成误判。

3）工人作业环境恶劣，劳动强度大。

4）主要依赖人工观察、判断，无法代之以自动检测，不易纳入自动生产线中使用。

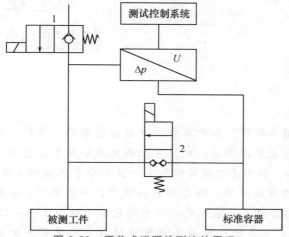

图 6-29　压差式泄漏检测法的原理

图 6-30　湿式气密性检测装置

复习思考题

6-1　目前常用的检测装置及检测方法有哪些？

6-2　检测与加工系统之间存在什么关系？如何实现主动检测？

6-3　产品和加工设备的检测要素各有哪些？如何实现工艺过程精度的检测？

6-4　简述监控系统的组成、分类及要求。

6-5　简述刀具的自动监控原理和刀具破损、磨损的检测方法。

6-6　简述加工设备的自动监控与诊断原理。

6-7　数控机床用的三维测头与三坐标测量机中的三维测头有什么不同？

6-8　在机器人辅助测量中，若机器人坐标运动参与测量过程，则属于什么测量？

思政拓展：无人驾驶汽车的运行有赖于车载传感器对周围环境信息的自动检测，扫描右侧二维码观看相关视频，思考无人驾驶汽车的自动检测与机械制造过程中的自动检测有何异同。

科普之窗
中国创造：无人驾驶

第七章
装配自动化

机械装配是机械制造系统的重要组成环节，各种零部件（包括自制的、外购的和外协的）都需要经过正确的装配，才能形成最终产品。机械装配的效率和质量直接影响着整个制造系统的生产率和产品的总成本，但由于机械装配技术一直落后于机械加工技术，机械装配过程已成为自动化制造系统的薄弱环节。据有关资料统计，一些典型产品的装配时间占总生产时间的 40%~60%，而目前产品装配的平均自动化水平仅为 10%~15%。因此，提升机械装配的自动化程度和水平是现代制造工业发展过程中急需解决的关键问题。

第一节 基本概况

一、装配自动化的现状与发展

装配自动化的目的主要在于提高生产率、降低成本，保证机械产品的装配质量和稳定性，并力求避免装配过程中受到人为因素的影响而造成质量缺陷，减轻或取代特殊条件下的人工装配劳动，降低劳动强度，保证操作安全。

装配自动化技术大致经历了三个发展阶段：①采用传统的机械开环控制单元的装配自动化技术。②利用半柔性控制方法构建自动装配系统的装配自动化技术。③具有柔性控制能力的装配自动化技术。

随着装配机器人的发展，目前出现了一些新的装配组织方式。原先的一些只能由熟练的装配工人实施的装配工作现在完全可以由机器人来实现，如由移动式机器人所执行的固定工位装配。装配工人和装配机器人共同工作的装配线具有很好的适应能力，由此而产生的具有较高柔性的自动装配系统在中批量生产中也得以使用。装配自动化的发展方向如图 7-1 所示。

目前，一些发达国家基于其自身机械制造业的领先优势，较早地在自动装配技术领域从事研究和进行投入，取得了比较卓越的成果。他们已经开发出了许多高效的自动装配系统，可以将一些产品、部件的装配过程从人工操作逐渐转向自动化以及使用高效的柔性装配系统（Flexible Assembly System, FAS）完成。例如，比利时 New Lachaussee 公司研制的具有模块化工作站的雷管自动装配线，其生产能力

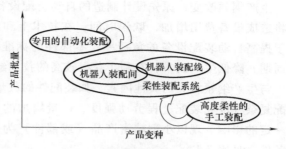

图 7-1　装配自动化的发展方向

达 140000 发/班；美国 King Sburry 公司研制的全自动或半自动装配系统可用于家用冰箱压缩机、汽车主动转向泵、家用空调压缩机、汽车制动器等多种产品的装配；Swanmson-Etie 公司研制的引信自动装配线等都反映出全自动装配系统具有装配效率高、装配灵活等自动化的特点。

我国在装配自动化技术方面的研究起步较晚，与发达国家相比还存在较大的差距。近年来有一定的进展，陆续自行设计、建立和引进了一些半自动、自动装配线及装配工序半自动装置。但国内设计的半自动和自动装配线的自动化程度不高，装配速度和生产率较低，所以装配自动化技术在我国具有很大的开发和应用潜力。

未来一段时间内，装配自动化技术将主要向以下两方面发展。

1. 与近代基础技术互相结合、渗透，提高自动装配装置的性能

近代基础技术，特别是控制技术和网络通信技术的迅速发展，为提高自动装配装置的性能打下了良好的基础。装配装置可以引入新型、模块化、标准化的控制软件，发展新型软件开发工具；应用新的设计方法，提高控制单元的性能；应用人工智能技术，发展、研制具有各种不同结构能力和智能的装配机器人，并采用网络通信技术将机器人与自动加工设备相连以得到最高生产率。

2. 进一步提高装配的柔性，大力发展柔性装配系统

在机械制造业中，CNC、FMC、FMS 的出现逐步取代了传统的制造设备，大大提高了加工的柔性。CIMS 的发展使制造过程必须成为是用计算机和信息技术把经营决策、设计、制造、检测、装配以及售后服务等过程综合协调为一体的闭环系统。但如果只有加工技术的自动化，没有装配技术的自动化，FMS、CIMS 就不能充分发挥作用。装配机器人的研制成功、FMS 的应用以及 CIMS 的实施，为自动装配技术的开发创造了条件；产品更新周期的缩短，要求自动装配系统具有柔性响应能力，需要发展柔性装配系统来使装配过程通过自动监控、传感技术与装配机器人结合，实现无人操作。

二、装配自动化的基本要求

要实现装配自动化，必须具备一定的前提条件，主要有如下几方面：

1. 生产纲领稳定，且年产量大、批量大，零部件的标准化、通用化程度较高

生产纲领稳定是装配自动化的必要条件。目前，自动装配设备基本上还属于专用设

备，生产纲领改变，原先设计制造的自动装配设备就不适用了，即使调整后能加以使用，也将造成设备费用增加，耽误时间，在技术上和经济上不合理；年产量大、批量大，有利于提高自动装配设备的负荷率；零部件的标准化、通用化程度高，可以缩短设计、制造周期，降低生产成本，有利于获得较高的技术经济效果。

与生产纲领相关的其他因素，如装配件的数量、装配件的加工精度及加工难易程度、装配复杂程度和装配过程劳动强度、产量增加的可能性等，也会对装配自动化的实现产生一定的影响。现以小型精密产品（或部件）为例，说明实现装配自动化必须具备的一般条件，见表7-1。

表7-1 小型精密产品（或部件）实现装配自动化的一般条件

与生产纲领有关的一般条件	实现自动化装配的适合程度		
	很适合	比较适合	不适合
生产纲领	>500 套/h	200~500 套/h	<200 套/h
生产纲领稳定性	5 年内品种不变	3 年内品种不变	2~3 年内有可能变化
产量增加的可能性	大	较大	不增加
装配件数量①	4~7	8~15	>15
装配件的加工精度	高	一般	低
装配复杂程度	简单	一般	复杂
要求装配工人的熟练程度	低	一般	高
手工装配劳动强度	大	一般	低
装配过程中的危险性	有	有	无

① 相同规格的零件按一件计算

2. 产品具有较好的自动装配工艺性

尽量做到设备结构简单，装配零件数量少；装配基准面和主要配合面形状规则，定位精度易于保证；运动副易于分选，便于达到配合精度；主要零件形状规则、对称，易于实现自动定向等。

3. 实现装配自动化以后，经济上合理，生产成本降低

装配自动化包括零部件的自动给料、自动传送以及自动装配等内容，它们相互之间联系紧密。其中，自动给料包括装配件的上料、定向、隔料、传送和卸料的自动化；自动传送包括装配零件由给料口传送至装配工位，以及装配工位与装配工位之间的自动传送；自动装配包括自动清洗、自动平衡、自动装入、自动过盈连接、自动螺纹联接、自动黏结和焊接、自动检测和控制及自动试验等。

所有这些工作都应在相应控制下，按照预定方案和路线进行。实现给料、传送和装配自动化以后，就可以提高装配质量和生产效率，使产品合格率提高，劳动条件改善，生产成本降低。

三、实现装配自动化的途径

针对我国目前的情况，实现装配自动化的途径主要如下。

1. 借助先进技术，改进产品设计

自动装配系统的最大柔性主要来自被制造的零件族的合理设计。工业发达国家已广泛推行便于装配的设计准则，主要有两方面内容：一是尽量减少产品中单个零件的数量；二是改善产品零件的结构工艺性。基于该准则的计算机辅助产品设计软件也已开发成功。可以在这些先进技术的基础上，进行便于装配的产品设计，从而提高装配效率，降低装配成本。

2. 研究和开发新的装配工艺和方法

在当前的生产技术条件下，还应根据我国国情研究和开发自动化程度不一的各种装配方法。例如针对某些产品，研究利用机器人、刚性自动化装配设备与人工结合等方法，而不能盲目地追求全盘自动化，这样有利于得到最佳经济效益。此外，还应加强基础研究，如研究合理配合间隙或过盈量的确定及控制方法，装配生产的组织与管理等，以开发新的装配工艺和技术。

3. 尽快实现自动装配设备与 FAS 的国产化

科研工作者应根据国情加大开发自动装配技术的力度，在引进外来技术的基础上，实现自动装配设备的国产化，逐步形成系列型谱以及实现模块化和通用化。装配机器人是未来柔性自动化装配的重要工具，集中力量跟踪这方面高技术的发展非常必要。我国已建立了装配机器人研究中心，并取得了很大进展。大力发展廉价的装配机器人，是今后相当长时间内我国发展装配自动化的基本国策。

第二节　自动装配工艺过程分析

一、自动装配条件下的结构工艺性

自动装配工艺性好的产品结构能使自动装配过程简化，易于实现自动定向和自我检测，简化自动装配设备，保证装配质量，降低生产成本。反之，如果装配工艺性不好，则自动装配质量问题就可能长期难以解决。可靠的解决途径是在产品结构设计时加强工艺性审查，使产品结构最大限度地具有良好的自动装配工艺性。

在自动装配条件下，零件的结构工艺性应符合以下三项原则。

1. 便于自动给料

为使零件有利于自动给料，产品的零部件结构应符合以下要求：

1）零件的几何形状力求对称，便于定向处理。

2）如果零件由于产品本身的结构要求不能对称，则应使其不对称程度合理扩大，以便自动定向时能利用其不对称性，如重量、外形和尺寸等的不对称性。

3）使零件的一端做成圆弧形，这样易于导向。

4）某些零件自动给料时，必须防止其缠在一起。例如：有通槽的零件，宜将槽的位置错开；具有相同内、外锥度表面时，应使内、外锥度不等，以防套入"卡死"。

2. 有利于零件自动传送

零件的自动传送，包括从给料装置至装配工位上的传送和装配工位之间的传送，其具体要求如下：

1）零件除具有装配基准面外，还需考虑装夹基准面，供传送装置装夹和支撑。

2）零部件的结构应带有加工好的面和孔，供传送中定位。

3）零件应外形简单、规则、尺寸小、重量轻。

3. 有利于自动装配作业

1）零件数量应尽可能少，同时应减少紧固件的数量。

2）零件的尺寸公差及表面几何特征应能保证按完全互换的方法进行装配。

3）尽量减少螺纹联接，以适应自动装配，如用黏结、过盈连接、焊接等方式代替。

4）零件上尽可能采用定位凸缘，以减少自动装配中的测量工作，如将压配合的光轴用阶梯轴代替等。

5）零件的材料若为易碎材料，宜用塑料代替。

6）产品的结构应能以最简单的运动方式把零件安装到其基准零件上去，最好是能使零件按同一个方向安装，这样可避免改变基础件的方向，从而减少安装工作量。

7）对于装配时必须调整位置的配合副，在结构上要尽可能考虑有相对移动的条件，如轴在套筒中沿滑动键直接移动，则可采用开槽的方式使轴和套筒相连接。

8）应最大限度地采用标准件和通用件，以便减少机械加工量，加大装配工艺的重复性。

改进零部件装配工艺性的示例见表7-2。为获得较好的技术经济效果，首先要确定合理的指标，经济上可行，技术上先进，再根据零件的结构工艺性，合理地确定装配作业的自动化程度。

二、自动装配工艺设计的一般要求

自动装配的工艺要求比人工装配的工艺要求复杂得多。为使自动装配工艺设计先进可靠、经济合理，在设计中应满足以下要求：

1. 保证装配工作循环的节拍同步

自动装配设备中，多工位刚性传送系统多采用同步方式，故总是有多个装配工位同时进行装配作业。为使各工位工作协调，并提高装配工位和生产场地的利用率，要求各个装配工位的工作同时开始和同时结束，即要求装配工作的节拍同步。装配工序应力求可分，对装配工作周期较长的装配工序，可同时占用相邻几个装配工位，使装配工作在相邻几个装配工位上逐渐完成来平衡各个装配工位的工作时间，从而使装配工作循环的节拍同步。

2. 避免或减少装配基础件的位置变动

自动装配过程是将装配件按规定顺序和方向装到装配基础件上。通常装配基础件需要在传送装置上自动传送，并要求在每个装配工位上准确定位。故在装配过程中，除正常传送外尽量避免或减少装配基础件的翻身、转位和升降等位置变动，以免影响装配过程中的定位精度，并可简化传动装置的结构。

3. 合理选择装配基准面

装配基准面通常应是精加工面或面积大的配合面，同时应考虑装配夹具所必需的装夹面和导向面。只有合理选择装配基准面，才能保证装配定位精度。

表 7-2　改进零部件装配工艺性示例

序号	改进结构的目的、内容	零件结构改进前后对比	
		改进前	改进后
1	有利于自动给料。零件原来不对称的部分改为对称		
2	有利于自动给料。为避免镶嵌，带有通槽的零件，宜将槽的位置错开，或使槽的宽度小于工件的壁厚		
3	有利于自动给料。防止发生镶嵌，带有内、外锥度的零件，应使内、外锥度不等，以免发生卡死		
4	有利于自动传送。将零件的端面改为球面，使其在传动中易于定向		
5	有利于自动传送。将圆柱形零件的一端加工出装夹面		
6	有利于自动装配作业中的识别。在小孔径处切槽		
7	有利于自动装配作业。将轴一端的定位平面改为环形槽，以简化装配		
8	有利于自动装配作业。简化装配，将轴的一端滚花，做成静配合，比光轴装入再用紧固螺钉好		

（续）

序号	改进结构的目的、内容	零件结构改进前后对比	
		改进前	改进后
9	减少工件翻转，尽量统一装配方向		

4. 对装配件要进行分类

为提高装配自动化程度，必须对装配件进行分类。大多数装配件是一些形状比较规则、容易分类分组的零件，按几何特性可分为：轴类、套类、平板类和小杂件类，每类按尺寸比例又可分为长件、短件和匀称件三组，每组零件又可分为四种稳定状态。经分类分组后，采用相应料斗装置，即可实现多数装配件的自动给料。

5. 关键件和复杂件的自动定向

多数形状规则的装配件可以实现自动给料和自动定向，但少数关键件和复杂件往往不能实现自动给料和自动定向，并且很可能成为自动装配失败的一个原因。为实现这类少数零件的自动定向，一般可参照以下方法：

（1）概率法　零件自由落下呈各种位置，将其送到分类口，分类口按零件的几何形状设计，凡能通过分类口的零件即能定向排列。

（2）极化法　利用零件的极化，即利用零件形状和质量的明显差异性，达到定向排列的目的。

（3）测定法　按零件的形状，转化为电气、气动或机械量，来确定定向排列。

对于自动定向十分困难的关键件和复杂件，为不使自动定向结构过于复杂，有时以手工定向代替自动定向或逐个装入，可能更为可靠且经济合理。

6. 易缠绕零件要能进行定量隔离

装配件中的螺旋弹簧、纸箔垫片等都是易缠绕粘连的零件，在装配过程中，为了实现对它们的定量隔离，主要方法有以下两种：

（1）采用弹射器将绕簧机和装配线衔接　其具体操作为：经上料装置将弹簧排列在斜槽上，再用弹射器将其一个一个的弹射出来，将绕簧机与装配线衔接，由绕簧机绕制出一个弹簧后，用弹射器弹射出来，传送至装配线，不使弹簧相互接触而缠绕。

（2）改进弹簧结构　具体操作是在螺旋弹簧的两端各加两圈紧密相接的簧圈，以防止它们在纵向相互缠绕。

7. 精密配合副要进行分组选配

自动装配中精密配合副的装配由选配来保证。根据配合副的配合要求，如按照配合尺寸、重量和转动惯量来确定分组选配组数，一般可分 3~20 组。分组越多，配合精度越高，但选配、分组、储料的机构也越复杂，占用车间的面积和空间尺寸也越大。因此，除机械式手表因部件多、装配分组也较多外（15~20组），一般不宜分组过多。

8. 合理确定装配的自动化程度

装配自动化程度的确定是一项十分重要的设计原则，需要根据工艺的成熟程度和实际经济效益确定，具体如下：

1）在螺纹联接工序中，由于多轴工作头对螺纹孔位置偏差的限制较严，又往往要求检测和控制拧紧力矩，导致自动装配机构十分复杂。因此，多用单轴工作头，且检测拧紧力矩多用手工操作。

2）形状规则、对称而数量多的装配件易于实现自动给料，故其给料自动化程度较高；复杂件和关键件往往不易自动定向，故自动化程度较低。

3）装配质量检测和不合格件的调整、剔除等工作的自动化程度较低，可用手工操作，以免自动检测头的机构过于复杂。

4）品种单一的装配线自动化程度较高，多品种装配线的自动化程度则较低，但随着装配工作头的标准化、通用化程度日益提高，多品种装配的自动化程度也可以提高。

5）对于尚不成熟的工艺，除采用半自动化外，还需要考虑手动的可能性；对于采用自动或半自动装配而实际经济效益不显著的工序，可同时采用人工监测或手工操作。

6）在自动装配线上，下列装配工作一般应优先达到较高的自动化程度：

① 装配基础件的工序间传送，包括升降、摆转和翻身等改变位置的传送。

② 装配夹具的传送、定位和返回。

③ 形状规则且数量又多的装配件的供料和传送。

④ 清洗、平衡、过盈连接和密封检测等工序。

9. 不断提高装配自动化水平

设计的自动装配线要可扩展，便于改进完善；设计时要根据具体情况，注意吸收先进技术，如向自动化程度较高的数控装配机或装配中心发展，应用具有触觉和视觉的智能装配机器人等，不断提高装配的自动化程度。

第三节 自动装配原理

一、装配的基本形式与特点

作为最后的生产阶段，装配对产品的成本和生产率有着重要的影响。根据装配工艺的要求和对成本的考虑，并结合装配空间的排列、装配物流之间的时间关系、装配工作分工的范围和种类以及装配过程中装配对象的运动状态等具体条件，通常可以采用以下几种装配形式。

1. 单工位装配

全部装配工作都在一个固定的工位完成，可以执行一种或几种操作，基础件和配合件均不需要传输。

2. 固定工位顺序装配

将装配工作分为几个装配单元，将它们的位置固定并相邻布置，在每个工位上都完成全部装配工作。这样，即使某个工位出现故障也不会影响整个装配工作。

3. 固定工位流水装配

这种装配方式与固定工位顺序装配的区别在于装配过程没有时间间隔，但装配单元位置不发生变化。

4. 装配车间

将装配工作集中于一个车间进行，只适用于特殊的装配方法，如焊接、压接等。

5. 巢式装配

几个装配单元沿圆周布置，没有确定的装配顺序，装配流程的方向也可能发生变化。

6. 移动的顺序装配

装配工位按照装配工艺流程设置，装配过程中装配工位之间有一定的时间联系，但可以有时间间隔，是一种顺序有间断的装配。

7. 移动的流水装配

装配工位按装配操作的顺序设置，它们之间有确定的时间联系且没有时间间隔。装配单元的传输需要适当的链式传输机构完成。

如果生产系统对装配效率的要求较高或因产品结构比较复杂，单工位装配方式难以实现，就需要采用流水装配方式，将装配任务分配给几个相互连接的装配工位分步完成。典型的方式是圆形回转台式装配机和节拍式装配通道。在自动化生产系统的设计计划阶段，就应该选定产品的装配组织方式。

二、装配件的传送与定位

1. 装配件的传送

在自动化装配系统中，通常需要通过传送设备在装配工位之间、装配工位与料仓和中转站之间传送工件托盘、基础件和其他零件。再在装配工位上，将各种装配件装配到装配基础件上，完成一个部件或一台产品的装配。常用传送设备（机构）的结构形式及特点见表7-3。

表 7-3　常用传送设备（机构）的结构形式及特点

传送设备（机构）	示　意　图	特　点	应　用　场　合
辊道	 1—自动停止器　2—辊子　3—工件托盘 4—手动停止手柄	有自由轨道和动力轨道两类。动力轨道适用于上料时有冲击的场合并能保持一定的传送速度，常用速度为 1.5～30m/min。辊子可双列布置，可设置升降、翻转和转位等机构	底面平整或带托盘的装配基础件在辊道上进行流水作业

（续）

传送设备（机构）	示 意 图	特 点	应用场合
传送带	4 3 2 1 1—工作台　2—卸料器　3—工件托盘 4—传送带	由带式传送装置和两侧工作台组成，工件由卸料器分配到两侧工作台，工位间可有中间储存站，结构简单、传送平稳，但速度较低，常用速度为 1.2～18m/min，对重量大或有油污的工件可采用钢带	仪器仪表和电器制造中组织轻型流水装配
传送板	3 2 1 1—驱动链轮　2—板条　3—汽车车身	铺板可用钢板、木板或其他材料，板上可设置装配支架，平整宽敞，承载能力大，但自重也较大。板式传送装置一般由双列链条驱动，速度较低，常用速度为 0.35～2.5m/min	在低速、重载荷和有冲击条件下工作，如汽车、拖拉机、工程机械、内燃机制造业中的部装和总装线，可用于连续传送装配线中
传送小车	3 2 1 1—牵引链　2—小车　3—导轨	小车与牵引链连接，承载能力大，但运行平稳性和精确性较差，因而不便采用自动装配机械，工作速度较低，常用速度为 0.3～1m/min	广泛用于机械制造的装配中，如拖拉机、内燃机、齿轮箱等较大、较重和其他大中型制品的装配线
步伐式传送机构	2 1 4 3 1—导轨　2—随行夹具 3—定位销　4—推杆	推杆推动夹具和工件做步伐式间歇传送，夹具支承良好，能承受较大载荷，传送平稳，便于夹具定位和采用固定式装配机械，传送速度可以提高	适用于汽车、内燃机、电机及轻工业中自动化程度较高的间歇传送装配线

（续）

传送设备（机构）	示　意　图	特　点	应用场合
拨杆	1—牵引链　2—小车　3—拨杆	工位环行布置，牵引链设在地下，操作者可在装配线中任意走动，操作空间大。装配过程中，装配对象可连同小车任意从线上推出、推入，通过插入或拔出小车拨杆可使小车传送或停止；还可根据生产条件将装配线调整为间歇的或连续的，并可作为非同步的自由节奏装配线使用，传送速度通常为 3~20m/min	发动机、变压器等装配及向总装、喷漆、烘干等场地运送
推式悬链	1—牵引轨道　2—牵引小车 3—牵引链　4—承载轨道　5—可积放小车 6—吊臂　7—减速器　8—装配支架 9—发动机（工件）	承载小车与安装支架的吊臂相连，通过链推块与牵引小车的接合或脱开，使小车传送或停止。由自动转移机构实现线之间的转移，可直接作为装配线使用。操作接近性极好，调整、改装装配线方便，有灵活性，传送速度通常为 3~20m/min	汽车、发动机及家用电器等产品装配中不同节拍的分装线和供料线，与总装线同步运行的自动生产系统
气垫装配线	1—气孔　2—空气管　3—托盘　4—气垫单元　5—空气台　6—工件	利用压缩空气形成的气膜，把装置连同工件一同托起，漂浮在支撑面上，用很小的推力或牵引力就可使其移动；摩擦系数很小，便于推移、转向和定位；传送工件时装置重心低、承载能力大、运行平稳、结构简单，维护方便，但要求支撑面平整光滑，致密无缝	适用于大件、重件的装配，如飞机、工程机械、重型变压器等

传送运动根据装配过程的要求可以是间歇的，也可以是连续的。结构形式一经确定，传送运动的方式也就基本确定。

2. 装配件的定位

基础件、配合件和联接件等必须停止在精确的位置才能顺利地完成装配工作，这就需要通过定位机构来保证准确定位。

对定位机构的要求非常高，它要能够承受很大的力量并精确地工作。生产中的定位机构常用楔形销、楔形滑块和杠杆等作为定位元件，如图 7-2 所示。

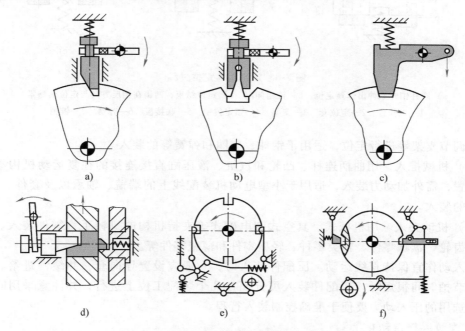

图 7-2 常用定位机构

a）楔形销定位 b）楔形滑块定位 c）楔形杠杆定位
d）楔形销加反靠定位 e）杠杆定位、凸轮控制 f）杠杆加反靠定位

弹簧和定位销的组合也是常用的定位方法。图 7-3 所示为这种定位方法的工作过程。首先，圆柱销由弹簧推动向上并进一步插入定位套，该过程取决于弹簧力、工作台角速度和倒角大小；由于工作台的运动惯性，圆柱销和定位套只在一个侧面接触；此时，锥销也插入定位套，迫使工作台反转一个小角度，由此实现工作台的准确定位。

三、装入和螺纹联接自动化

装入和螺纹联接是自动装配中常用的重要工序。

1. 装入自动化

装入自动化要求装入工件经定向和传送到达装入工位后，通过装入机构在装配基础件上对准、装入。常用的装入方式有重力装入、机械推入和机动夹入三种。

（1）重力装入 一般不需要控制装入位置的机构，不需外加动力，常用机械挡块、

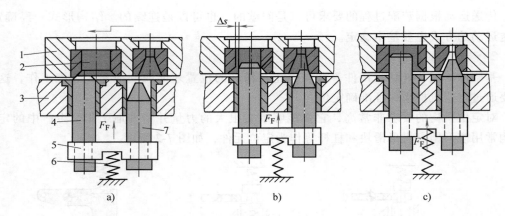

图 7-3　定位销的定位过程

a）圆柱销开始伸出作预定位　b）锥销伸出　c）定位结束，两销在相反方向与定位套贴紧

1—工作台　2—定位套　3—支架　4—预定位销　5—联接板　6—弹簧　7—锥销

定位杆调节支架等进行定位，适用于钢球、套圈和弹簧等的装入。

（2）机械推入　用曲柄连杆、凸轮和汽缸、液压缸直接连接的往复运动机构等控制装入位置，需外加动力装入，适用于小型电动机装配线上的端盖、轴承以及套件、垫圈、柱销等的装入。

（3）机动夹入　用机械式、真空式和电磁式等夹持机构的机械手将零件装入。适用于手表齿轮、盘状零件、轴类零件、轻型零件和薄壁零件等。

装入动作宜保持直线运动。压配件装入时，一般应设置导向套，并缓慢进给。当装配线的节拍时间很短时，压配件装入可分配在几个装配工位上进行，并注意采用间歇式传送，选用的压入动力要便于准确控制装入行程。

2. 螺纹联接自动化

螺纹联接自动化包括螺母、螺钉等的自动传送、对准、拧入和拧紧。此外，根据工艺需要拧松、拧出已经联接的螺纹联接件也属于这一范围，但拧松时无需进行螺纹联接件的传送、对准，拧出时可快速操作，并需考虑取下和排出问题。

螺纹联接中劳动强度较大的是拧紧工作，也是实现自动化首先要考虑的问题。自动对准和拧入的难度较大，确定螺纹联接自动化程度时，应注意技术上先进与经济上合理，在某些场合，用手工操作往往在经济上是合理的。另外，在自动化设计时以少用螺纹联接为宜。

装配过程中，其他工序的类型很多，它们的自动化多通过工作头机构完成。

四、装配中的自动检测与控制

1. 自动检测

为使装配工作正常进行并保证装配质量，在大部分装配工位后一般均宜设置自动检测工位，将检测结果转换为信号输出，经放大或直接驱动控制装置，使必要的装配动作能够实现联锁保护，以保证装配过程安全可靠。

　　自动检测项目与所装配的产品或部件的结构和主要技术要求有关，一般自动检测项目可分为 10 类：

　　1）装配过程的缺件。

　　2）装入零件的方向。

　　3）装入零件的位置。

　　4）装配过程的夹持误差。

　　5）零件的分选质量。

　　6）装配过程的异物混入。

　　7）装配后密封件的误差。

　　8）螺纹联接件的装配质量。

　　9）装配零件间的配合间隙。

　　10）装配后运动部件的灵活性和其他性能。

装配过程中检测自动化内容繁多，须注意自动检测机构不宜过于复杂，所以在某些情况下，采用手工检测往往在经济上和技术上是合理的。

　　装配过程中的自动检测，按作用分有主动检测和被动检测两类。主动检测是参与装配过程、影响装配质量和效率的自动检测，能预防产生废品；被动检测则是仅供判断和确定装配质量的自动检测。主动检测通常用于成批生产，特别是多应用在装配生产线上，且往往在线上占据一个或几个工位，布置工作头，通过测量信号的反馈能力实现控制，这是在线检测。若用自动分选机，则多半为不设在生产线上的离线检测。

　　2. 自动控制

　　自动装配系统的控制系统的基本设计要求如下：

　　1）控制装配基础件的传送和准确定位。

　　2）控制完成包括装配件的给料装置、上料过程的全部工作循环在内的装配作业过程。

　　3）控制关键性的装配工序和自动装配装置的安全保护、联锁和报警。

　　4）控制经自动检测后发出的各种信号及其相应的安全保护、联锁和报警。

　　5）应能实现自动、半自动和人工调整三种状态的控制。

　　6）要求控制系统所选用的控制器元件惯性小，灵敏度高。

　　7）控制系统应保证自动装配系统的给料、传送、装配作业相互协调、同步和联锁。

控制系统的选择受多种因素影响，其中主要有工艺设计、自动化程度和管理方式，具体可概括为以下几项主要因素：

　　1）装配节拍和装配工作循环时间的分配。

　　2）装配基础件的传送方式（间歇传送、连续传送、同步传送、非同步传送），装配基础件在各个工位上的定位精度要求。

　　3）装配件的给料自动化程度及主要装配件的装配精度要求。

　　4）装配线上的检测工位数，特别是自动检测后对不合格件采用何种处理方式（如是紧急停止，还是将不合格件排出；是重复动作，还是修正动作等）很有影响。

　　5）易出故障的装配工位上的故障频率及处理方式。

6）自动装配线与车间内前后生产工序的联系，如储存方式、生产管理方式等。

考虑上述各项主要因素后，目前主要采用顺序控制系统，在自动检测中有少部分则采用线性反馈控制系统中的定值调节控制方式。

第四节　自动装配机械

一、自动装配机的基本形式及特点

自动装配机从类型上来讲，可分为单工位和多工位两大类，可根据装配产品的复杂程度和生产率的要求而选取。

1. 单工位装配机

单工位装配机是指所有装配操作都可以在一个位置上完成，适用于2~3个零部件的装配，容易适应零件产量的变化。单工位装配机比较适合在基础件的上方定位并进行装配操作，即基础件布置好后，另一个零件的进料和装配也在同一台设备上完成。图7-4所示是单工位装配机的布置简图，它由通用设备组成，包括振动料斗、螺钉自动拧入装置等。

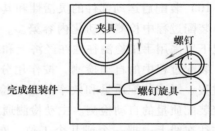

图7-4　单工位装配机的布置简图

单工位装配机的设计布置和操作顺序如图7-5所示，它需要与随行夹具配合使用。图7-5a所示是装配位置，图7-5b表示已完成装配的零件的顶出。操作原理如下：由振动料斗排列好的零件通过出料轨道1送到夹具的正确位置上，零件在滑板2的作用下被分离出来并移到挡块3的装螺钉位置，螺钉插入零件中后，装配件完成操作并由推板（起出器）4顶出，同时滑板2返回起始位置，然后进料装置的闭锁打开，放入另一个基础件。

2. 多工位装配机

对有三个以上零部件的产品通常用多工位装配机进行装配，设备上的许多装配操作必须由各个工位分别承担，这就需要设置工件传送系统。按传送系统的形式要求，可选用回转型、直进型或环行型布置形式。

（1）回转型自动装配机　该机适用于很多轻小型零件的装配。为适应不同的供料和装配机构，有几种结构形式。它们都只需在上料工位将工件进行一次定位夹紧，结构紧凑、节拍短、定位精度高。但供料和装配机构的布置受地点和空间的限制，可安排的工位数目也较少。

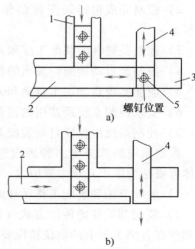

图7-5　单工位装配机的设计布置
和操作顺序
a）装配位置　b）出料
1—出料轨道　2—滑板　3—挡块
4—推板（起出器）　5—工件

（2）直进型自动装配机 该机是一种将基础件或随行夹具装配在链式或推杆步伐式传送装置上进行直线或环行传送的装配机，装配工位沿直线排列。图7-6和图7-7所示分别为垂直型夹具升降台返回和水平型夹具水平返回的直进型自动装配机。

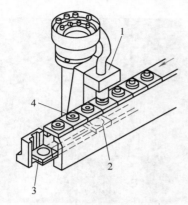 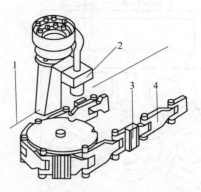

图7-6 垂直型夹具升降台返回的直
进型自动装配机
1—工作头 2—返回空夹具 3—夹具返回
起始位置 4—装配基础件

图7-7 水平型夹具水平返回的
直进型自动装配机
1—工作头安装台面 2—工作头
3—夹具安装板 4—链板

（3）环行型自动装配机 装配对象沿水平环行传送，各工位环行排列，具有无大量空夹具返回的特点。图7-8所示是矩形平面轨道环行型自动装配机。图7-9a所示是回转工作台式回转多工位装配机示意图，图7-9b所示是装配车间多工位装配机。

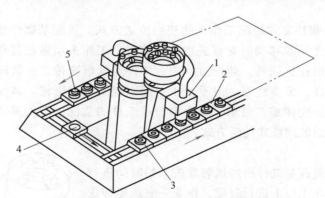

图7-8 矩形平面轨道环行型自动装配机
1—工作头 2—随行夹具 3—基础件 4—空夹具返回 5—装配成品

除此之外，还有很多其他形式的自动装配机可以满足不同装配对象的需要，具有代表性的有中央立柱式、立轴式（转台式）等。

二、工位间传送方式

装配基础件在工位间的传送方式有连续传送和间歇传送两类。

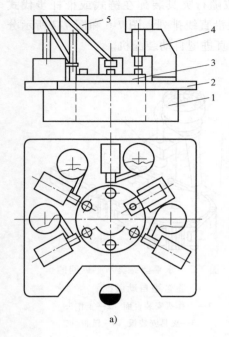
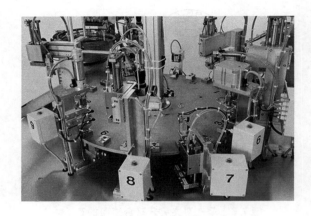

a)　　　　　　　　　　　　　b)

图 7-9　回转工作台式自动装配机

a）回转工作台式回转多工位装配机示意图　b）装配车间多工位装配机

1—底座　2—固定工作面　3—回转工作台　4—装配单元　5—供料装置

1. 连续传送

图 7-10 所示为带往复式装配工作头的连续传送方式。装配基础件连续传送，工位上的装配工作头也随之同步移动。对直进型传送装置，工作头须做往复移动；对回转式传送装置，工作头须做往复回转。装配过程中，工件连续恒速传送，装配作业与传送过程重合，故生产速度高，节奏性强，但不便于采用固定式装配机械，装配时工作头和工件之间的相对定位有一定困难。目前，除小型简单工件的装配中可能采用连续传送外，一般都使用下面要介绍的间歇式传送方式。

2. 间歇传送

间歇传送中，装配基础件由传送装置按节拍时间进行传送，装配对象停在工位上进行装配，作业一完成即传送至下一工位，便于采用固定式装配机械，可避免装配作业受传送平稳性的影响。按节拍时间特征，间歇传送又可分为同步传送和非同步传送两种。

间歇传送大多数是同步传送，即各工位上的装配件每隔一定节拍时间都同时向下一工位移动。对小型工件来说，由于装配夹具比较轻小，传送时间可以取得很短，因此实用上对小型工件和节拍小于十几秒的大部分制品的装配，可采取这种固定节拍的同步传送方式。但这种方式的

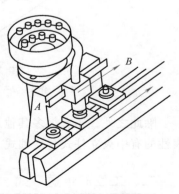

图 7-10　带往复式装配工作头
的连续传送方式

工作节拍是最长的工序时间与工位间传送时间之和，在工序时间较短的其他工位上存在一定的等工浪费，并且当一个工位发生故障时，全线都会受到停机影响。为此，可采用非同步传送方式。

图 7-11 所示为非同步传送装置。非同步传送方式不但允许各工位的速度有所波动，而且可以把不同节拍的工序组织在一个装配线上，使平均装配速度趋于提高。另外，个别工位出现短时间可以修复的故障时不会影响全线工作，设备利用率也得以提高，适用于操作比较复杂且包括手工工位的装配线。

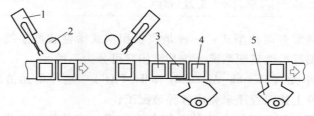

图 7-11 非同步传送装置
1—机械手 2—料斗 3—缓冲储存 4—随行夹具 5—操作者

在实际使用的装配线中，各工位完全自动化常常是没有必要的，因技术上和经济上的原因，多数以采用一些手工工位较为合理，因而非同步传送方式就采用得越来越多。

三、传送装置的结构形式

传送装置的结构主要有水平型和垂直型两类。采用何种形式，主要取决于生产纲领、装配基础件和产品（或部件）的尺寸及重量、装配精度和定位精度、装配工作头对装配对象的工作方向、操作作用力和驱动要求等，有时也取决于工艺布置。

水平型传送装置有回转式（包括转台式、中央立柱式、立轴式）、直进式和环行式三种布置方式。其中环行式是装配对象沿水平环形排列，没有大量空夹具返回，近似于回转式；若环形轨道的一边布置工位，另一边作为空夹具返回，则成为直进式。

水平型传送装置适用于装配起点和终点相互靠近以及宽而不长的车间。当产品装配后还需进行试验、喷漆和烘干等其他生产过程时，采用这种布置也比较方便，但其占地面积大，易影响车间其他的物料搬运。

垂直型传送装置有回转式、直进式两种布置方式。垂直型常用于直线配置的装配线，装配对象沿直线轨道移动，各工位沿直线排列。

第五节 柔性装配系统

一、柔性装配系统的组成

柔性装配系统具有相应的柔性，可对某一特定产品的变型产品按程序编制的随机指令进行装配，也可根据需要增加或减少一些装配环节，在功能、功率和几何形状允许的范围内，最大限度地满足一族产品的装配。

柔性装配系统由装配机器人系统和外围设备组成。这些外围设备可以根据具体的装配任务来选择，为保证装配机器人完成装配任务，通常包括灵活的物料搬运系统、零件自动供料系统、工具（手指）自动更换装置及工具库、视觉系统、基础件系统、控制系统和计算机管理系统。

二、柔性装配系统的基本形式及特点

柔性装配系统通常有两种型式：一种是模块积木式柔性装配系统，另一种是以装配机器人为主体的可编程柔性装配系统。按其结构又可分为三种：

（1）柔性装配单元（Flexible Assembly Cell，FAC） 这种单元借助一台或多台机器人，在一个固定工位上按照程序来完成各种装配工作。

（2）多工位的柔性同步系统 这种系统各自完成一定的装配工作，由传送机构组成固定的或专用的装配线，采用计算机控制，各自可编程序且可选工位，因而具有柔性。

（3）组合结构的柔性装配系统 这种结构通常要具有三种以上的装配功能，是由装配所需的设备、工具和控制装置组合而成的，可封闭或置于防护装置内。例如，安装螺钉的组合机构由装在箱体里的机器人送料装置、导轨和控制装置组成，可以与传送装置连接。

三、柔性装配系统应用实例

装配机器人是柔性装配系统中的主要组成部分，选择不同结构的机器人可以组成适应不同装配任务的柔性装配系统。

图 7-12 所示是用于电子元件等小部件装配的柔性装配系统。工件托盘是圆柱形的塑料块，塑料块中有一块永久磁铁。借助磁铁的吸力，工件托盘可以被传送钢带带着移动，若发生堵塞，工件托盘会在钢带上打滑，可以利用这一点形成一个小的缓冲料仓。工件托盘可以由一鼓形的储备仓供给。

在装配工位上，工件托盘可以用一个销子准确地定位。钢带（工件托盘）可以向两个方向运动，即可以反向运动。配合件由外部设备供应。

根据装配工艺的需要，在图 7-12 所示的装配系统中，也可以配置多台机器人。

图 7-13 所示是用于印制电路板自动装配的一种柔性装配系统。该系统中，机器都做直角坐标运动，在一个装配间里可以平行安置若干台机器人协同工作，每一个机器人可以作为一个功能模块来更换。

图 7-14 所示是模块化的柔性自动化装配系统，该系统可以完成两个半立方体零件和联接销的装配工作。系统由料仓站、装配工作站和储藏站构成。料仓站中包含两个料仓，分别用于存放铝制半立方零件和塑料半立方零件。装配工作站完成装配件的搬运工作，并与销钉料仓中的销钉进行装配。储藏站将完成装配的部件搬运至货架。由于系统的模块化特性，可以针对不同的零件装配过程进行重构，并通过对 PLC 的重新编程实现装配过程的自动控制。

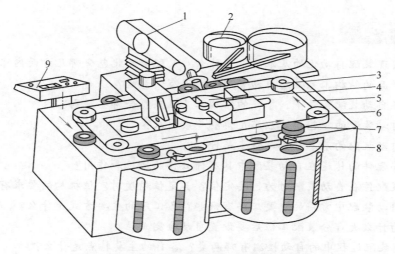

图 7-12 用于小部件装配的柔性装配系统

1—装配机器人 2—供料器 3—传动辊 4—抓钳库或工具库

5—传送带 6—导辊 7—工件托盘 8—鼓形储备仓 9—操作台

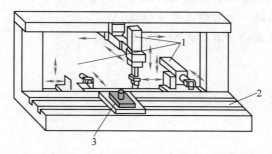

图 7-13 印制电路板的柔性装配系统

1—装配机器人 2—装配工作台 3—印制电路板

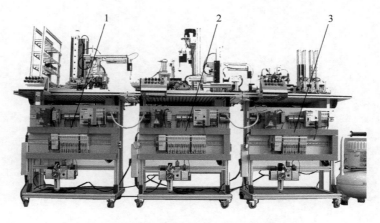

图 7-14 模块化的柔性自动化装配系统

1—储藏站 2—装配工作站 3—料仓站

复习思考题

7-1 实现装配自动化的基本要求是什么？装配自动化包含哪几方面内容？

7-2 产品的结构工艺性对自动装配的实现有何影响？

7-3 在自动装配条件下，零件的结构工艺性应符合哪些原则？

7-4 自动装配的工艺设计应满足哪些一般要求？

7-5 自动装配的基本形式与特点是什么？

7-6 装配件的传送在自动装配中具有什么样的地位和作用？

7-7 装配件在自动装配时为何要定位？其定位精度对定位机构的要求有何影响？

7-8 自动装配中常用的重要工序有哪些？各工序的主要方式是什么？

7-9 为什么大部分装配工位后要设置自动检测工位？

7-10 装配过程中的自动检测有哪两类？各自的主要特点是什么？

7-11 自动装配机的基本类型有哪两大类？其主要区别是什么？

7-12 装配基础件在工位间的传送方式有哪两类？各自的主要特点是什么？

7-13 自动装配机传送装置的结构形式有哪两类？采用何种形式取决于哪些因素？

7-14 柔性装配系统一般由哪几部分组成？

7-15 柔性装配系统的基本形式和特点是什么？

第八章
工业机器人

一、工业机器人的定义

工业机器人是整个制造系统自动化的关键环节之一，也是当前机电一体化的高技术产物。所谓机器人（Robot）是一种自动装置，它能完成通常由人才能完成的工作。第一代遥控机械手诞生于 1948 年美国的阿贡实验室，当时用来对放射性材料进行远距离操作。第一台工业机器人诞生于 1956 年，是英格尔博格（J. Engelberger）将数字控制技术与机械臂相结合的产物。机器人发展到 21 世纪已不局限于机器人本身，而是机器人技术与相关领域的融合与快速发展，形成了包括机构学、控制学、传感器、视觉、遥控技术及智能技术在内的机器人学。机器人已渗透到工业、建筑、水下勘探、医院、服务行业及家庭中，在工业领域应用的机器人称工业机器人。通常对工业机器人的定义是：工业机器人是一种能模拟人的手、臂的部分动作，按照预定的程序、轨迹及其他要求，实现抓取、搬运工件或操作工具的自动化装置。这个定义针对工业机器人而言比较理想，对于现代机器人这个定义则还需进一步引申。

二、工业机器人的组成

工业机器人一般由执行机构、控制系统、驱动系统和传感系统四部分组成，工业机器人的外形如图 8-1 所示。

1. 执行机构

执行机构是一种和人手臂有相似的动作功能，可在空间中抓放物体或执行其他操作的机械装置，通常包括末端执行器、手腕、手臂和机座。

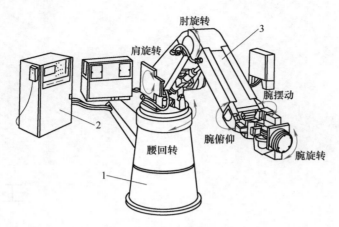

图 8-1　工业机器人的外形

1—机座　2—控制系统　3—执行机构

（1）末端执行器　末端执行器（或称手部）是机器人直接执行工作的装置，可安装夹持器、工具和传感器等。夹持器可分为机械夹紧、真空抽吸、液压夹紧和磁力吸附等。

（2）手腕　手腕是连接手臂与末端执行器的部件，用以调整末端执行器的方位和姿态。

（3）手臂　手臂是支承手腕和末端执行器的部件，由动力关节和连杆组成，用来改变末端执行器的空间位置。

（4）机座　机座是工业机器人的基础部件，并承受相应的载荷，机座分为固定式和移动式两类。

2. 控制系统

控制系统用来控制机器人的执行机构按规定的要求动作，可分为开环控制系统和闭环控制系统。大多数工业机器人采用计算机控制，这类控制系统分成决策级、策略级和执行级三级：决策级的功能是识别环境、建立模型、将作业任务分解为基本动作序列；策略级的功能是将基本动作变为关节坐标协调变化的规律，分配给各关节的伺服系统；执行级的作用是给出各关节伺服系统的具体指令。

3. 驱动系统

驱动系统是按照控制系统发出的控制指令将信号放大，驱动执行机构运动的传动装置。常用的有电气、液压、气动和机械四种驱动方式。有些机器人采用这些驱动方式的组合，如电-液混合驱动和气-液混合驱动等。

4. 传感系统

传感系统是现代工业机器人的重要组成部分，是将机器人、工作对象及环境的信息传递给控制器，用于机器人的智能控制。机器人可以配置多种传感器（如位置、力、触觉、视觉等传感器），用以检测其运动位置、工作状态和环境变化。

三、工业机器人的分类

工业机器人的分类方法很多，这里仅介绍按坐标形式、控制方式和信息输入方式的分类方法。

1. 按坐标形式分类

坐标形式是指执行机构的手臂在运动时所取的参考坐标系的形式。

（1）直角坐标机器人　直角坐标机器人的末端执行器在空间位置的改变是通过三个互相垂直的轴线的移动来实现的，即沿 X 轴的纵向移动，沿 Y 轴的横向移动及沿 Z 轴的升降，如图 8-2a 所示。这种机器人的位置精度最高，控制无耦合、简单，避障性好，但其结构较庞大、动作范围小且灵活性差。

（2）圆柱坐标机器人　圆柱坐标机器人通过两个移动和一个转动来实现末端执行器空间位置的改变，其手臂的运动由在垂直于立柱的平面内的伸缩和沿立柱的升降两个直线运动，以及手臂绕立柱的转动复合而成，如图 8-2b 所示。这种机器人的位置精度较高，控制简单，避障性好，但结构也较庞大。

（3）极坐标机器人　极坐标机器人手臂的运动由一个直线运动和两个转动组成，即沿手臂方向 X 的伸缩，绕 Y 轴的俯仰和绕 Z 轴的回转，如图 8-2c 所示。这种机器人占地面积小，结构紧凑，位置精度尚可，但避障性差，有平衡问题。

（4）关节坐标机器人　关节坐标机器人主要由立柱、大臂和小臂组成，立柱绕 Z 轴旋转，形成腰关节，立柱和大臂形成肩关节，大臂和小臂形成肘关节，大臂和小臂做俯仰运动，如图 8-2d 所示。这种机器人的工作范围大，动作灵活，避障性好，但位置精度较低、有平衡问题、控制耦合比较复杂，目前应用越来越多。

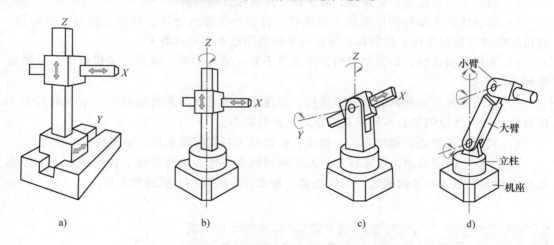

图 8-2　按坐标形式分类的工业机器人

a）直角坐标式　b）圆柱坐标式　c）极坐标式　d）关节坐标式

2. 按控制方式分类

（1）点位控制（Point to Point）　采用点位控制的机器人，其运动为空间点到点之间的直线运动，不涉及两点之间的移动轨迹，只在目标点处控制机器人末端执行器的位置和姿态。这种控制方式简单，适用于上下料、点焊等作业。

（2）连续轨迹控制（Continuous Path）　采用连续轨迹控制的机器人，其运动轨迹可以是空间的任意连续曲线。机器人在空间的整个运动过程都要得到控制，末端执行器在空间的任何位置都可以控制姿态。

3. 按信息输入方式分类

（1）人操作机械手　这是一种由操作人员直接进行操作的具有几个自由度的机械手。

（2）固定程序机器人　按预先规定的顺序、条件和位置，逐步地重复执行给定作业任务的机械手。

（3）可变程序机器人　它与固定程序机器人基本相同，但其工作次序等信息易于修改。

（4）程序控制机器人　它的作业任务指令是由计算机程序向机器人提供的，其控制方式与数控机床一样。

（5）示教再现机器人　这类机器人能够按照记忆装置存储的信息来复现由人示教的动作。其示教动作可自动地重复执行。

（6）智能机器人　这类机器人采用传感器来感知工作环境、工作条件的变化，并借助其自身的决策能力完成相应的工作任务。

四、工业机器人的发展趋势

工业机器人是机电一体化的高技术产物，随着精密机械技术、传感器技术、微电子、计算机技术及人工智能技术的迅猛发展，机器人技术的发展趋势呈现如下特征：

1）提高工作速度和运动精度，减少自身重量和占地面积。

2）加快机器人部件的标准化和模块化，将各种功能（回转、伸缩、俯仰、摆动等）的机械模块与控制模块、检测模块组合成结构和用途不同的机器人。

3）采用新型结构，如微动机构、多关节手臂、类人手指、新型行走机构等，以适应各种作业需要。

4）采用各种传感检测装置，如速度、加速度、听觉和测距传感器等，来获取有关工作对象和外部环境的信息，使其具有模式识别的能力。

5）利用人工智能的推理和决策技术，使机器人具有问题求解、动作规划等功能。

在21世纪，随着虚拟现实技术、人工神经网络技术、遗传算法、仿生技术、多传感器集成技术及纳米技术的崛起，现代机器人技术将发展到一个更高的水平。

第二节　工业机器人的机械与驱动系统

工业机器人的机械系统又称机械操作臂，它主要由末端执行器、手腕、手臂和机座组成；驱动系统主要有电气、液压、气动和机械四种驱动方式。

一、机械操作臂

1. 末端执行器

由于工业机器人是一种通用性较强的自动化作业设备，末端执行器则是直接执行作业任务的装置，大多数末端执行器的结构和尺寸是依据其不同作业任务的要求来设计的，从而形成了多种多样的结构形式。末端执行器安装在执行机构的手腕或手臂的机械接口上，根据用途的不同可分为机械式夹持器、吸附式末端执行器和专用工具三类。

（1）机械式夹持器　机械式夹持器由手爪、传动机构和驱动装置等组成。通过手爪的开、合动作实现对物料的夹持，图 8-3 所示是夹持圆柱形物料的机械式夹持器。

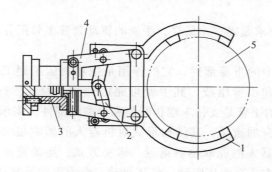

图 8-3　机械式夹持器

1—手爪　2—传动机构　3—驱动装置　4—支架　5—物料

（2）吸附式末端执行器　吸附式末端执行器是靠吸附力抓取物料的，它适用于抓取大平面、易碎和微小件等类型的物料。图 8-4 所示是一种真空吸附式末端执行器，抓取物料时，碟形橡胶吸盘与物料表面接触，起到密封和缓冲两个作用；真空泵进行真空抽气，在吸盘内形成负压，实现物料的抓取。放料时，吸盘内通入大气，失去真空后，物料放下。铁磁物料也可采用磁吸附式末端执行器。

（3）多指灵巧手　图 8-5 所示是一种模仿人手的多指灵巧手，它有多个手指，每个手指有三个回转关节，每一个关节的自由度都是独立控制的。多指灵巧手可以完成各种复杂动作（拧螺钉、弹钢琴等），如果配置触觉、力觉、温度等传感器，将使其更加完美。

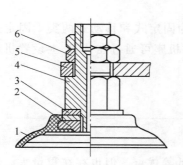

图 8-4　真空吸附式末端执行器

1—橡胶吸盘　2—固定环　3—垫片

4—支承杆　5—基板　6—螺母

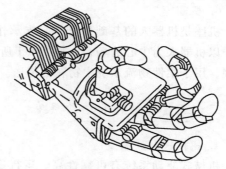

图 8-5　多指灵巧手

2. 手腕

手腕是连接末端执行器和手臂的部件，它的作用是调整或改变末端执行器的方位，因此一般具有三个独立的回转关节，如图 8-6 所示。这三个回转关节分别是：绕小臂轴线

X 的旋转，称为臂转 ω；相对于小臂的摆动，称为腕摆 θ；绕自身轴线的旋转，称为手转 φ。机器人手腕的结构很复杂，设计时要注意下面几个问题：

1）可以由手臂完成的动作，尽量不设置手腕。

2）手腕结构尽可能简化，对不需要三个自由度的手腕，可采用两个甚至一个回转关节。

3）手腕处的结构要求紧凑、重量轻，手腕的驱动装置多采用分离式。

3. 手臂

手臂是机械操作臂中的重要部件，它的作用是把物料运送到工作范围内的给定位置上。机器人一般由大臂和小臂组成，其手臂可完成伸缩、回转、升降或上下摆动运动，如图 8-7 所示。机器人的手臂是支持末端执行器和手腕的部件，需承受物料的重量和末端执行器、手腕、手臂自身的重量，其结构形式对机器人的影响很大。因此在选取手臂的结构形式时，要考虑机器人的抓取物料重量、运动方式、运动速度和自由度数量等。常见的机器人手臂的驱动方式有液压驱动、气压驱动、电力驱动及复合驱动等。

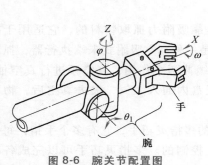

图 8-6　腕关节配置图

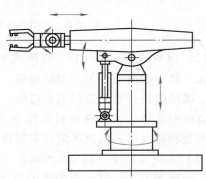

图 8-7　机器人手臂运动示意图

4. 机座

机座是机器人的基础部分，起支承作用，可分为固定式和移动式两类。固定式机座用于以机器人为中心的场合，如图 8-1 所示。移动式机座可通过在 AGV 上设置机器人来实现，用于柔性物流系统中物料的传送。

二、工业机器人的驱动系统

1. 机械式驱动系统

机械式驱动系统有可靠性高、运行稳定和成本低等优点，但也存在重量大、动作平滑性差和噪声大等缺点。图 8-8 所示是一种二自由度的机械驱动手腕，电动机安装在大臂上，经谐波减速器用两个链传动将运动传递到手腕轴 10 上的链轮 4、5。链条 6 将运动经链轮 4、轴 10、锥齿轮 9 和 11 带动轴 14 做旋转运动，实现手腕的回转运动（θ_1）；链条 7 将运动经链轮 5 直接带动手腕壳体 8 做旋转运动，实现手腕的上下仰俯摆动（β）。当链条 6 静止不动时，链条 7 单独带动链轮 5 转动时，由于轴 10 不动，转动的手腕壳体 8 将迫使锥齿轮 11 做行星运动，即锥齿轮 11 随手腕壳体 8 做公转（β），同时还绕轴 14 做自转运动（θ_2）。则 $\theta_2=\mu\beta$，其中 μ 为齿轮 9、11 的传动比。因此当链条 6、7 同时驱动时，手腕的回转运动应是 $\theta=\theta_1\pm\theta_2$，链轮 4 的转向与 β 转向相同时取 "–"，相反时取 "+"。

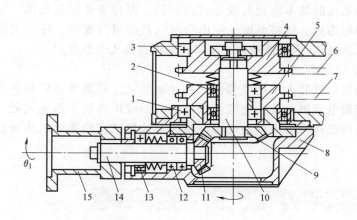

图 8-8　二自由度机械驱动手腕

1、2、3、12、13—轴承　4、5—链轮　6、7—链条　8—手腕壳体　9、11—锥齿轮

10、14—轴　15—机械接口法兰盘

2. 液压式驱动系统

液压传动的机器人具有很大的抓取能力，可高达上百千克，油压可达 7MPa。液压传动平稳、动作灵敏，但对密封性要求较高，不宜在高温或低温现场工作，需配备一套液压系统。图 8-9 所示是一种用液压驱动的双臂机器人，手臂的上下摆动由铰接液压缸和连杆机构来实现。当液压缸 1 的油腔通压力油时，通过连杆 2 带动手臂绕轴心做 90°的上下摆动（图中双点画线所示位置）。当手臂下摆到水平位置时，其水平和侧向的定位由支承

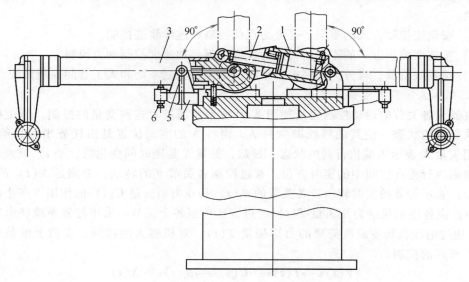

图 8-9　液压驱动的双臂机器人

1—液压缸　2—连杆（活塞杆）　3—手臂（曲柄）　4—支承架　5、6—定位螺钉

架 4 上的定位螺钉 5 和 6 来调节。

3. 气压式驱动系统

气压式驱动系统的基本原理与液压式的相同，但传递介质是气体。气压驱动的机器人结构简单、动作迅速、价格低廉，但由于空气具有可压缩性，导致工作稳定性差，气源压力一般为 0.7MPa，因此抓取力小，只有几千克到几十千克。

4. 电气式驱动系统

电气驱动是目前机器人采用最多的一种驱动形式。早期多采用步进电动机驱动，后来发展了直流伺服电动机，现在交流伺服电动机的应用得到了迅速发展。这类驱动单元可以直接驱动机构运动，也可以通过谐波减速器装置减速后驱动机构运动，其结构简单紧凑。

第三节　工业机器人控制技术

一、概述

工业机器人的主要任务是精确和可重复地将末端执行器从一个方位移到另一个方位，与传统机械系统的控制大致相同。但机器人的负载、惯量、重心都随时间发生变化，因此不仅要考虑运动学关系，还要考虑动力学因素，而且它是一个多变耦合的控制系统，这样机器人的控制系统就有其特殊性和复杂性。

1. 机器人控制系统的分类

机器人控制系统可以从不同角度进行分类，主要有下面几种：

1）按控制运动方式的不同，可分为关节运动控制、圆柱坐标空间控制和直角坐标空间控制。

2）按轨迹控制方式的不同，可分为点位控制和连续轨迹控制。

3）按速度控制方式的不同，可分为速度控制、加速度控制和力控制。

4）按发展阶段，可分为程序控制系统、适应性控制系统和人工智能控制系统。

2. 机器人控制的主要变量

机器人各关节的运动控制变量如图 8-10 所示，通过对这些变量的控制，修正机器人末端执行器的状态，使其能够抓取物料 A。物料 A 的空间位置是由任务坐标系给出的，可以用矢量 X 表示末端执行器的状态，显然，矢量 X 是随时间变化的，$X(t)$ 就表示某一时刻末端执行器在空间中的实时方位。通过控制各关节 θ_i 的转动，来满足 $X(t)$ 的要求，用 $\theta_i(t)$ 表示关节的实时转角。各关节的 $\theta_i(t)$ 是在力矩矢量 $C(t)$ 的作用下产生的，矢量 $C(t)$ 由各电动机的力矩矢量 $T(t)$ 经过变速传至各个关节。采用控制系统将电压矢量 $V(t)$ 通过电动机转变成所需要的力矩矢量 $T(t)$。对机器人的控制，实质上就是对下面双向方程式的控制。

$$V(t) \longleftrightarrow T(t) \longleftrightarrow C(t) \longleftrightarrow \theta_i(t) \longleftrightarrow X(t)$$

3. 机器人控制系统的组成

机器人控制系统是一种分级的控制系统，由作业控制器、运动控制器和驱动控制器三级组成，如图 8-11 所示。

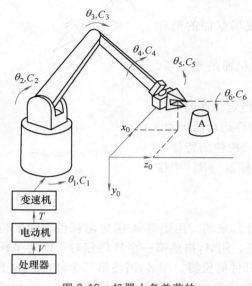

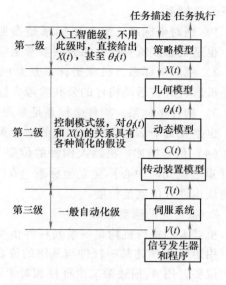

图 8-10 机器人各关节的
运动控制变量

图 8-11 机器人的分级控制系统

（1）作业控制器　作业控制器的作用是根据机器人的作业任务，依次发出相应的作业命令。同时，随着作业的进行，对从制造系统来的外部信息进行处理。

（2）运动控制器　对于连续轨迹控制，运动控制器接收从作业控制器来的作业命令，将其转化为各运动关系的动作指令，再送给驱动控制器。在点位控制中，作业控制器的信号直接送给驱动系统。

（3）驱动控制器　在机器人的执行机构中，每一个运动关节都由驱动控制器控制。

二、机器人的位置、姿态和路径问题

1. 机器人的位置、方位和姿态的描述方法

机器人是一个空间机构，可以采用空间坐标变换原理以及坐标变换的矩阵解析方法来建立描述各构件之间相对位置和姿态的矩阵方程。

（1）位置描述　在描述机器人各构件及物料之间的关系时，首先应建立各种坐标系，用位置矢量描述空间某一点的位置。对于直角坐标系 $\{A\}$，空间任意点 P 的位置可用矢量 $P=(x_p \quad y_p \quad z_p)^T$ 来表示。

（2）方位描述　为了研究机器人的运动与控制，除了要表示机器人构件上点的位置，还需要表示该构件的方位。要确定构件的方位，应先建立一个以该构件为基础的直角坐标系 $\{B\}$，用由坐标系 $\{B\}$ 的三个单位主矢量相对于参考坐标系 $\{A\}$ 的方向余弦组成的 3×3 矩阵来表示构件 B 相对于坐标系 $\{A\}$ 的方位，图 8-12 所示是表示方位的坐标关系。

（3）坐标系　机器人的执行机构可以看成是由几个独立运动的杆件以旋转或移动的

关节组成的机构，在空间描述各构件的位置和方位时，需要建立下列坐标系：

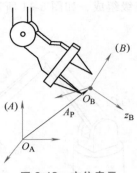

1）绝对坐标系。绝对坐标系是参照工作现场基面的坐标系，也是机器人所有构件的公共参考坐标系。

2）机座坐标系。机座坐标系是参照机器人机座的坐标系，也是机器人所有活动构件的公共参考坐标系。

3）构件坐标系。构件坐标系是参照机器人指定构件的坐标系，也是在每个活动构件上固定的坐标系，随构件运动而运动。

图 8-12　方位表示

（4）位姿描述　机器人构件的位姿是指在该构件的特征点上（重心或几何中心）建立坐标系 $\{B\}$，在坐标系 $\{B\}$ 中描述的该构件方位就是位姿。

2. 机器人的运动描述

机器人的执行机构是一系列杆件由关节组合起来的，用矩阵 A 描述两杆件之间的位姿，用矩阵 T 描述某一杆件与基座的位姿。这里，用 A_1 描述第一个杆件相对于固定坐标系的位姿，用 A_2 描述第二个杆件相对于第一个杆件的位姿，用 A_3 描述第三个杆件相对于第二个杆件的位姿，以此类推，用 A_6 描述末端执行器相对于第五个杆件的位姿，从而可以得到下面的方程

$$T_1 = A_1$$
$$T_2 = A_1 A_2$$
$$T_3 = A_1 A_2 A_3$$
$$\vdots$$
$$T_6 = A_1 A_2 A_3 A_4 A_5 A_6$$

上述各方程表示了从固定坐标系到末端执行器的各坐标系之间的变换矩阵与末端执行器位姿的关系，称之为机器人的运动方程。

3. 机器人的路径规划

机器人在工作范围内完成某一任务，末端执行器必须按一定的轨迹运动。末端执行器运动轨迹的形成方法是：首先给定轨迹上的若干点，将这些点通过运动学反解映射到关节空间中，对关节空间中的这些相应点建立路径的数学方程，然后按数学方程对各关节进行插补运算，从而得到运动轨迹。上述整个过程就是机器人的路径规划，进行路径规划时要考虑下面几个问题：

1）建立末端执行器的起始位姿和目标位姿。

2）区分末端执行器的运动方式（点到点运动、连续路径运动、轮廓运动）。

3）在机器人所有运动构件的路径上是否有障碍物。

4）根据运动要求选择插补运算方式。

三、机器人的控制技术

1. 机器人示教再现控制

机器人的示教再现控制是指控制系统可以通过示教操纵盒或"手把手"地将动作顺

序、运动速度和位置等信息用一定的方法预先教给机器人，由机器人的记忆装置将这些信息自动记录在随机存取存储器（RAM）、磁盘等存储器中，当需要再现时，重放存储器中的信息内容。若需改变作业内容，只需重新示教一次即可。

2. 机器人的运动控制

机器人的运动控制是指在机器人的末端执行器从一点到另一点的过程中，对其位置、速度和加速度的控制。由于机器人末端执行器的位姿是由各关节的运动产生的，因此对其进行运动控制实际上是通过控制关节运动来实现的。机器人的关节运动控制分两步进行：第一步是关节运动伺服命令的生成，第二步是关节运动的伺服控制。

3. 机器人的自适应控制

自适应控制是指机器人依据从周围环境所获得的信息来修正对其自身的控制，这种控制器配有触觉、力觉、接近觉、听觉和视觉等传感器，能够在不完全确定或局部变化的环境中，保持与环境的自动适用，并以各种搜索与自动导引方式，执行不同的循环作业。根据设计技术的不同，自适应控制一般分为模型参考自适应控制、自校正自适应控制和线性摄动自适应控制三种，其中模型参考自适应控制（MRAC）应用最广泛，且容易实现。

4. 机器人的智能控制

智能控制是无需人的干预就能够独立地驱动智能机器人实现其目标的自动控制方式。它是一种以知识表示的非数学广义模型和以数学模型表示的混合控制过程，也含有复杂性、不完全性和不确定性，以及不存在已知算法的非数字过程，并以知识进行推理，以启发来引导求解过程。

第四节 工业机器人的应用实例

现有工业机器人主要用于机械制造、汽车工业、金属加工、电子工业和塑料成型等行业。从功能上看，这些应用领域涉及机械加工、搬运、工件及工夹具装卸、焊接、喷漆、装配、检验和抛光修正等。主要目的是提高生产能力、改善工作条件、提高制造系统的柔性，因此，工业机器人的研发和使用情况已是衡量中国制造 2025 完成水平的重要指标之一。

一、切削加工机器人

切削加工机器人是用于自由曲面打磨和抛光的加工设备，它包括机器人本体、控制柜和工业控制计算机三大部分，如图 8-13 所示。机器人本体是一个六自由度的串联式机器人，通过六个关节的协同转动实现抛光头三维曲线的运动规划。控制柜中主要配置了变频调速器和伺服电动机驱动器，其中变频调速器通过调节交流电的频率使抛光头获得不同的旋转速度，伺服电动机驱动器把低功率的脉冲信号转换为能驱动电动机的大功率电信号。工业控制计算机除完成普通计算机的任务外，还安装了运动控制卡，用于实现对伺服电动机转角、速度、加速度的控制及多个伺服电动机的协调控制。切削加工机器人的操作界面如图 8-14 所示，其软件系统可以完成下述功能：

1）水轮机叶片数学建模及轨迹点的数据获取。

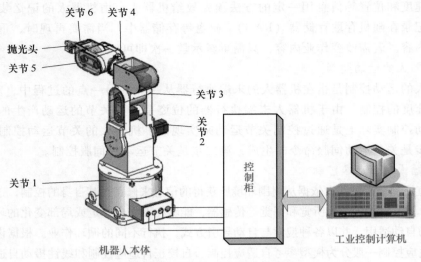

图 8-13　切削加工机器人原理图

2）串联机器人运动学模型的建立。

3）机器人抛光轨迹的规划与生成。

4）水轮机叶片抛光机器人控制算法的实现。

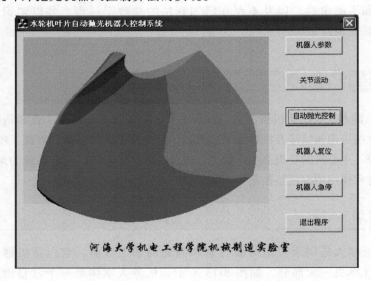

图 8-14　机器人的操作界面

二、搬运机器人

搬运机器人主要完成制造系统中工艺装备的换位、机床上下料和不同工位的物料传送工作。

1. 换刀机械手

加工中心换刀机械手如图 8-15 所示，它采用气压驱动，结构简单、动作可靠，是目前加工中心最常用的换刀装置。图中手爪 7 固定在手臂主轴 2 的端部，圆盘 14 固定在手臂主轴 2 的中部，齿轮 10、15 空套在手臂主轴 2 上。当换刀开始时，气缸 4 向左运动，推动齿轮 15 逆时针转动，此时气缸 1 在上位，圆盘 14 的端面销插在齿轮 15 的槽孔内，齿轮 15 带动手臂主轴 2 转动，使手爪 7 达到抓刀位置，同时行程开关 17 发出抓刀结束和拔刀开始的信号。然后气缸 1 向下推动手臂主轴 2 拔刀，圆盘 14 随之下移与齿轮 15 脱开，和齿轮 10 接合。拔刀结束时，行程开关 8 发出信号使气缸 6 左移，通过齿轮 10 带动手臂主轴 2 继续逆时针旋转 180°，实现手爪 7 的换位。换位结束后，行程开关 12 发出信号，气缸 1 向上完成插刀动作，在行程开关 9 发出插刀完毕信号后，所有装置回到原始位置，等待下一个换刀指令。

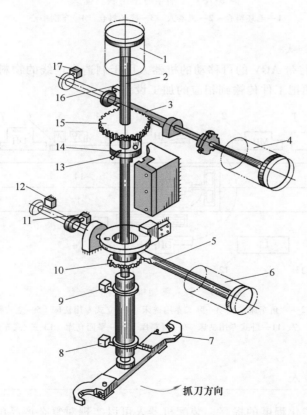

图 8-15 加工中心的换刀机械手

1、4、6—气缸 2—手臂主轴 3、5—轴 7—手爪 8、9、11、12、16、17—行程开关
10、15—齿轮 13—柱销 14—圆盘

2. 上下料机器人

上下料机器人用于各种制造装备毛坯的上料及完工后产品的取回，图 8-16 是应用于车削中心的上下料机器人，要求机器人与车削中心的数控代码的顺序和生产节拍相匹配。

图 8-16　车削中心上下料机器人

1—毛坯料仓　2—机器人　3—成品料仓　4—车削中心

3. 物料传输机器人

图 8-17 所示为将带 AGV 的可移动的机器人用于制造生产线的物料输送，图中的移动机器人根据生产节拍把工件传输到相应的加工设备上。

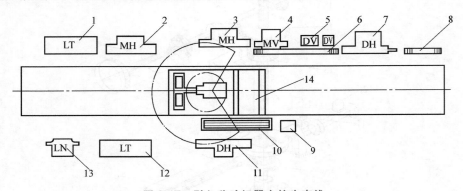

图 8-17　引入移动机器人的生产线

1、12—六角车床　2、3—卧式专用铣床　4—立式专用铣床　5—立式钻床

6、8—缓冲站　7、11—卧式专用钻床　9—材料库　10—平面仓库　13—立式车床　14—AGV

三、装配机器人

随着机器人智能化程度的提高，装配机器人可以实现对复杂产品的自动装配。图8-18所示为直流伺服电动机的某装配工段，图中有一台负载能力较大的搬运机器人和三台定位精度较高的装配机器人。该装配工段的装配操作如下：

1）把油封和轴承装配到转子上，装上端盖。

2）安装定子，插入紧固螺栓。

3）装入螺母和垫圈，并把它们旋紧。

为完成上述装配操作，首先搬运机器人 1 把转子从传送带 6 搬运到第一装配工作台 9

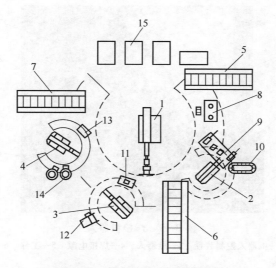

图 8-18　带有机器人的装配系统

1—搬运机器人　2、3、4—装配机器人　5、6、7—传送带　8—缓冲站　9、11、13—装配工作台
10—圆盘传送带　12—螺栓料仓　14—振动料槽　15—控制器

上，装配机器人 2 把轴承装配到转子上，利用压床把轴承安装到位，接下来对油封重复上述操作；搬运机器人 1 把转子组件送到缓冲站 8，从第二装配工作台 11 送上端盖到压床台面，搬运机器人 1 把转子组件置入端盖，利用压床把端盖装配到位。然后，搬运机器人1 把定子放到转子外围，并把电动机装配组件送到第二装配工作台 11 上，用装配机器人插入四个螺栓。最后在第三装配工作台 13 上安装好螺母和垫圈，并紧固好四个螺母，搬运机器人 1 把在本段装配好的电动机放到传送带上。传送带把电动机传送到下一个工段。

四、焊接机器人

　　焊接是机器人的主要用途之一，按焊接作业的不同分为点焊和弧焊作业焊接机器人。点焊机器人可通过重新编程来调整空间点位，也可通过示教形式获得新的空间点位，以满足不同零件的需要，故特别适用于小批量、多品种的生产环境。弧焊作业由于其焊缝多为空间曲线，采用连续轨迹控制的机器人可代替部分人工焊接。图 8-19 所示是一个典型的焊接机器人，焊接电源与机器人上的焊枪（末端操作器）组成焊接装置，工件安装在焊接夹具上，机器人控制装置可采用示教再现控制或智能控制实现焊接过程的运动轨迹，焊接夹具也能完成部分简单运动。

五、其他用途的机器人

　　喷漆机器人能够避免工人健康受到危害，并能提高喷涂质量和经济效益，在喷漆作业中的应用日趋广泛。由于喷漆机器人具有编程和示教再现能力，因此它可适应各种喷漆作业，图 8-20 所示是一个典型的喷漆机器人。

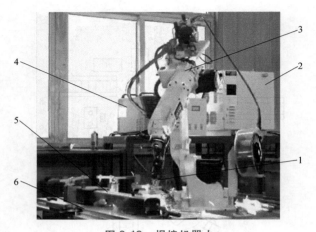

图 8-19 焊接机器人

1—焊枪 2—机器人控制装置 3—机器人 4—焊接电源 5—工件 6—焊接夹具

图 8-20 喷涂机器人

加工、搬运、装配、焊接及喷漆机器人占工业机器人的比例超过 85%，在制造过程中的铸造、热处理和冲压越来越多地使用工业机器人。除此之外，机器人在建筑、核能、海洋、太空探索、军事和家庭服务等领域也已广泛使用。

复习思考题

8-1 简述工业机器人的定义与组成。

8-2 机器人学主要包括哪些学科？

8-3 按信息输入方式的不同，机器人分为哪几种？

8-4 简述工业机器人未来的发展趋势。

8-5 简述工业机器人机械操作臂各组成机构的作用。

8-6 工业机器人的五种驱动方式的特点分别是什么？

8-7 为了表述机器人构件的姿态，需要建立哪几种坐标系？

8-8　什么是机器人路径规划？

8-9　在机器人的运动控制中，伺服命令是如何产生的？

8-10　智能控制有什么特点？

8-11　在装配过程中，用装配机器人代替工人的工作会带来什么优势？

8-12　列举机器人在国民经济各领域的应用。

思政拓展：中国探月工程中的玉兔号可视为一种移动机器人，扫描下方二维码观看我国探月工程相关视频，了解中国航天人如何凭借自主创新，铸就"中国探月精神"、实现探月工程中一系列重大科技突破成就的故事。

我国的征途
中国探月工程1

我国的征途
中国探月工程2

我国的征途
中国探月工程3

附　录

实验一　自动换刀装置实验

一、实验目的

通过实验了解自动换刀的原理、方法，熟悉单轴转塔自动车床换刀装置的结构、控制原理，以及立式加工中心换刀装置的控制原理。

二、实验设备

C1318 型单轴转塔自动车床、SIMENS810D 数控立式加工中心。

三、实验原理及内容

（一）单轴转塔自动车床换刀装置

1. 单轴转塔自动车床的控制系统

C1318 型单轴转塔自动车床，是由机械控制系统集中控制的全自动加工机床。它能够自动送料、自动夹紧、自动换刀，连续进行零件的批量加工。

机床的工作循环过程是：上一个工件切断后，夹紧机构松开棒料→棒料自动送进→夹紧棒料→纵向或横向刀架进给（快进、工进、快退）进行切削加工，如此反复循环。

机床上有三个横向刀架（径向切削）和一个回转刀架（纵向切削）。每个横向刀架上可以装一把刀具，回转刀架上有六个刀位，其中一个刀位用于装挡料块，其余五个刀位上均可以装一把刀具。因此机床上最多可以装八把刀具。四个刀架可以同时进给，根据工艺需要，最多可以有四把刀具同时参与切削。机床的自动化程度和加工效率都非常高。

机床控制系统的机构主要有以下几部分：

（1）分配轴　分配轴上装有主轴正反转定时轮、径向进给凸轮、送夹料定时轮和换刀定时轮。如附图 1-1 所示。

附图 1-1　分配轴

1—主轴正反转定时轮　2—径向进给凸轮　3—径向进给杠杆　4—送夹料定时轮
5—换刀定时轮　6、7—杠杆

分配轴是整台机床的控制中心，机床的所有动作都是按照分配轴的指令执行的。分配轴转动一圈，机床完成一个零件的加工。

（2）径向进给机构　机床的径向进给是由分配轴上的径向进给凸轮 2 通过径向进给杠杆 3 控制径向进给刀架实现的。三个径向进给凸轮 2 按照一定的时间顺序，分别通过三个径向进给杠杆控制立刀架、后刀架和前刀架沿着工件直径方向的快进、工进和快退。如附图 1-2a 所示。其进给控制原理如附图 1-2b 所示，杠杆一端的滚子紧贴在凸轮的表面上，另一端与装于径向刀架中的滑块相连。凸轮在随分配轴转动的过程中，控制杠杆摆

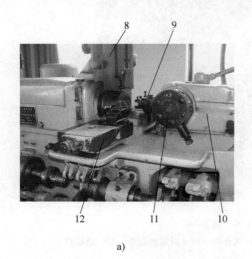

a)

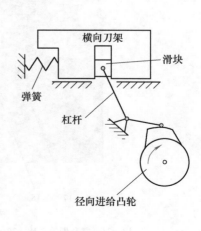

b)

附图 1-2　径向进给机构及其控制原理

a）径向进给机构　b）径向进给控制原理

8—立刀架　9—后刀架　10—刀架溜板　11—回转刀架　12—前刀架

动，从而通过滑块使刀架移动，以实现刀具的进给动作。

（3）纵向进给机构　分配轴通过齿轮传动副，控制轴向进给凸轮 14 转动，轴向进给凸轮 14 再通过杠杆齿轮 13，以及齿条 16 控制刀架溜板 10 的轴向运动，从而实现刀架溜板 10 的快进、工进和快退动作。轴向进给机构的结构及控制原理分别如附图 1-3 和附图 1-4 所示。

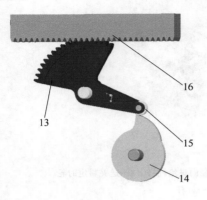

附图 1-3　轴向进给机构的结构

13—杠杆齿轮　14—轴向进给凸轮

15—滚子　16—齿条

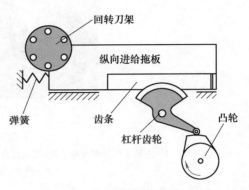

附图 1-4　轴向进给机构的控制原理

（4）辅助轴　在机床的背面有一辅助轴 22（附图 1-5），辅助轴上装有空套齿轮 17、21、定转离合器（空套）18、20 和固定离合器 19。辅助轴通过齿轮传动副、蜗轮蜗杆传动副受分配轴的控制，与分配轴保持一定的传动关系（转速、转向）。

附图 1-5　辅助轴

17、21—空套齿轮　18、20—定转离合器　19—固定离合器　22—辅助轴

（5）送夹料机构　分配轴上的送夹料定时轮 4 通过杠杆 6 控制辅助轴上的定转离合器 20 的接通与断开。当定转离合器 20 接通后，空套齿轮 21 随辅助轴转动（附图 1-5），通过床身内部的齿轮传动，使凸轮轴转动，送夹料凸轮 23 通过送夹料拨叉 24 控制送夹料

机构动作，送料凸轮 25 通过送料拨叉 26 控制送料机构动作，如附图 1-6 所示。

附图 1-6　送夹料凸轮

23—送夹料凸轮　24—送夹料拨叉　25—送料凸轮　26—送料拨叉

　　送夹料机构的结构如附图 1-7 所示。弹簧夹头 36 在自然状态下向外张开，当压紧套 30 向右移动时，通过锥面作用使弹簧夹头 36 向内收缩，夹紧棒料；当压紧套 30 向左移动时，弹簧夹头自动张开，松开棒料。

　　送料弹簧套 32 在自然状态下向内收缩，抱紧在棒料上，若棒料在夹紧的状态下，送料弹簧套 32 向左移动，它对棒料的摩擦力不能克服弹簧夹头 36 对棒料的夹紧力，所以只能相对于棒料滑动；若棒料处于松开状态，送料弹簧套 32 向右移动，并通过摩擦力带动棒料一起移动。送夹料机构的控制顺序如下：

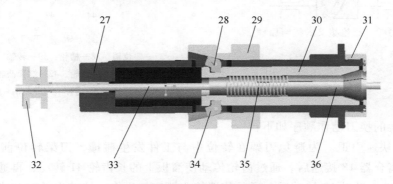

附图 1-7　送夹料机构

27—主轴　28—销轴　29—滑套　30—压紧套　31—轴端盖　32—送料弹簧套
33—棒料　34—压块　35—弹簧　36—弹簧夹头

　　1）定转离合器 20 接通后，送料凸轮 25 通过送料拨叉 26 控制，首先使送料弹簧套 32 向左（向后）移动（在棒料上滑过）。

　　2）送夹料凸轮 23 通过送夹料拨叉 24 控制，使滑套 29 向右（向前）移动，松开压块 34，在弹簧 35 的作用下，使压紧套 30 向左移动，弹簧夹头 36 自动张开，松开棒料。

　　3）送料凸轮 25 在继续转动的过程中，使送料弹簧套 32 向右（向前）移动，通过摩擦力带动棒料向右移动（棒料向前送进）。

　　4）送夹料凸轮 23 在继续转动的过程中，通过送夹料拨叉 24 控制，使滑套向左移动，压紧压块 34，由于压块 34 只能绕着销轴 28 转动，从而向右推动压紧套 30，使弹簧夹头 36 向内收缩，夹紧棒料；定转离合器 20 脱开，送夹料过程结束。

凸轮拨叉的控制原理如附图 1-8 所示。

（6）换刀机构　分配轴上的换刀定时轮 5，通过杠杆 7 控制辅助轴上的定转离合器 18 的接通与断开。当定转离合器 18 接通后，空套齿轮 17 随辅助轴转动，通过齿轮传动接通换刀机构。

回转刀架以及换刀机构的所有零部件都安装于刀架溜板箱上，并随同溜板一起移动，如附图 1-9 所示。

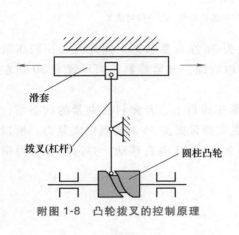

附图 1-8　凸轮拨叉的控制原理

附图 1-9　换刀机构

37—定位销　38—槽轮　39—转轴　40—拔销
41—长齿轮　42—端面凸轮
43—连杆　44—曲柄

回转刀架的换刀动作顺序如下：

1）溜板快速引退。为避免刀架在转位中与工件发生碰撞，刀架转位前必须退离工件。当定转离合器 18 接通后，通过齿轮传动使溜板上的长齿轮 41 转动，再通过锥齿轮副使转轴 39 转动，转轴 39 转动后，通过前端的曲柄连杆机构，拉动齿条向左移动（齿条可在溜板的导向槽中移动），进而使杠杆齿轮 13 逆时针转动，杠杆齿轮 13 端部的滚子脱离轴向进给凸轮 14，溜板失去了向左的支撑力，于是在溜板内部弹簧的作用下，溜板连同其上的所有机构，快速向右后退，直至碰到床身上的挡块。

2）拔销。转轴 39 转动后，轴上的端面凸轮 42 通过拔销杠杆（拔销杠杆安装于溜板箱盖的反面，如附图 1-10 所示），使插在溜板壳体定位孔和回转刀架定位孔中的定位销 37 从回转刀架的定位孔中退出。

3）刀架转位。当曲柄 42 转过 120°时，转轴 39 后端圆盘上的拔销 40 进入与回转刀架同轴的槽轮 38 的槽中，拨动槽轮及回转刀架转动。当曲柄 42 转过 240°时，回转刀架转过 60°，与此同时拔销脱离槽轮，回转刀架完成一次转位。

4）插销。端面凸轮 42 随转轴 39 继续转动，在内部弹簧的作用下，定位销重新插入回转刀架的另一个定位孔中。

5）溜板快速引进。转轴 39 继续转动，曲柄连杆机构向右推动齿条，使杠杆齿轮 13 顺时针转动，滚子压向轴向进给凸轮 14 的表面，在反作用力的作用下克服溜板底部弹簧力的作用，推动溜板及其上的所有机构快速向左移动复位。定时离合器 18 脱开，换刀过程结束。

（7）定转离合器　分配轴上的换刀定时轮 5 按一定的时间顺序，把杠杆 7 的前端抬起，后端插在定转离合器 18 螺旋槽中的销子，从

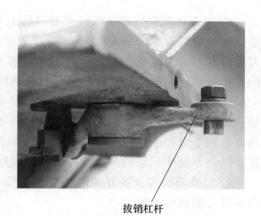

拨销杠杆

附图 1-10　拨销杠杆

槽中退出（附图 1-11）。在装于离合器孔中的弹簧的作用下，空套在辅助轴上的定转离合器 18 向右移动，与固定离合器 19 结合，并随辅助轴一起转动。从而接通换刀机构。定转离合器 18 转过一定的角度后，杠杆 7 复位，销子重新落入定转离合器 18 的螺旋槽（相当于端面凸轮）中；定转离合器 18 继续转动，销子推动定转离合器 18 向左移动，当定转离合器 18 转过一圈后，定转离合器 18 与固定离合器 19 脱开，断开其与辅助轴的联系。

（8）主轴正反转控制机构　主轴正反转定时轮 1 可根据加工要求，按照设定的时间，控制换向开关的位置，从而控制主轴的正反转。

2．实验操作

1）起动机床，观察机床控制系统的工作过程。

2）用手动控制方法，使机床的控制系统低速运转，仔细观察机床换刀机构的工作过程，分析其结构控制原理。

（二）立式加工中心的换刀与控制

在自动车床上换刀，是按照机械控制系统的指令来进行的；而在数控机床上，换刀是按照数控程序指令来进行的。

虽然两种不同机床的换刀指令不同，但它们的换刀方式是一样的，即都必须有控制系统和执行机构。

1．立式加工中心换刀系统的组成及控制原理

（1）刀库　SIMENS810D 数控立式加工中心的刀库为盘式刀库，根据机床布局的不同又分为立式

销子　　　　杠杆7

附图 1-11　定转离合器

刀库和卧式刀库两种（本实验使用立式刀库机床，卧式刀库的换刀控制原理和过程与立式刀库的基本相同）。刀库中有 22（或 24）个刀座，最多可装 22（或 24）把刀具。

（2）刀具识别装置　该机床的刀具识别采用软件记忆法。事先在系统中按照一定的顺序，确定好刀库中每个刀座的编号，刀库上装有一个刀号检测装置。在换刀过程中，刀库每转过一个刀位，检测装置上的光源发出一束光线，再由光电感应装置，把接收到的光信号转变为电信号，并反馈给数控系统。

该机床的刀具识别装置，按照逆时针方向将刀库中的刀座从 1～22 的顺序排列并编号。加工前需将刀具按照加工程序中的编号，用手动控制方法安放到刀库的对应刀座中。机床在加工过程中，若由于某些故障（如误操作）使刀号丢失，必须重新对刀库进行重排，以使系统中记忆的刀座号与刀库中实际刀座号对应，否则无法进行加工。

（3）换刀机构及换刀动作过程　该机床的换刀机构由刀库移动机构、刀库转动机构和刀具夹紧机构组成。

刀库移动机构由一个气压缸和刀库移动导轨组成。刀库转动机构主要由一台伺服电动机和齿轮传动副组成。刀具夹紧机构由安装于主轴上端的气压缸、安装于主轴孔中的蝶形弹簧组、推杆和夹爪组成。

换刀的动作过程如下：

1）机床回换刀点：Z 轴回换刀点是使主轴移动到与刀库等高的位置（主轴上的刀具安装位置与刀库的刀座等高）；X、Y 轴根据工作台上所安装的工件的尺寸及位置情况可以回换刀点，也可以不回换刀点。

2）主轴准停：使主轴在圆周方向准确停止在零度的位置，以使主轴端面上的键槽方向与刀座中的键槽方向一致。

3）刀库转位：使刀库中与主轴上刀具号对应的刀座转至对着主轴的方向。

4）刀库右移：刀库向右移动，卡住主轴上的刀具。

5）主轴松刀：主轴上端的气压缸，通过推杆压缩碟形弹簧组，使夹爪松开刀柄。

6）主轴上抬：脱开刀具。

7）刀库再转位：使需要调用的刀具转至对着主轴的方向。

8）主轴下移：套住新刀具。

9）夹刀：主轴上端气缸放气，在碟形弹簧组的作用下，使拉杆向上移动带动夹爪，夹住并拉紧刀柄。

10）刀库左移：使刀库移动的气缸反向接通，带动刀库左移复位，换刀结束。

2. 换刀操作

该机床的换刀程序通常有下面三个程序段：

N_i　　G75　　FP＝1　　X_1＝0　　Y_1＝0　　Z_1＝0　　　　　　　　　（回换刀点）

N_{i+1}　　Txx　　　　　　　　　　　　　　　　　　　　　（选择刀号）

N_{i+2}　　M06　　　　　　　　　　　　　　　　　　　　　（指令换刀）

选择适当的操作模式，将上述程序输入系统，在教师的指导下，执行换刀操作。仔细观察换刀过程中各机构的动作情况。

四、实验报告

将观察到的不同机床的换刀原理及控制过程详细地记录在实验报告上。

实验二 自动化装配实验

一、实验目的

通过对博世力士乐模块式机电一体化系统 mMS 的操作使用，了解气动设备的功能、结构、工作原理和应用领域；熟悉自动化装配的工作原理，理解博世力士乐模块式机电一体化系统内部各环节（各类机器、传感器、传动机构、执行机构）的运动规律和功能关系。

二、实验设备

本实验的设备是博世力士乐模块式机电一体化系统 mMS。本设备由料仓站、装配工作站和储藏站三个模块组成，每个模块都包含独立的 PLC 及现场总线接口。系统通过 PLC 控制相关元件，并通过 ProfiBus 现场总线将各模块连接起来。如附图 2-1 所示。

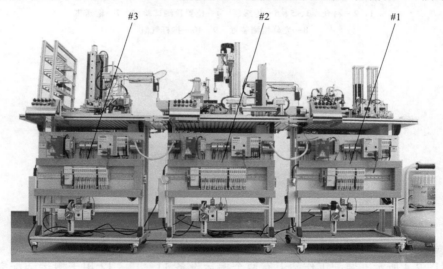

附图 2-1　模块式机电一体化系统 mMS
#1—料仓站　#2—装配工作站　#3—储藏站

1. 料仓站

料仓站中有 2 个料仓、2 个推杆气缸、1 个输送带、3 个传感器、1 个位置检测试验缸和 1 个光幕检测装置，如附图 2-2 所示。其中，光幕检测装置的放大图如附图 2-3 所示。

料仓 1 和料仓 2，分别用于存放铝制半立方零件和塑料半立方零件。每个料仓各有一个推料气压缸与之对应，用于将料仓中的装配零件推至输送带上，输送带用于传送零件。3 个传感器及位置检测试验缸，分别用于检测零件的材料、正反位置和零件的颜色，光幕检测装置用于检测输送中的零件是否到达指定的位置。

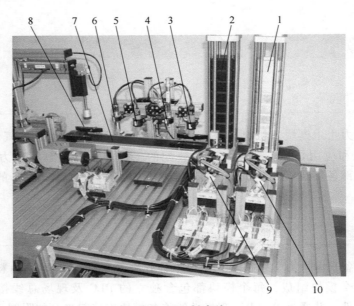

附图 2-2　料仓站

1、2—料仓　3、5、6—传感器　4—位置检测试验缸　7—输送带
8—光幕检测装置　9、10—推杆气缸

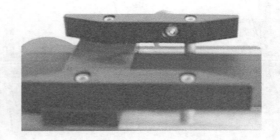

附图 2-3　光幕检测装置放大图

2. 装配工作站

如附图 2-4 所示，装配工作站上有两个搬运设备 11、12。12 用于搬运装配完成后的部件，11 用于搬运装配前的零件。每个搬运设备各配有一个真空吸盘，用于抓取搬运对象。压机 13 用于两个半立方体的最终装配。顶推杆 14 的作用是把装配槽中的两个半立方体拉入压机 13 和把装配后的部件推出压机 13。输送带 16 的作用是把部件送至右端。光幕检测装置的作用是检测部件是否到达输送带末端的指定位置。19、20、21、22 为销钉装配单元。其中 20 为销钉料仓。

3. 储藏站

如附图 2-5 所示，储藏站上有货架 24，搬运设备 25 和 X-Y 机械手 27。搬运设备 25 配有一个真空吸管 26。搬运设备 25 把装配工作站装配完成的部件搬运到 X-Y 机械手上，X-Y 机械手再把部件按照预先设定的顺序码放在货架中。

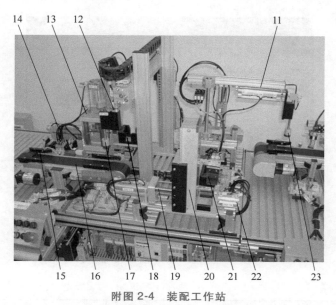

附图 2-4　装配工作站

11、12—搬运设备　13—压机　14—顶推杆　15—光幕检测装置　16—输送带　17、23—真空吸管
18—装配槽　19—销钉装配推杆　20—销钉料仓　21—转动装置　22—送料缸

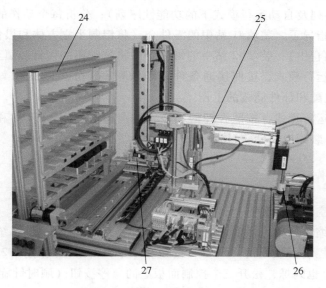

附图 2-5　储藏站

24—货架　25—搬运设备　26—真空吸管　27—X-Y 机械手

4. mMS 控制面板

　　mMS 控制面板的布局如附图 2-6 所示。面板上的主要操控按钮有运行模式选择开关（Hand/Auto）、起动开关（Start）、停止开关（Stop）、退出开关（Quit）、指示灯（S6）和急停按钮（红色）等。

附图 2-6　mMS 控制面板

三、实验要求

1) 认真阅读实验指导书及相关资料；在教师示范操作的过程中仔细观察实验准备工作要求、系统通电起动过程，并观察指导教师用 L20 主程序试运行 mMs（观察手动运行模式下的功能性序列及自动运行模式下的功能性序列）；分析每个动作的接通条件。

2) 在教师的指导下，装填#1 站中的零件仓（将铝制半立方体和黑色塑料半立方体分别装填至各自的料仓中），装填#2 站中的铆钉仓（将装配用的铆钉装填至铆钉仓）。

3) 选择手动运行模式，按照接通条件和动作顺序，分步操作#1 站、#2 站和#3 站，完成取料、零件装配和部件储藏的工作。

4) 选择自动运行模式，按照合理的顺序，分别起动#3 站、#2 站和#1 站，仔细观察设备的自动取料、装配以及储藏过程。

四、参考操作流程

1) 通电起动空气压缩机。

2) 当空气压缩机的压力达到设定值（0.6MPa）后，起动 mMS 系统。

3) 三个站点控制面板上的"Start"按钮和"Quit"按钮闪烁，#2 站和#3 站控制面板上"S6"指示灯也闪烁，松开三个控制面板上的急停按钮（顺时针旋转）。

4) 三个站点都选择停止模式（Stop）。

5) 在#3 站控制面板上同时按下"Start"按钮和"Quit"按钮，这时"Quit"按钮指示灯熄灭，"Start"按钮持续发光不再闪烁；按#3 站控制面板上的"S6"按钮，系统对#3 站的搬运设备进行初始化（步进电动机回零），#3 站准备就绪。

6) 在#2 站控制面板上同时按下"Start"按钮和"Quit"按钮，然后按下"S6"按钮，系统对#2 站的搬运设备进行初始化，#2 站准备就绪。

7) 在#1 站控制面板上同时按下"Start"按钮和"Quit"按钮，"Quit"按钮指示灯熄灭，"Start"按钮指示灯持续发光，不再闪烁，#1站准备就绪。

8）将#3站的状态设置为自动（Auto），按下"Start"按钮。

9）将#2站的状态设置为自动（Auto），按下"Start"按钮。

10）将#1站的状态设置为自动（Auto），按下"Start"按钮。

11）对各站点上的所有设备，按照L20主程序设置的顺序和接通条件连续进行装配工作。

12）自动模式演示结束后每个站点切换到手动模式（Hand），然后按下"Start"按钮；逐条指令执行动作循环。仔细观察动作序列以及执行元件，分析相关动作的原理。

五、实验报告

创建手动模式下料仓站#1、装配工作站#2和储藏站#3的动作序列表并解释所创建的动作序列，见附表2-1~附表2-3。

附表 2-1　料仓站动作序列

序　号	元　件	动　作

附表 2-2 装配工作站动作序列

序　号	元　件	动　作

附表 2-3 储藏站动作序列

序　号	元　件	动　作

实验三　自动化立体仓库的控制与使用

一、实验目的

通过实验了解自动化立体仓库的组成、控制原理，掌握自动化立体仓库的操作方法。

二、实验设备（自动化立体仓库）

附图 3-1 所示是教学型自动化立体仓库。本自动化立体仓库由一个 $XYZ(A)$ 仓库本体（控制平台）、运动控制器（计算机、运动控制卡、运动控制软件、伺服驱动器）和空气压缩机组成。

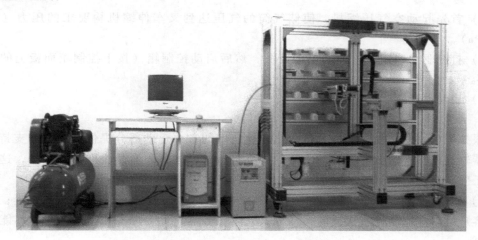

附图 3-1　教学型自动化立体仓库

1. 仓库本体

仓库本体是基于开放式数控的 $XYZ(A)$ 控制平台，由高层货架、移动机构（相当于行走小车）、叉车伸缩机构、货物传送机构及货物交换台组成。

（1）高层货架　本仓库的货架有上下四层，其编号方法是从下往上依次为第一、第二、第三、第四层，从左往右依次为第一、第二、第三、第四、第五、第六货格。

（2）移动机构　移动机构通过伺服电动机驱动，可使叉车沿 X、Y 方向移动。

（3）叉车伸缩机构　叉车伸缩机构由气缸驱动，可沿 Z 方向快速伸出和缩回。

（4）货物传送机构　货物传送机构由步进电动机和传送带组成，可以使货物沿 Z 方向移动，以便将货物放进货格或从货格中取出，还可以使货物在叉车和交换台上进行交换。

（5）货物交换台　货物交换台的主要作用是在叉车与交换台间进行货物转移，一般用于暂存货物或者与其他设备进行货物交换。

2. 运动控制器

运动控制器由一台计算机、运动控制卡、控制软件以及伺服电动机驱动器组成。它是整个自动化立体仓库系统的核心。

本实验在操作过程中主要针对服务器软件和客户端软件进行操作。

系统维护与开发人员可以通过 GT Commander 软件对自动化立体仓库进行维护和测试，也可以通过 Visual C++更新和升级服务器软件及客户端软件，或者根据需要设计个性化控制软件。

3. 空气压缩机

空气压缩机的主要作用是为叉车伸缩机构提供动力。

三、自动化立体仓库的操作

1. 实验准备

1）首先起动空气压缩机，使储气筒的气压达到叉车伸缩机构要求的压力（约为0.8MPa）。

2）打开驱动控制箱背面的电源开关，然后启动控制箱（按下控制箱面板上的绿色按钮）。

3）启动计算机。

2. 服务器软件操作

服务器软件的功能主要是对自动化立体仓库的各个运动部分提供运动控制支持。在服务器软件控制界面中可以对各个运动部件进行运动测试，看是否能正常操作，这也是能够正确联机控制的前提。服务器软件操作界面如附图 3-2 所示。

1）联机操作。用服务器软件测试控制台时，需要取消联机操作复选框的选择；只有需要客户机软件控制时才选择联机操作，此时服务器软件界面按钮呈现灰色，不能够进行测试。

2）服务器 IP 地址/端口号。在联机时网络 TCP/IP 通信协议的 IP 地址与端口号。本系统服务器和客户端都在同一台计算机上，因此使用了计算机内部的 IP 地址：127.0.0.1；端口号为 4000。

3）叉车位置。小车在移动时当前的坐标位置，坐标单位为脉冲。

4）回零。小车即在 XY 方向回到零位。服务器软件启动时系统自动回零，测试时也可以手动回零，回零后小车当前的坐标为（0，0）。

5）移动方向。在移动距离编辑窗口中输入移动脉冲数，小车即按选定的方向

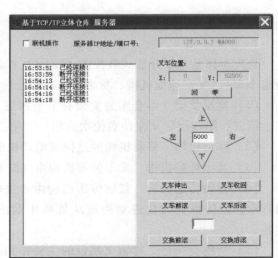

附图 3-2 服务器软件操作界面

移动一定的距离（单击左、右，小车在 X 方向移动，单击上、下，小车在 Y 方向移动）。在本系统中，每 1000 个脉冲可使小车运动 4mm 距离。可以根据运动到指定位置所需要移动的距离计算出需要输入的脉冲数。

6）叉车伸出与收回。叉车伸出与收回由气缸驱动。单击"叉车伸出"，叉车即向前伸出；单击"叉车收回"，叉车即向后收回。注意：叉车伸出操作时需要移动到安全位置，即叉车前方不能有障碍物，否则会因撞车而损伤设备。

7）叉车滚动。叉车滚动由步进电动机驱动。单击"叉车前滚"，叉车上的步进电动机正转并带动传送带向前滚动；单击"叉车后滚"，叉车上的步进电动机反转并带动传送带向后滚动。

8）交换台滚动。交换台滚动也是由步进电动机驱动的。单击"交换前滚"，交换台上的步进电动机正转并带动传送带向前滚动；单击"交换后滚"，交换台上的步进电动机反转并带动传送带向后滚动。

3. 客户端软件操作

客户端软件是在服务器软件已运行并保证自动化立体仓库正常动作后才可以启动，其主要功能为控制任务的编辑与执行。客户端软件操作界面如附图 3-3 所示。

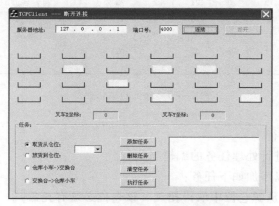

附图 3-3　客户端软件操作界面

1）联机。联机的目的是将客户端软件和服务器软件进行连接。联机时可以通过 IP 地址连接，该地址由服务器软件指定。本机器服务器地址为 127.0.0.1；端口号为 4000。

填写好 IP 地址和端口号后单击"连接"进行联机。联机成功后"连接"变成灰色，并且在服务器软件中显示连接状态；联机不成功时按钮文字的颜色不会变化。

2）初始化。客户端软件操作界面中显示了所有仓位的托盘的状态。凡是显示为黄色矩形块的仓位表示有托盘存在。初始化的目的是确认软件系统中存储的仓位状态和实际的仓位状态一致，这样可以保证系统能够正确地执行任务。

鼠标单击客户端软件的标题栏文字，可以显示下拉菜单。选中"初始设置及测试"，弹出仓位状态设置界面。如附图 3-4 所示。

根据仓库中的实际情况，选择所有已有货物的仓位的复选框。设置结束后单击"保存并退出"复选框。如附图 3-5 所示。

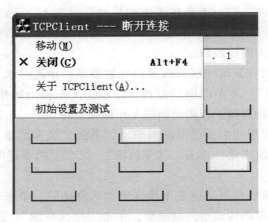

附图 3-4　客户端软件下拉菜单

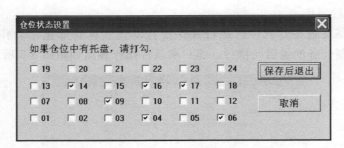

附图 3-5　仓位初始化界面

3）任务编辑与执行

客户端软件可以进行处理任务的编辑与执行。

在系统操作中可以添加如下任务：

1）取货从仓位：从源仓位中取得托盘（该仓位必须有托盘）。

2）放货到仓位：将托盘放到目标仓位（该仓位必须为空）。

3）仓库小车→交换台：将仓库小车当前已经取得的托盘放到交换台暂存。

4）交换台→仓库小车：将交换台暂存的托盘放到仓库小车上。

每次可以选择一项任务，确认后单击"添加任务"即可在任务列表中添加一项任务。添加后列表框中会显示相关的任务信息。如附图 3-6 所示。

需要删除某一项任务时，选中该任务，并单击"删除任务"。需要删除所有任务时，单击"清空任务"；当确认所选的任务清单没有问题后可以单击"执行任务"，系统按照指定的任务列表进行自动操作。在系统执行过程中，实验人员应该及时监控小车的状态，核实是否和所选任务一致，检查是否存在异常情况，直到任务执行结束。

四、实验报告

1. 详述自动化立体仓库的组成、各组成部分的作用及控制原理。

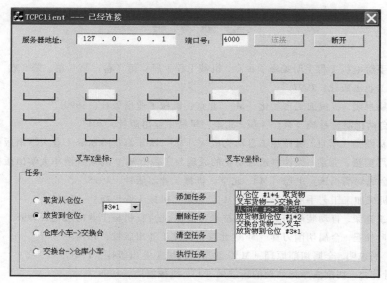

附图 3-6 任务管理

2. 详述演示操作的步骤。

参 考 文 献

[1] 机械工程手册电机工程手册编辑委员会. 机械工程手册：第 7 卷、第 8 卷、第 9 卷 [M]. 2 版. 北京：机械工业出版社，1997.

[2] 卢庆熊，姚永璞. 机械加工自动化 [M]. 北京：机械工业出版社，1990.

[3] 张根保. 自动化制造系统 [M]. 4 版. 北京：机械工业出版社，2017.

[4] 李家宝，葛鸿翰，李旦. 机械加工自动化机构 [M]. 哈尔滨：哈尔滨工业大学出版社，1989.

[5] 吴启迪，严携薇，张浩. 柔性制造自动化的原理与实践 [M]. 北京：清华大学出版社，1997.

[6] 黄鹤汀. 金属切削机床：上册 [M]. 北京：机械工业出版社，1998.

[7] 孟少农. 机械加工工艺手册：第 3 卷 [M]. 北京：机械工业出版社，1992.

[8] 张佩勤，王连荣. 自动装配与柔性装配技术 [M]. 北京：机械工业出版社，1998.

[9] 崔永茂，叶伟昌. 金属切削刀具 [M]. 北京：机械工业出版社，1994.

[10] 陆剑中，周志明. 金属切削原理 [M]. 北京：机械工业出版社，1991.

[11] 叶毅，叶伟昌. 切削液净化处理的新进展 [J]. 机械制造，1998.

[12] 李伯虎. 计算机集成制造系统（CIMS）约定、标准与实施指南 [M]. 北京：兵器工业出版社，1994.

[13] 陈庆生，等. 机械加工过程自动化 [M]. 贵阳：贵州科学技术出版社，1991.

[14] 刘飞，等. CIMS 制造自动化 [M]. 北京：机械工业出版社，1997.

[15] 孙志辉，陈伟达，丁莲. 计算机集成制造技术 [M]. 南京：东南大学出版社，1997.

[16] 王隆太. 现代制造技术 [M]. 北京：机械工业出版社，1998.

[17] 白英彩，等. CIMS 教程：上册 [M]. 北京：学苑出版社，1993.

[18] 王信义，等. 生产系统中的监控检测技术 [M]. 北京：北京理工大学出版社，1998.

[19] 谢存禧，邵明. 机电一体化生产系统设计 [M]. 北京：机械工业出版社，1999.

[20] 李小俚，等. 先进制造中的智能监控技术 [M]. 北京：科学出版社，1999.

[21] 周祖德，等. 现代机械制造系统的监控与故障诊断 [M]. 武汉：华中理工大学出版社，1999.

[22] 张福学. 机器人技术及其应用 [M]. 北京：电子工业出版社，2000.

[23] 蒋自兴. 机器人学 [M]. 北京：清华大学出版社，1988.

[24] 吴瑞祥. 机器人技术及其应用 [M]. 北京：北京航空航天大学出版社，1994.

[25] 徐元昌. 工业机器人 [M]. 北京：中国轻工业出版社，1999.

[26] 张全寿. 专家系统建造原理及方法 [M]. 北京：中国铁道出版社，1992.

[27] 张培忠. 柔性制造系统 [M]. 北京：机械工业出版社，1998.

[28] 邓小铮，等. 柔性制造系统建模及仿真 [M]. 北京：国防工业出版社，1993.

[29] 陈禹六. 先进制造业运行模式 [M]. 北京：清华大学出版社，1998.

[30] 路甬祥. 液压气动技术手册 [M]. 北京：机械工业出版社，2002.

[31] 赵永成，等. 机电传动控制 [M]. 北京：中国计量出版社，2003.

[32] 张伯鹏. 机械制造及其自动化 [M]. 北京：人民交通出版社，2003.

[33] 姚福生. 先进制造和自动化技术发展趋势（下）[J]. 航空制造技术，2003（3）：17-19.

[34] 台方. 可编程序控制器应用教程 [M]. 北京：中国水利水电出版社，2003.

[35] 徐刚，鲁洁，黄才元. 金属板材冲压成形技术与装备的现状与发展 [J]. 锻压装备与制造技术，2004（4）：16-22.

[36] 刘德忠，费仁元，Stefan Hesse. 装配自动化 [M]. 2 版. 北京：机械工业出版社，2007.

[37] 邵泽波. 无损检测技术 [M]. 北京：化学工业出版社，2003.

[38] 刘飞，杨丹，陈进. 制造系统工程 [M]. 2 版. 北京：国防工业出版社，2000.

[39] 顾维邦. 金属切削机床 [M]. 北京：机械工业出版社，2000.

[40] 吴圣庄. 金属切削机床概论 [M]. 北京：机械工业出版社，2000.

[41] 朱晓春. 数控技术 [M]. 2 版. 北京：机械工业出版社，2006.

[42] 刘雄伟. 数控机床操作与编程培训教程 [M]. 北京：机械工业出版社，1999.

[43] 友嘉精密机床有限公司. SIMENS810D 数控加工中心使用说明书.

[44] 固高科技有限公司. 自动化立体仓库使用说明书.

[45] 南京机床厂. 单轴六角自动车床使用说明书.

[46] 何宁，等. 高速切削技术 [M]. 上海：上海科学技术出版社，2012.

[47] 博世力士乐自动化系统有限公司. 机电一体化教学培训系统.

[48] 胜赛思精密压铸（扬州）有限公司. 加工设备资料.

[49] 扬州锻压机床股份有限公司. 产品设计资料.

[50] 江苏金方圆数控机床有限公司. 产品设计资料.

[51] 党澎湃. 步进电动机控制卡 PCL-839 的应用 [J]. 微特电机，2005（1）：32-33.

[52] 史敬灼，王宗培. 步进电动机驱动控制技术的发展 [J]. 微特电机，2007（7）：50-54.

[53] 贾敏忠，谢明红. PCL-839 运动控制卡数控系统的开发 [J]. 华侨大学学报，2006（10）：404-407.

[54] 陈家凤，彭其圣. 基于 VC++的步进电机控制方法探讨 [J]. 现代电子技术，2005（9）：4-6.

[55] 满静，赵瑞旺. 基于 VC++与 PCL-839 的步进电机控制 [J]. 科学与研究，2008（8）：51-52.

[56] 侯学军，周秋沙，覃创辉. PLC-839 卡在三坐标数控钻铣床中的应用研究 [J]. 机械研究与应用，2007（2）：61-62.

[57] 舒志兵. 交流伺服运动控制系统 [M]. 2 版. 北京：清华大学出版社，2006.

[58] 苏键锋，张文景. PCL-839 控制卡实现高精度定位控制 [J]. 现代电子技术，1998（12）：32-34.

[59] 武莹，彭文明. VisualC++开发实用编程 200 例 [M]. 北京：中国铁道出版社，2006.

[60] 周济. 关于中国智能制造发展战略的思考 [R]. 南京：2017 世界智能制造大会，2017.